"十四五"职业教育国家规划教材

"十二五"职业教育国家规划教材

金属表面处理技术

JINSHU BIAOMIAN CHULI JISHU

主编 熊 伟 王学武
参编 高 昊 孙立臣（企业）
主审 李德元

第 3 版

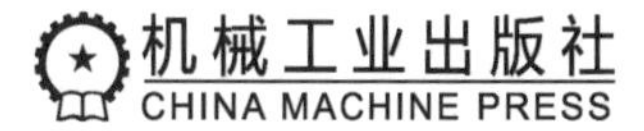

本书为“十四五”和“十二五”职业教育国家规划教材，是按照《国家职业教育改革实施方案》和教育部《关于组织开展“十三五”职业教育国家规划教材建设工作的通知》有关精神和要求，在广泛听取一线教师和读者意见和建议的基础上进行的。本次修订从培养技术技能型人才的需要出发，保持第2版的特色和结构，突出科学性、实践性、生动性和思想性。

本书采用单元模块化设计，共分为八个单元，主要介绍金属表面处理技术的基础理论知识、工艺方法、技术特点和工程应用，包括金属表面处理技术概述、金属表面预处理、金属表面改性技术、金属表面镀层技术、金属表面转化膜技术、堆焊技术、热喷涂技术、气相沉积与高能束表面处理技术等。本书内容系统、简明，案例丰富、典型、实用性强，同时运用了“互联网+”形式，将典型表面处理工艺视频以二维码的形式植入书中，方便读者理解相关知识。

为便于教学，本书配套有教学课件（PPT）、习题答案等教学资源，选择本书作为教材的教师可登录 www.cmpedu.com 网站，注册、免费下载。

本书为高职高专院校、应用型本科院校相关专业的教材或培训用书，也可供从事表面处理技术的工程技术人员及科研人员参考使用。

图书在版编目（CIP）数据

金属表面处理技术 / 熊伟，王学武主编. —3版（修订本）. —北京：机械工业出版社，2021.7（2024.9重印）
“十二五”职业教育国家规划教材
ISBN 978-7-111-68753-5

Ⅰ.①金… Ⅱ.①熊…②王… Ⅲ.①金属表面处理-高等职业教育-教材 Ⅳ.①TG17

中国版本图书馆 CIP 数据核字（2021）第144811号

机械工业出版社（北京市百万庄大街22号 邮政编码100037）
策划编辑：王海峰 责任编辑：王海峰
责任校对：张 薇 封面设计：张 静
责任印制：单爱军
北京虎彩文化传播有限公司印刷
2024年9月第3版第6次印刷
184mm×260mm · 13.5印张 · 331千字
标准书号：ISBN 978-7-111-68753-5
定价：39.80元

电话服务
客服电话：010-88361066
010-88379833
010-68326294

网络服务
机 工 官 网：www.cmpbook.com
机 工 官 博：weibo.com/cmp1952
金 书 网：www.golden-book.com
机工教育服务网：www.cmpedu.com

关于“十四五”职业教育
国家规划教材的出版说明

为贯彻落实《中共中央关于认真学习宣传贯彻党的二十大精神的决定》《习近平新时代中国特色社会主义思想进课程教材指南》《职业院校教材管理办法》等文件精神，机械工业出版社与教材编写团队一道，认真执行思政内容进教材、进课堂、进头脑要求，尊重教育规律，遵循学科特点，对教材内容进行了更新，着力落实以下要求：

1. 提升教材铸魂育人功能，培育、践行社会主义核心价值观，教育引导学生树立共产主义远大理想和中国特色社会主义共同理想，坚定“四个自信”，厚植爱国主义情怀，把爱国情、强国志、报国行自觉融入建设社会主义现代化强国、实现中华民族伟大复兴的奋斗之中。同时，弘扬中华优秀传统文化，深入开展宪法法治教育。

2. 注重科学思维方法训练和科学伦理教育，培养学生探索未知、追求真理、勇攀科学高峰的责任感和使命感；强化学生工程伦理教育，培养学生精益求精的大国工匠精神，激发学生科技报国的家国情怀和使命担当。加快构建中国特色哲学社会科学学科体系、学术体系、话语体系。帮助学生了解相关专业和行业领域的国家战略、法律法规和相关政策，引导学生深入社会实践、关注现实问题，培育学生经世济民、诚信服务、德法兼修的职业素养。

3. 教育引导学生深刻理解并自觉实践各行业的职业精神、职业规范，增强职业责任感，培养遵纪守法、爱岗敬业、无私奉献、诚实守信、公道办事、开拓创新的职业品格和行为习惯。

在此基础上，及时更新教材知识内容，体现产业发展的新技术、新工艺、新规范、新标准。加强教材数字化建设，丰富配套资源，形成可听、可视、可练、可互动的融媒体教材。

教材建设需要各方的共同努力，也欢迎相关教材使用院校的师生及时反馈意见和建议，我们将认真组织力量进行研究，在后续重印及再版时吸纳改进，不断推动高质量教材出版。

机械工业出版社

第3版前言

本书为“十四五”和“十二五”职业教育国家规划教材，自2014年5月出版以来，受到广大职业院校师生、社会读者的一致好评，填补了职业教育“金属表面处理技术”教材的空白，至今已印刷多次。

本次重印修订深入贯彻落实党的二十大精神，坚持将理论教学和实践教学融通合一，专业学习和工作实践学做合一，能力培养和工作岗位对接合一，突出实践应用，拓宽知识领域，重在能力培养，将党的二十大报告中提出的“办好人民满意的教育”，“深入实施人才强国战略”落实到职业教育中，旨在培养德智体美劳全面发展的社会主义建设者和接班人，造就更多高素质技能人才。其主要特色如下：

1）根据近几年教材使用情况和国家现行标准，对相关内容进行修订。

2）汲取反映当前金属表面处理的最新成果，将新工艺、新技术融入书中，对部分内容以“视野拓展”的形式呈现。

3）充分利用计算机和网络技术建设立体化教材，书中植入了二维码，读者通过扫描二维码即可观看典型金属表面处理工艺视频内容。

4）对部分导入案例进行更新，所举案例特色鲜明、生动、具体。一方面激发学生的阅读兴趣，另一方面将专业精神、职业精神和工匠精神融入教材内容。

本书共分为八个单元，渤海船舶职业学院熊伟编写第四、第六、第七单元，王学武编写第二、第八单元，高昊编写第一、第三单元，兴城市粉末冶金有限公司孙立臣编写第五单元。本书由熊伟、王学武任主编并统稿，李德元任主审。

在本书的编写过程中，引用或参考了大量已出版的文献和资料，书后难以一一列举，在此向原作者致谢。

由于编者水平有限，书中不妥之处在所难免，欢迎广大读者批评指正，您的意见和建议是我们不断进步的动力和源泉。主编 E-mail：493204886@qq.com。

编　者

第2版前言

本书是按照教育部《关于开展“十二五”职业教育国家规划教材选题立项工作的通知》，经过出版社初评、申报，由教育部专家组评审确定的“十二五”职业教育国家规划教材，是根据《教育部关于“十二五”职业教育教材建设的若干意见》及教育部新颁布的《高等职业学校专业教学标准（试行）》，同时参考相关工种国家职业标准，在第1版的基础上进行修订的。

本书在编写过程中力求体现职业教育的培养目标和教学要求，对接职业标准和岗位要求，教材的内容和体系设计充分考虑了高职学生的认知规律和职业岗位要求，在一定程度上降低理论深度，强调实践性、应用性、先进性和创新性。

本书主要介绍金属表面处理技术的基础理论、基本技术和基本工艺，同时又兼顾金属表面处理技术的最新成果和工艺，所列工艺均为经过生产检验的成熟工艺。

本次修订仍保持第1版的框架结构及特色，在内容处理上主要有以下几点说明。

1）为简化教材结构，以工程实际中最常用的金属表面处理技术为准则组织内容，将具有相近性质的表面处理方法合并编入一个单元。

2）根据近年来金属表面处理技术的发展，对教材内容进一步优化，增加了部分工程案例、生产现场及工件实物照片，体现理论与实践相结合，突出应用性、实践性的基本原则。

3）全书每一模块均以案例导入，所选案例具体、生动。安排了“资料卡”“想一想”“视野拓展”“交流讨论”等栏目，不仅注重知识和技能的呼应，而且力求培养学生的工程素质和创新思维能力。

全书共分为八个单元，由渤海船舶职业学院王学武、万荣春、李义田及天津水利电力机电研究所王学军共同编写，王学武编写第一、二、四、五单元，万荣春编写第三、七单元，李义田编写第六单元，王学军编写第八单元。全书由王学武任主编并统稿，李德元任主审。

本书经全国职业教育教材审定委员会评审专家赵红军、李柏模审定。教育部评审专家在评审过程中对本书提出了很多宝贵的建议，在此对他们表示衷心的感谢！

本书经全国职业教育教材审定委员会审定。教育部专家在评审过程中对本书提出了很多宝贵的建议，在此对他们表示衷心的感谢！

在编写过程中，编者参阅了国内外出版的有关教材和资料，在此对相关作者表示衷心感谢！

由于编者水平有限，书中不妥之处在所难免，恳请读者批评指正。

主编 E-mail：wangxuewu-2009@ 163. com。

编　者

第1版前言

为了进一步贯彻《国务院关于大力推进职业教育改革与发展的决定》的文件精神，加强职业教育教材建设，满足职业院校深化教学改革对教材建设的要求，机械工业出版社于2006年11月在北京召开了“职业教育焊接专业教材建设研讨会”。在会上，来自全国十多所院校的焊接专业专家、一线骨干教师研讨了新的职业教育形势下焊接专业的课程体系，确定了面向中职、高职层次两个系列教材的编写计划。本书就是本次会议确定出版的高职焊接专业规划教材之一，可供高职高专材料工程类专业使用，还可供相关技术人员参考。

近30年来，金属表面处理技术发展之快、应用范围之广、影响之大是当初大多数人所始料未及的，金属表面处理技术业已成为21世纪工业发展的关键技术之一。特别是近几年来，随着职业教育的发展，培养岗位技能型人才和创新型人才成为教育改革的主导方向，国内很多职业院校在焊接专业或材料工程类专业开设了“金属表面处理技术”或“金属表面强化技术”等课程，本书的编写和出版希望能为课程建设和教学质量的提高做出一份贡献。

金属表面处理技术涉及的知识面宽、工艺多、内容广，是一个跨学科、跨行业的新兴技术门类。所以，本书在选材时注重介绍在实际工程中常用的基本概念、基本理论和基本工艺，同时又兼顾金属表面处理技术的最新成果和工艺，书中所列工艺和数据均可直接用于生产实践。

本书共分为八个单元，主要内容有：金属表面处理技术的含义、特点、分类和应用；金属表面改性技术；金属表面镀层技术；金属表面转化膜技术、金属热喷涂技术、金属表面堆焊技术以及气相沉积技术和高能束表面处理技术等。

本书采用全新的编写体例，应用单元、模块化设计，紧密结合职业教育的办学特点和教学目标，强调实践性、应用性和创新性。努力降低理论深度，理论知识坚持以应用为目的，以必需、够用为度；注意内容的精选和创新，突出实践应用，拓宽知识领域，重在能力培养。为便于教学，本书配备了电子教案和部分综合训练答案。

本书由渤海船舶职业学院王学武副教授主编，沈阳工业大学李德元教授主审。王学武编写第一、二、四、五、七单元，渤海船舶职业学院王贵斗编写第三单元，渤海船舶职业学院李义田编写第六单元，天津水利电力机电研究所王学军编写第八单元，并由王学武最后统稿。

在本书的编写过程中，引用或参考了大量已出版的文献和资料（含网络资料），书后难以一一列举，在此向原作者致谢。

由于编者学识水平和收集资料来源有限，加之时间仓促，书中难免有疏漏和不妥之处，敬请读者不吝赐教，共同商榷。

编　者

二维码索引

序号	二维码名称	二维码	页码	序号	二维码名称	二维码	页码
1	喷砂		18	8	化学镀镍		74
2	盐酸除锈		30	9	热浸镀锌		79
3	感应淬火		38	10	钢铁发蓝		86
4	气体渗碳		41	11	钢铁的常（低）温磷化		89
5	离子氮化		45	12	阳极氧化及着色		97
6	电镀镍		58	13	轧辊的埋弧堆焊		130
7	电刷镀的原理和工艺		70	14	阀门阀体的等离子弧堆焊		136

（续）

序号	二维码名称	二维码	页码	序号	二维码名称	二维码	页码
15	线材火焰喷涂		152	20	等离子弧喷涂		164
16	粉末火焰喷涂		153	21	溅射镀膜		175
17	爆炸喷涂		157	22	离子镀膜		176
18	超音速火焰喷涂		158	23	激光相变硬化		186
19	电弧喷涂		160	24	激光熔覆		190

INDEX

目 录

第 3 版前言
第 2 版前言
第 1 版前言
二维码索引

第一单元　金属表面处理技术概述 …… 1
模块一　金属表面处理技术基本知识 …… 1
一、初识金属表面处理技术 …… 1
二、金属表面处理技术的分类 …… 3
三、金属表面处理技术的产生和发展 …… 3
四、金属表面处理技术的应用 …… 5
模块二　金属的表面结构与现象 …… 7
一、金属的表面结构 …… 7
二、金属的表面现象 …… 8
模块三　金属的腐蚀和磨损 …… 10
一、金属的腐蚀 …… 10
二、金属的磨损 …… 12
综合训练 …… 15

第二单元　金属表面预处理 …… 17
模块一　表面整平 …… 17
一、机械整平 …… 18
二、化学处理 …… 23
模块二　表面脱脂 …… 26
一、化学脱脂 …… 26
二、有机溶剂脱脂 …… 27
三、电化学脱脂 …… 28
模块三　表面除锈 …… 29
一、化学除锈 …… 29
二、电化学除锈 …… 31
三、工序间防锈 …… 32
综合训练 …… 33

第三单元　金属表面改性技术 …… 35
模块一　表面热处理 …… 35
一、感应淬火 …… 36
二、火焰淬火 …… 38
三、接触电阻加热淬火 …… 39
四、电解液加热淬火 …… 39
模块二　化学热处理 …… 40
一、渗碳 …… 40
二、渗氮 …… 44
三、氮碳共渗和碳氮共渗 …… 46
四、渗硼与渗硫 …… 47
五、渗金属 …… 48
模块三　表面形变强化 …… 49
一、喷丸强化 …… 49
二、其他表面形变强化 …… 54
综合训练 …… 55

第四单元　金属表面镀层技术 …… 57
模块一　普通电镀 …… 57
一、普通电镀的原理及工艺 …… 57
二、镀铬 …… 62
三、镀锌 …… 65
模块二　电刷镀 …… 68
一、电刷镀的原理和特点 …… 68
二、电刷镀工艺及应用 …… 70
模块三　化学镀 …… 72
一、化学镀的原理和特点 …… 72

二、化学镀镍 …… 73
模块四 热浸镀 …… 76
一、热浸镀概述 …… 76
二、热浸镀锌 …… 78
综合训练 …… 81

第五单元 金属表面转化膜技术 …… 82
模块一 金属表面转化膜概述 …… 82
一、表面转化膜的基本原理 …… 82
二、表面转化膜的分类 …… 83
三、表面转化膜的用途 …… 83
模块二 钢铁的发蓝处理 …… 84
一、钢铁发蓝的实质和应用 …… 84
二、钢铁发蓝工艺 …… 85
模块三 金属的磷化处理 …… 87
一、金属的磷化处理概述 …… 87
二、钢铁的磷化处理 …… 87
三、非铁金属的磷化处理 …… 89
模块四 铝及铝合金的氧化处理 …… 90
一、铝及铝合金的化学氧化处理 …… 91
二、铝及铝合金的阳极氧化 …… 93
模块五 阳极氧化膜的着色与封闭 …… 97
一、阳极氧化膜的着色 …… 97
二、阳极氧化膜的封闭 …… 100
综合训练 …… 102

第六单元 堆焊技术 …… 104
模块一 堆焊技术概述 …… 104
一、堆焊技术的特点及分类 …… 104
二、堆焊技术的应用领域 …… 106
模块二 堆焊材料 …… 108
一、堆焊合金的类型 …… 109
二、常用的堆焊材料 …… 113
模块三 焊条电弧堆焊 …… 118
一、焊条电弧堆焊的特点和应用 …… 118
二、焊条电弧堆焊工艺 …… 119
三、焊条电弧堆焊应用实例 …… 120
模块四 氧乙炔火焰堆焊 …… 121
一、氧乙炔火焰堆焊及其设备和材料 …… 122
二、氧乙炔火焰堆焊工艺 …… 123
三、氧乙炔火焰堆焊应用实例 …… 124
模块五 埋弧堆焊 …… 126
一、埋弧堆焊的原理和分类 …… 126
二、埋弧堆焊工艺参数 …… 128
三、埋弧堆焊应用实例 …… 130
模块六 CO_2 气体保护堆焊 …… 131
一、CO_2 气体保护堆焊的原理和特点 …… 131
二、CO_2 气体保护堆焊工艺 …… 132
三、C50 型铁路货车下心盘 CO_2 气体保护堆焊 …… 133
模块七 其他堆焊方法 …… 134
一、等离子弧堆焊 …… 135
二、电渣堆焊 …… 137
三、碳弧堆焊 …… 137
综合训练 …… 138

第七单元 热喷涂技术 …… 140
模块一 热喷涂技术概述 …… 140
一、初识热喷涂技术 …… 140
二、热喷涂的一般原理 …… 141
三、热喷涂技术的分类及特点 …… 143
四、热喷涂层的功能和应用 …… 144
模块二 热喷涂材料 …… 146
一、热喷涂材料的性能和分类 …… 147
二、热喷涂用金属及合金线材 …… 147
三、热喷涂用粉末 …… 149
模块三 火焰类喷涂 …… 151
一、火焰喷涂 …… 151
二、爆炸喷涂 …… 156
三、高速火焰喷涂 …… 157
模块四 电弧类喷涂 …… 159
一、电弧喷涂 …… 159
二、等离子弧喷涂 …… 162
模块五 热喷涂涂层系统的设计 …… 166
一、热喷涂层的性能 …… 166
二、热喷涂材料的选择 …… 167
三、热喷涂工艺的选择 …… 168
综合训练 …… 169

CONTENTS

第八单元　气相沉积与高能束表面处理技术 ………… 171

模块一　气相沉积技术 ………………… 171

一、物理气相沉积 ………………… 172

二、化学气相沉积 ………………… 178

模块二　激光表面处理技术 …………… 183

一、激光表面处理的原理及特点 ……………………… 184

二、激光相变硬化 ………………… 185

三、激光合金化与激光熔覆 ……… 187

模块三　电子束表面处理技术 ………… 191

一、电子束的产生及处理特点 …… 191

二、电子束表面处理工艺 ………… 192

三、电子束表面处理技术的应用实例 …………………… 193

模块四　离子注入技术 ………………… 194

一、离子注入的原理和特点 ……… 194

二、离子注入装置 ………………… 196

三、离子注入的应用 ……………… 197

综合训练 ………………………… 198

附录　部分综合训练答案 ………… 199

参考文献 ……………………… 204

第一单元　金属表面处理技术概述

学习目标

知识目标	1. 掌握金属表面处理技术的含义、特点、分类等，了解金属表面处理技术在机械工程中的应用。 2. 了解金属的表面结构和表面现象，明确它们对表面处理的影响。 3. 了解有关金属腐蚀和磨损的基本概念及危害，明确防止腐蚀和磨损的基本途径。
能力目标	1. 能区分不同金属表面处理技术的实质。 2. 能提出降低表面粗糙度值、提高金属表面润湿性的方法。 3. 能根据工件结构和材料特点，选择正确的金属腐蚀防护方法。

模块一　金属表面处理技术基本知识

导入案例

长江三峡工程中挖泥船的发动机曲轴因润滑系统缺油而导致第三道连杆轴颈严重拉伤，不能使用。当时如从日本购买新轴，加上运费和进口关税等需人民币 120 多万元。从订购到交货需三个月以上时间，停产损失更为严重。我国科技人员应用电弧喷涂技术成功地修复了曲轴，总费用仅 3.5 万元，不足曲轴价格的 3%。更重要的是，应用表面处理技术解决了进口备件的修复问题，为进口备件维修开辟了新途径，其经济效益、社会效益不言而喻。

一、初识金属表面处理技术

（一）金属表面处理的含义

金属表面处理是指通过一些物理、化学、机械或复合方法使金属表面具有与基体不同的组织结构、化学成分和物理状态，从而使经过处理后的表面具有与基体不同的性能。经过表面处理后的金属材料，其基体的化学成分和力学性能并未发生变化（或未发生大的变化），但其表面却拥有了一些特殊性能，如高的耐磨性、耐蚀性、耐热性及好的导电性、电磁特性、光学性能等，见表1-1。

表1-1 表面处理技术赋予金属表面的特殊性能

物理性能	电磁特性（导电性、绝缘性、半导体性、磁性、电磁屏蔽性）、光学特性（吸光性、反光性、光导、光电效应）、热特性（热传导性、耐热性）、声特性及抗辐射性等
化学性能	耐蚀性、催化特性、生物相容性等
力学性能	强度、硬度、塑性、韧性、抗疲劳性等
摩擦学性能	减摩性、耐磨性、自润滑性、浸润性等
装饰性	色彩、光泽性和可修饰性等
加工性能	精密加工性、可修补性、焊接性、冷作硬化性等

（二）金属表面处理的意义

所有的金属材料都不可避免与环境相接触，而与环境真正接触的是金属的表面，如各种机械零件和工程构件。磨损、腐蚀、断裂是机械零件和工程构件的三大失效形式，这些失效通常是从金属材料的表面开始的，往往因其表面性能不高所致。因此，发展金属表面防护和强化有着十分重要的意义，是各国普遍关心的重大课题。

随着现代工业的迅猛发展，对机械工业产品提出了更高的要求，要求产品能在高参数（如高温、高压、高速）和恶劣工况条件下长期稳定运转或服役，这就必然对材料表面的耐磨、耐蚀等性能以及表面装饰提出了更高的要求，使其成为防止产品失效的第一道防线。

为了满足上述要求，在某些情况下可以选用特种金属或合金来制造整个零件或设备，有时虽然也可满足表面性能要求，但这往往会造成产品的成本以成倍或成百倍的速度增加，降低了产品的竞争力；更何况在许多情况下也很难找到一种能够同时满足整体和表面要求的材料。而表面处理技术则可以用极少量的材料就起到大量、昂贵的整体材料难以起到的作用，在不增加或不增加太多成本的情况下使产品表面受到保护和强化，从而提高产品的使用寿命和可靠性，改善机械设备的性能、质量，增强产品的竞争能力。所以，研究和发展金属材料的表面处理技术，对于推动高新技术的发展，对于节约材料、节约能源等都具有重要意义。而表面处理技术也在这种需求的推动下获得了飞速的发展和提高。

（三）金属表面处理的途径

金属表面处理主要通过“盖和改”两种途径改善金属材料的表面性能，“盖”指表面涂（镀）层技术，在基体表面制备各种镀层、薄膜及其他涂覆层，包括电镀、化学镀、（电）化学转化膜技术、气相沉积技术、堆焊、热喷涂等；“改”指各种表面改性技术，通过改变基体表面的组织和性能，如表面淬火、化学热处理、喷丸、高能束表面改性等。

就表面涂（镀）层技术而言，是在材料表面形成一层与基体材料不同的涂层，只有这一涂层与基体之间有足够的结合强度，才能使涂层发挥应有的作用。因此，人们通过各种表面预处理来获得清洁且具有一定活性的表面，并研究各种工艺条件，选择、控制不同的涂层材料和组织结构，以期取得满意的涂层与基体的结合强度。

表面改性技术和表面涂（镀）层技术的最大区别是，其所形成的表面在材料和组织上均是基体直接参与形成的，而不像表面涂（镀）层技术那样，涂层的材料和组织与基体是完全不同的。

二、金属表面处理技术的分类

金属表面处理技术是一门具有极高实用价值的基础技术，同时又是一门新兴的边缘性学科，虽然从总体上可分为表面涂层技术和表面改性技术，但该学科中具体应该包括哪些内容，如何分类，国内外都无公认的说法。若从不同的角度进行归纳，就会有不同的分类。常用的分类方法有以下几种。

1. 按作用原理分

（1）原子沉积　沉积物以原子、离子、分子和粒子集团等原子尺度的粒子形态在材料表面上形成覆盖层，如电镀、化学镀、物理气相沉积、化学气相沉积等。

（2）颗粒沉积　沉积物以宏观尺度的颗粒形态在材料表面上形成覆盖层，如热喷涂、搪瓷涂覆等。

（3）整体覆盖　它是将涂覆材料于同一时间施加于材料表面，如包箔、贴片、热浸镀、涂装、堆焊等。

（4）表面改性　用各种物理、化学、机械等方法处理表面，使其化学成分、组织结构发生变化，从而改变性能，如表面热处理、化学热处理、电子束表面处理、离子注入等。

2. 按表面强化层材料分

按表面强化层材料分，可分为金属材料层、陶瓷材料层和高分子材料层。

3. 按表面处理工艺特点分（图 1-1）

（1）表面改性技术　包括表面淬火、化学热处理、表面形变强化等，如感应淬火、渗碳、氮化、碳氮共渗、喷丸、滚压等。

（2）表面涂（镀）层技术　如电镀、化学镀、热浸镀、气相沉积、热喷涂、堆焊、激光熔覆、涂装等。

（3）表面化学转化膜技术　如氧化处理、磷化处理、铬酸盐处理和着色与封闭处理等。

（4）高能束表面处理技术　如电子束、离子束、激光束表面改性与强化等。

该分类方法比较清晰地体现了表面处理技术的特点，而且与表面处理技术上的工艺名称基本一致，容易记忆，如图 1-1 所示。

4. 按表面处理的目的或性质分

按表面处理的目的或性质分，有表面耐磨和减摩技术、表面耐蚀和抗氧化技术、表面装饰技术、功能表面技术和表面修复技术。

三、金属表面处理技术的产生和发展

金属表面处理技术伴随着人类文明，已经历了数千年的发展。在许多传统产业及工业中，应用金属表面处理技术改进产品性能，延长其使用寿命，已为人们所熟知。追溯到古代，中国人民在金属表面处理方面取得了令人叹服的成就。1994 年 3 月，在举世闻名的“世界第八大奇迹”——秦始皇兵马俑二号俑坑出土了 19 把青铜剑，经历了 2000 多年时光的考验，竟光亮如新、锋利如初，甚至可以切断一根发丝。经分析，这是因为表面有一层厚度为 10μm 的含铬的氧化层。

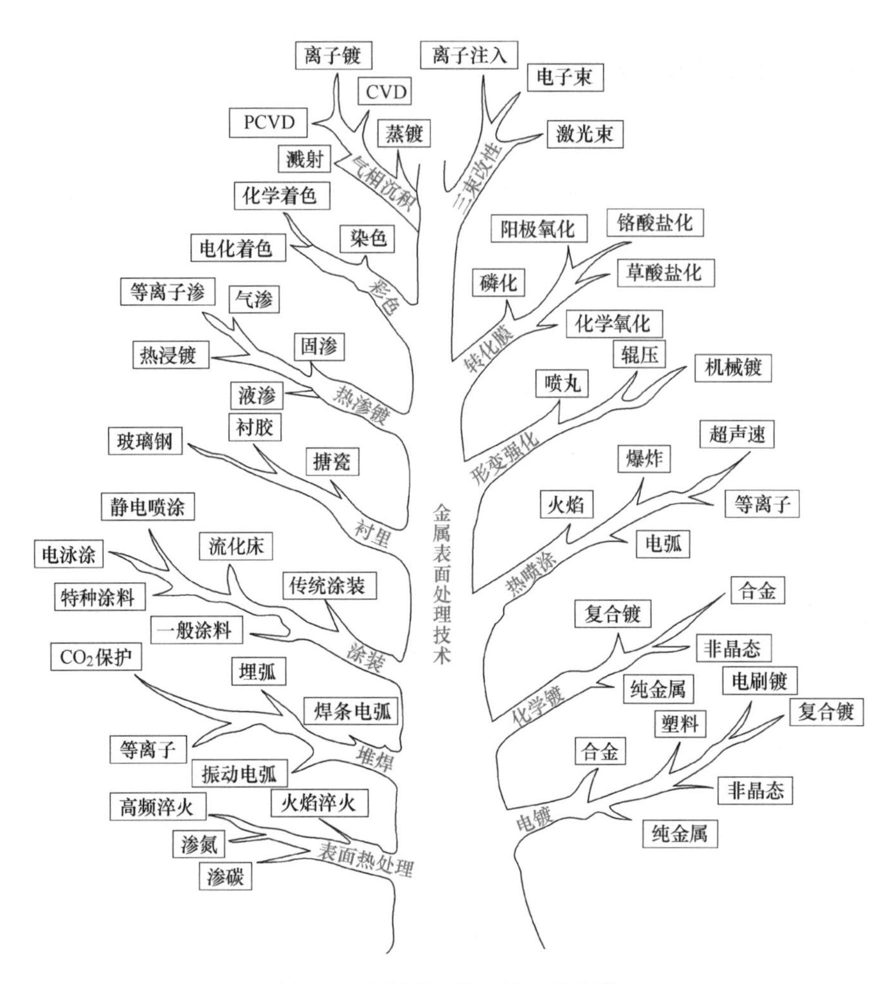

图 1-1 金属表面处理技术的分类

进入到 20 世纪，通过各种物理化学方法在金属材料表面制造各种涂层和薄膜，已发展成为比较成熟、系统的工程技术。1983 年英格兰伯明翰大学教授汤·贝尔（Tom Bell）首次提出了表面工程的概念，并创立了表面工程研究所，从而将表面处理技术纳入了一个相对独立的新型学科。

近 40 年以来，金属表面处理技术发展之快、涉及范围之广、对人们生产生活影响之大，是当初大多数人所始料未及的。金属表面处理现在已经发展成为横跨金属学与热处理、摩擦学、物理学、化学、界面力学和表面力学、金属失效与防护、焊接学、腐蚀与防护学等学科的边缘性、综合性、复合型学科。

1986 年国际热处理联合会更名为国际热处理与表面工程联合会。进入 20 世纪 90 年代，金属表面处理技术的发展势头更猛，各国竞相把表面工程列入研究发展规划。我国于 1987 年由中国机械工程学会建立了学会性质的表面工程研究所，1988 年《表面工程》杂志在中国创刊，1997 年经国家科委正式批准更名为《中国表面工程》，面向国内外公开发行。1993 年成立中国机械工程学会表面工程分会，2000 年全国焊接学会将原来的“堆焊与热喷涂专业委员会”正式更名为“堆焊及表面工程专业委员会”，从 1989 年到 2020 年 11 月已成功举

办了十三届全国表面工程学术交流会议，并于1997年开始多次举办表面工程国际会议。与此同时，我国的大专院校、科研院所也相继建立了众多以“表面工程”或“表面技术”冠名的研究机构，专业从事金属表面处理或表面处理材料生产的工业企业也如雨后春笋一般发展起来，从而使金属表面处理技术的发展达到了一个新的高度。

近年来，金属表面处理技术飞速发展，出现了许多金属表面处理的新工艺、新技术、新知识、新方法，应用范围不断扩大，已成为金属材料加工制造和现代工业的关键技术之一。

四、金属表面处理技术的应用

金属表面处理技术以其高度的实用性和显著的优质、高效、低耗的特点，在日常生活、机械制造、航空航天、交通、能源、电子和石油化工等工业部门得到了越来越广泛的应用，可以说几乎有表面的地方就离不开表面处理。金属表面处理技术不仅是产品的“美容术”，也是许多产品性能的改良技术，更是先进的产品制造技术。目前，金属表面处理技术的应用可归纳为以下几个主要方面。

1. 提高金属制品或零件的耐蚀性

大部分表面处理方法都对金属材料具有一定的防护作用，能够提高制品或零件在大气、海水及化学介质中的耐蚀性，如实际生活或工程中的铝合金制品的阳极氧化、钢丝镀锌、钢板（带）镀锌、日用五金的表面镀铬和枪炮表面发蓝都是常见的例子。

各种表面处理技术大大降低了损失于大气腐蚀、海水腐蚀的金属构件和设备的重量，延长了建筑物、船舶、桥梁和机器的使用寿命，节约了大量能源和材料。

2. 提高金属制品或零件的表面强度和硬度

表面处理技术可以赋予金属材料表面很高的强度和硬度，提高材料的疲劳极限和耐磨性，如钢的表面淬火、化学热处理、堆焊、热喷涂、化学气相沉积、喷丸等。

对气缸、轧钢机大滑板、大型冷冻机螺杆、压缩机转子轴等各种工件表面进行激光淬火，可使寿命提高3~5倍；对高速钢和硬质合金工模具在精加工以后进行表面氮离子注入，可使其寿命提高1~10倍；切削刀具采用氮化钛类涂层，引起了一场刀具的“黄色革命”。对各种金属切削刀具进行等离子体增强磁控溅射离子镀处理，可使其寿命提高3~14倍；利用双束动态混合注入技术，将高分子材料溅射到传热管（黄铜、纯铜和镀铬的黄铜等）上，同时用氮离子注入，可以在传热表面形成蒸汽的滴状冷凝，使传热效率提高20倍。对汽车钢板弹簧在热处理后进行常规喷丸强化训练，可以使其疲劳极限提高35%。

资 料 卡

金属表面处理的技术设计

1）基体材料的成分、结构和服役条件等。

2）金属表面涂覆层或处理层的性能要求、成分、结构、厚度、结合强度。

3）表面处理的方法、流程、设备、工艺、检验等。

4）综合的管理、经济、环保等分析设计。

3. 修复零件

在工程上，许多零部件因表面强度、硬度、耐磨性等不足而逐渐磨损、剥落、锈蚀，使外形变小以致尺寸超差或强度降低，最后不能使用。通过表面技术进行修复、强化，使机械零件翻新如初，从而大量节省了因购置新品、库存和管理备件以及停机等所造成的对能源、原材料和经费的浪费，并极大地减少了环境污染及废物的处理。许多采用表面技术处理过的旧零部件，其性能可能大大超过新品，而成本仅为新品的 10%。如齿轮、轴、花键等重要零件使用磨损后，可采用镀铬、镀镍、堆焊、热喷涂等进行修复，恢复其尺寸，取得了十分突出的成效，见本模块导入案例。又如，唐山水泥机械厂由德国进口的 6.3 米立式车床，进口价格在当年相当于 1t 黄金，因年久失修和地震的损伤，几乎报废，采用电刷镀技术使机床“起死回生”，工作良好，成本仅 4 万元。首都钢铁厂从比利时引进的二手连铸设备，以废钢铁的价格廉价购进，其中 300 多件大轴承座，经电刷镀修复，已在生产线上正常使用。图 1-2 是用热喷涂技术修复轧辊的前后对比照片。

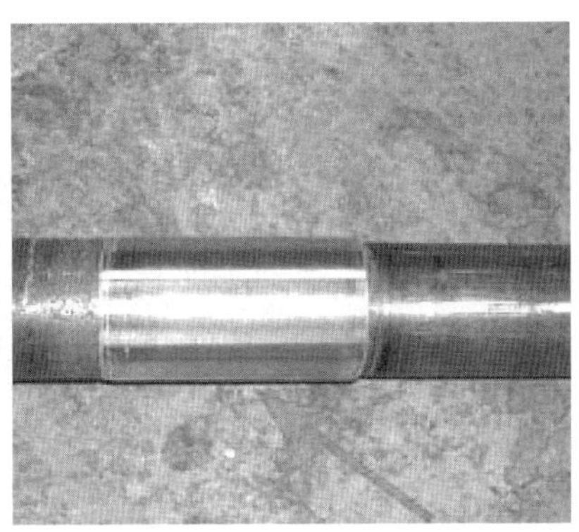

图 1-2　用热喷涂技术修复轧辊的前后对比照片

表面处理技术的广泛应用大大推动了工程机械维修技术的发展，使维修由简单的技术或工艺发展成为一门相互渗透、相互交叉的综合性学科。在日本已提出了“再生工厂技术”的概念。随着先进制造技术及设备工程学的不断发展，制造与维修将越来越趋于统一。

视野拓展

1999 年 6 月，徐滨士院士在西安召开的“先进制造技术”国际会议上首次提出“再制造”的概念。再制造（Remanufacture）就是让旧的机器设备重新焕发生命活力的过程。它以旧的机器设备为毛坯，采用专门的工艺和技术，在原有制造的基础上进行一次新的制造，而且重新制造出来的产品无论是性能还是质量都不亚于原先的新品。2005 年，国务院在《关于加快发展循环经济的若干意见》中明确提出支持发展再制造，第一批循环经济试点将再制造作为重点领域。

4. 提高制品或零件的装饰性能

表面处理技术可以赋予金属材料表面不同的质量、色彩和花纹等，其表面装饰功能主要包括光亮（镜面、全光亮、亚光、光亮缎状、无光亮缎状等）、色泽（各种颜色和多彩等）、

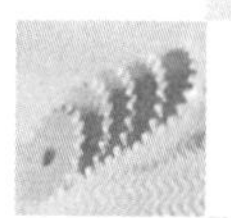

花纹（各种平面花纹、刻花、浮雕等）、仿照（仿贵金属、仿大理石、仿花岗石等）等多方面特性。用恰当的表面处理技术可装饰各种材料表面，不仅方便、高效，而且美观、经济，故应用广泛，这些技术的应用极大地改善和美化了人类的生活，使人们生活在一个由表面处理技术的发展而变得越来越美好的环境中。

模块二　金属的表面结构与现象

导入案例

使用电烙铁在电路板上焊接电子元件时，常采用松香作为钎剂。松香属于非腐蚀性软钎剂，用于300℃以下，其作用是清除钎料和母材表面的氧化物，并保护焊件和液态钎料在钎焊过程中免于氧化，促进液态钎料对钎焊金属的润湿性，保证钎焊质量。

一、金属的表面结构

金属的表面直接承受载荷，被磨损，并与环境介质作用，往往产生的应力最大，且表面的组织结构和性能与内部均有较大差别。而表面处理技术实施的对象是金属材料的表面，因此掌握金属的表面结构与现象的相关知识是正确选择与运用表面处理技术的基础。

人们对物体的直观认识是从其表面是否光亮和整洁开始的，表面粗糙度和清洁度正是人们在金属表面宏观认识中总结出来的两个重要的基础概念。

（一）表面粗糙度

经过机械加工的金属零件表面不可能绝对光滑平整，微观上仍存在高低不平的较小的凸峰和凹谷，如图1-3所示。这种零件表面上具有的较小间距和峰谷所组成的特性，称为表面粗糙度。

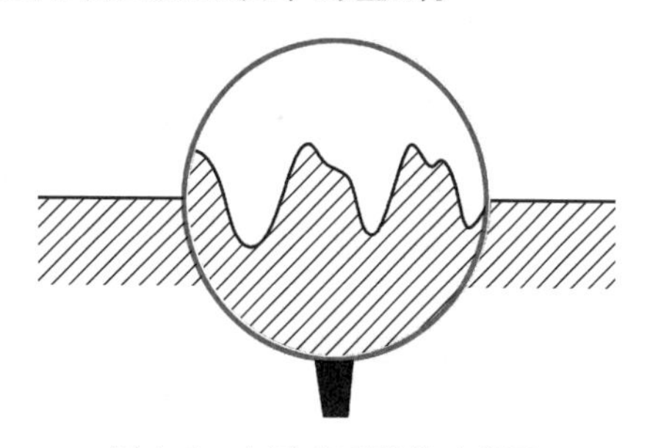

图1-3　金属表面形貌示意图

表面粗糙度有多个定量描述参数，工程中常用的是轮廓的算术平均偏差 Ra。轮廓的算术平均偏差 Ra 是指在一个取样长度内纵坐标值 $Z(x)$ 绝对值的算术平均值，如图1-4所示。Ra 数值越小，零件表面越趋于平整光滑；数值越大，零件表面越粗糙。常用的表面粗糙度值（单位：μm）有100、50、25、12.5、6.3、3.2、1.6、0.8、0.4、0.2、0.1、0.05、0.025、0.012。

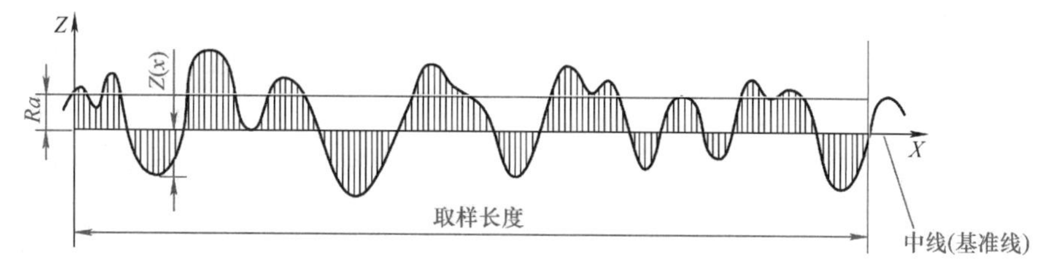

图1-4　轮廓的算术平均偏差示意图

表面粗糙度是衡量零件质量的一项重要指标。表面粗糙度值低的零件表面摩擦力小，耐蚀性能好，疲劳强度高，机器运转能耗小，工作寿命长。所以，降低零件的表面粗糙度值是提高机械产品质量的重要措施之一。降低零件表面粗糙度值的方法很多，常用的是研磨、抛光、轧光、电镀等。经过研磨或抛光可获得 *Ra* 在 0.1μm 以下高质量的金属表面。

（二）表面清洁度

表面清洁度是衡量材料表面经清洗后残留的吸附污物量的指标。如果将一块材料在高真空中断裂，断面没有任何外来污染物存在，可以认为是完全清洁的表面，是最高清洁度的表面。目前，表面清洁度基本上还是定性概念，可分为高清洁度表面、清洁表面、污染表面、重污染表面四档，见表 1-2。

表 1-2　表面清洁度等级

级别	定　义	表面状态
高清洁度表面	用现代清洁技术所制备的最低污染程度的表面	如微电子工业中用离子溅射蚀刻制备的表面
清洁表面	常规清洗技术可达到的最少污染物的表面	没有用肉眼可察觉的外来污物存在，能显示金属本身的颜色光泽，且均匀一致
污染表面	暴露在空气中的表面	其上有少量污染物存在，但还能显示金属本身的表面特征
重污染表面	受外来污染物覆盖的表面	已经影响到原来金属材料的识别

几乎所有表面处理技术，包括电镀、化学镀、热喷涂、阳极氧化、物理气相沉积和化学气相沉积等，都要求金属表面先成为清洁表面，如涂（镀）层脱落、鼓泡或发花以及局部无涂覆层等，多数情况下都是由于处理前表面不洁净所致。而一般的金属工件是存放在空气中，并经过多道机械加工，接触过许多污染物，如切削液、润滑油等，所以是污染表面或重污染表面，要达到清洁表面，必须经过清洗工艺，详见第二单元。

二、金属的表面现象

具有确切表面的液体和固体表面上产生的各种物理及化学现象称为表面现象。金属表面现象有吸附、润湿、粘着等，表面现象在金属表面处理技术中具有重要的作用。

（一）吸附现象

所谓吸附现象是指当气体和液体与固体表面接触时，在固体表面的气体或液体增加或减少的现象称为吸附现象。若固体表面吸附的液体或气体的浓度升高，称为正吸附；相反，则称为负吸附。

金属表面上的原子力场不饱和时，有吸附周围其他物质粒子的能力，则存在吸附现象。气体在金属表面的吸附可分为物理吸附和化学吸附两大类。

物理吸附是指气体在其临界温度以下，在其和固体表面之间的范德华力作用下被固体吸附，但两者之间没有电子转移，且吸附原子与衬底表面间的相互作用力较小。物理吸附常在较低温度下进行，但吸附速度快。

化学吸附是指气体和固体表面之间发生了表面化学反应，有电子转移，二者产生了化学

键作用，其作用力较物理吸附大得多。化学吸附常在较高温度下进行，但吸附速度慢。

吸附能力与金属的表面活性有关，表面缺陷多（位错、晶界露头）、粗糙、干净无污染，则表面活性高，吸附力强。

在各种表面处理技术中，如气相沉积薄膜、气体渗碳等，金属表面对活性介质的吸附量是影响工艺过程的重要因素，而吸附量又是由吸附物、金属表面的性质、形貌以及温度和压力等外部条件所决定的。

（二）润湿现象

液体在与固体接触时，沿固体表面扩展的现象称为润湿现象。水滴在玻璃表面上可以迅速散开，但水滴在石蜡表面上却不易散开而趋于球状，说明水对玻璃是润湿的，对石蜡是不润湿的，如图 1-5 所示。

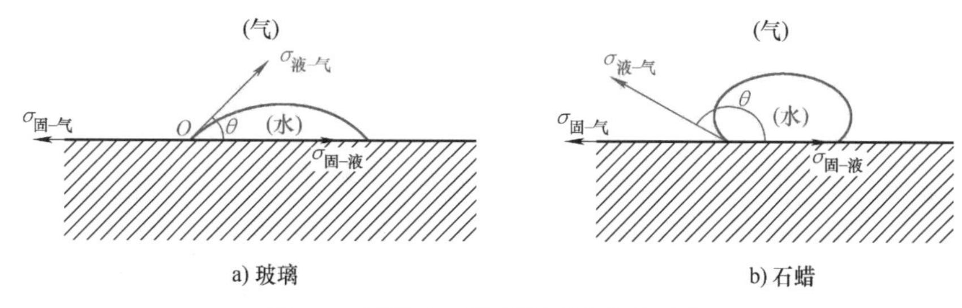

图 1-5　固体表面的润湿现象与接触角

材料表面的润湿程度常用接触角来度量。在气、液、固三相交界点，气-液与液-固界面张力之间的夹角称为接触角，通常用 θ 表示。当 θ 为锐角时，液体容易在固体表面上扩展，称为润湿。接触角 θ 越小，润湿性越好，液体越容易在固体表面上展开；$\theta=0$ 时，称为完全润湿。θ 为钝角时，称为不润湿。θ 角越大，润湿性越差，液体越不容易在固体表面上铺展开，并越容易收缩至接近呈圆球状；当 $\theta=180°$ 时，称为完全不润湿。

润湿现象在表面处理技术中有着重要作用，如在金属表面涂（镀）层技术中，润湿程度对涂（镀）层与基体的结合强度有很大影响，一般都希望得到更好的润湿性。在液体介质化学热处理中，熔盐对金属表面的润湿性将影响传热传质过程。又如在电镀前，工件表面要求充分被水湿润，即将工件浸入洁净水中取出，表面能完全被水润湿，即可以进行电镀。

视野拓展

不粘锅的出现，让美食与好心情同时具有。大部分不粘锅表面涂层的主要原料为具有憎水性的聚四氟乙烯。聚四氟乙烯具有固体材料中最小的表面张力，不容易被水、油等液体润湿，所以不黏附任何物质。但聚四氟乙烯不粘涂层与锅基体金属材料结合强度不高，高温时易析出有毒物质，加之涂层厚度有限，故不粘锅不能制作酸性食品，在烹调的过程中应避免使用锋利的器具，使用温度也要有一定的限制。

（三）粘着现象

液体与固体表面接触时产生润湿，而固体与固体接触时将产生粘着，润湿与粘着似乎看来是两种完全不相同的表面现象，但从热力学的角度看，它们基本上是一致的。

固体之间的接触状况、互溶性以及固体的表面活性是影响粘着的主要因素。固体表面之间接触越紧密、互溶性越大、表面活性越高，粘着强度越高。

由于固体表面间的接触总是不完全的，为使其接近于完全紧密地接触，可以采用多种方法，使接触表面的一相为液相，如热镀锌、钎焊；或仅使表面熔结，如摩擦焊、烧结。

在金属表面处理技术中，粘着现象具有重要作用。各种金属表面涂（镀）层技术（包括镀层、喷涂层、沉积层）中，涂层与基体间的结合强度与粘着性密切相关。

模块三　金属的腐蚀和磨损

导入案例

机械产品70%的失效来自腐蚀和磨损。腐蚀和磨损浪费了宝贵的材料与能源，造成了设备故障或零部件失效，甚至灾难性事故，带来了巨大的经济和人员损失。最新的腐蚀调查结果显示，我国由于腐蚀带来的损失和防腐蚀投入，占当年国内生产总值的3%~4%，总额超过三万亿元。

2000年6月16日，广东某石化厂焦化装置由于高温管线硫化物腐蚀，发生重大火灾。2011年11月，四川宜宾南门大桥发生断塌事故，大桥17对吊杆生锈，其中4对断裂，工程造价1800万元，桥塌后每天有12万人乘渡船过河，仅仅半年的渡河费接近2000万元。2013年11月22日，青岛市黄岛区地下用来运输石油和天然气的埋地管线，其中一根管线因为腐蚀，发生穿孔泄漏，石油泄漏后遇到明火引起爆炸，造成巨大的人员伤亡和财产损失。

金属材料的腐蚀和磨损始于表面，认识腐蚀和磨损的原理及防护方法，对提高金属表面性能非常重要，是正确选择或设计表面处理技术的基础。

一、金属的腐蚀

（一）金属腐蚀的定义和分类

1. 金属腐蚀的定义

金属材料表面在环境介质的作用下所引起的破坏或变质称为腐蚀。所谓环境介质是指和金属接触的物质，例如大气、海水、酸、碱、盐等，这些物质和金属发生化学反应或电化学反应引起金属的腐蚀，发生生锈、开裂、穿孔、变脆等现象。

2. 金属腐蚀的分类

（1）按腐蚀机理分　主要有化学腐蚀和电化学腐蚀。

化学腐蚀是金属和环境介质直接发生化学作用而产生的损坏，在腐蚀过程中只有电子的得失，没有电流产生，引起金属化学腐蚀的环境介质不能导电。这种腐蚀的产物一般覆盖在金属的表面。例如金属的高温氧化、非电解质对金属的腐蚀等。

电化学腐蚀是金属在电解质溶液中发生电化学作用而引起的损坏，在腐蚀过程中不仅有

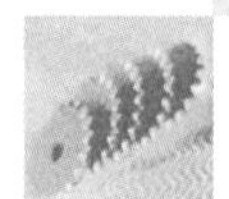

电子的得失，而且有电流产生，引起电化学腐蚀的介质都能导电。

电化学腐蚀产生的原因是不同金属之间或合金中的不同相之间电极电位不同，存在电位差，当存在电解质溶液时便在金属表面形成了原电池，电位低的部分（阳极）被腐蚀，电位高的部分（阴极）被保护，不同金属之间或合金中的电位差越大，原电池效应越明显，腐蚀速度越快。图 1-6 是铜锌原电池示意图。

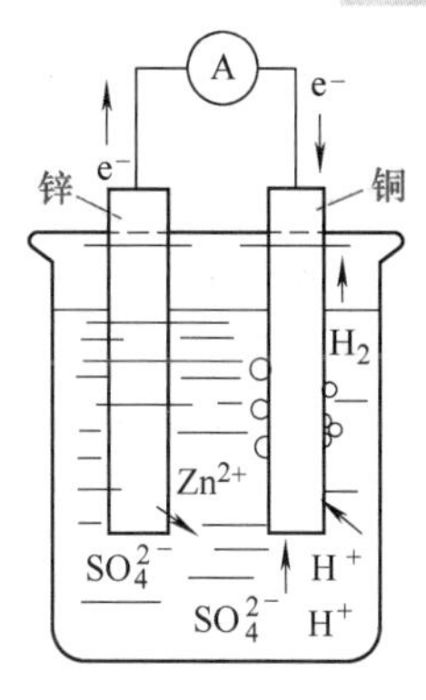

图 1-6　铜锌原电池示意图

从上述原理可以看出，金属零件发生电化学腐蚀的基本条件如下。

1）零件由两种不同金属组成，或使用的合金中不同区域或不同相的电极电位不同。

2）不同电极电位的部分彼此是非绝缘的，可以有电子的流动。

3）有电解质存在。

电化学腐蚀比化学腐蚀更为常见和普遍，金属在酸、碱、盐、土壤、海水、潮湿大气等介质中的腐蚀均属于电化学腐蚀的范畴，如钢在室温的氧化、铜表面生成铜绿等。

（2）按腐蚀破坏的形态和腐蚀区域分　主要有全面腐蚀和局部腐蚀。

全面腐蚀也称均匀腐蚀，是指腐蚀均匀分布于整个或大部分的金属表面上，表现为材料在厚度上减薄，如在酸洗工艺中发生的腐蚀一般属于均匀腐蚀。全面腐蚀的危险性相对而言比较小，因为人们若知道了金属腐蚀速率和使用年限后，可在设计时将腐蚀因素考虑在内，保证设备的使用寿命。但全面腐蚀对材料的消耗总量较大，所以必须采取防护措施，如刷涂料、施加涂层等。

局部腐蚀是指腐蚀主要集中在金属表面的某些区域。尽管此种腐蚀的腐蚀量不大，但由于其局部腐蚀速度快，易造成设备的严重破坏，因此其危害性更大。金属在不同的环境条件下可以发生不同的局部腐蚀，例如孔蚀、缝隙腐蚀、应力腐蚀、晶间腐蚀、磨损腐蚀等。

（二）金属腐蚀的防护

在实际工程中，为了提高金属的耐蚀性，可以采取各种类型的防腐蚀技术。下面介绍三种常用的方法。

1. 正确选用金属材料，合理设计工件结构

正确选择金属材料是防止金属腐蚀的最根本措施。应根据材料工作环境中介质的性质、产生腐蚀的类型及程度合理选择材料，在满足主要技术、工艺和经济指标的前提下，应尽可能使用在给定的腐蚀条件下稳定性好的材料。如在 H_2SO_4 溶液贮槽中采用衬金属铅和陶瓷材料；在建户外结构时，在强度允许的情况下，使用铝及铝合金，因为铝在空气中不易腐蚀，表面有一层氧化膜保护层。

不锈钢是工程中最常用的耐蚀材料。在不锈钢中含有大量的合金元素 Cr、Ni，一方面 Cr 有助于在金属表面生成钝化膜，并能提高钢基体的电极电位，减小电位差，提高钢的耐蚀性能；另一方面在不锈钢中加入 Cr、Ni 有助于获得单相奥氏体组织或铁素体组织，消除了电位差，避免出现原电池，提高了钢的耐蚀性。

在设计方面，工件的结构和组合应该符合防腐蚀规律，要尽量避免电位差较大的金属直接搭接和铆接，例如铝、镁不应与钢铁、镍等材料相接触。另外，工件结构应尽量采用圆角，避免尖角，焊缝不宜太多，各部分受力要均匀，以防出现应力集中。

2. 金属表面覆盖保护层

在金属表面形成一层保护膜，隔绝金属和腐蚀介质，是防止金属腐蚀的一种有效方法，尤其是化学腐蚀。最常用、最简便的是在金属表面覆盖上防腐涂料、塑料、橡胶、搪瓷、陶瓷、玻璃、石材等非金属材料。此外，在金属表面可以化学镀、电镀、热喷涂、热浸镀一层耐蚀性良好的金属或合金，如 Ni、Cr、Zn、Al、Sn、Cu 等金属及其合金。

金属覆盖保护可分为阴极覆盖保护和阳极覆盖保护，作为阳极覆盖层的金属，应比主体金属有更低的电极电位，如在铁基合金上覆盖 Zn、Al 等，保护机理是牺牲阳极，覆盖层偶有微孔也无妨；阴极覆盖层金属的电极电位比被保护的主体金属更高，如在铁基合金上覆盖 Ni、Cu、Sn、Pb 等，主体金属是阳极，覆盖层是阴极，所以覆盖层必须是完整的才能达到保护基体的目的。

3. 牺牲阳极的阴极保护法

电化学腐蚀的必要条件是阳极、阴极、电解质和电流回路，除去或改变其中任何一个条件即可阻止或减缓腐蚀的进行。各种表面覆盖保护层能将金属周围的电介质隔离开，实际上也有电化学防腐的作用，电化学防腐主要通过阴极保护法来实现。

牺牲阳极的阴极保护法是利用电位比被保护金属低的金属或合金作为阳极，与作为阴极的被保护金属构成一个原电池。当发生电化学腐蚀时，电位低的阳极不断地被腐蚀，而阴极（被保护金属）不会腐蚀而得到保护。如在海水中的钢闸门上连接一种比铁更活泼的金属锌，以达到防腐的目的，如图 1-7 所示。

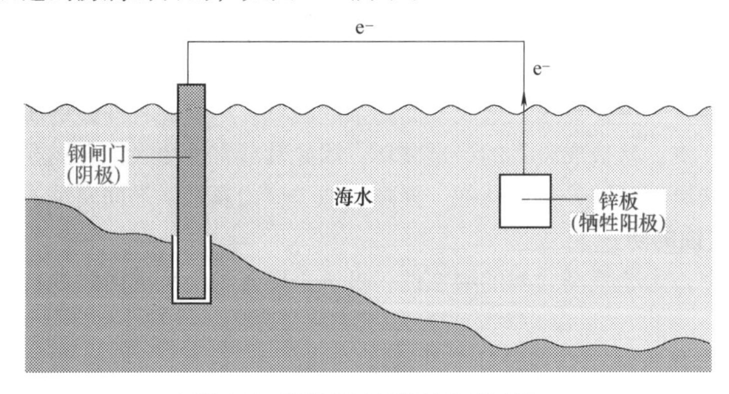

图 1-7 钢闸门阴极保护法示意图

想一想

日常生活中用的金属餐具，罐头盒，自行车车把，电冰箱或洗衣机的外壳，枪炮、船体结构等，它们都是用什么方法阻止腐蚀的？

二、金属的磨损

（一）金属磨损的定义和分类

1. 金属磨损的定义

相互接触的一对金属表面，在相对运动时不断发生损耗或产生塑性变形，使金属表面状

态和尺寸发生改变的现象称为磨损。磨损是摩擦的结果，表现为松脱的细小颗粒（磨屑）的出现，以及在摩擦载荷作用下，金属表面性质（金相组织、物理化学性能、力学性能）和形状（形貌和尺寸、表面粗糙度、表面层厚度）的变化。

在机械设备中磨损通常是有害的，它损伤零件工作表面，影响机械设备性能，消耗材料和能源，并使设备使用寿命缩短。据估算，中国主要支柱产业部门每年因机器磨损失效所造成的损失在400亿元人民币以上。但磨损有时却是有益的，如新机器的磨合及机械加工中的磨削、研磨等。

机械零件的磨损过程通常经历不同的磨损阶段，直至失效。图1-8是典型的金属磨损特性曲线。

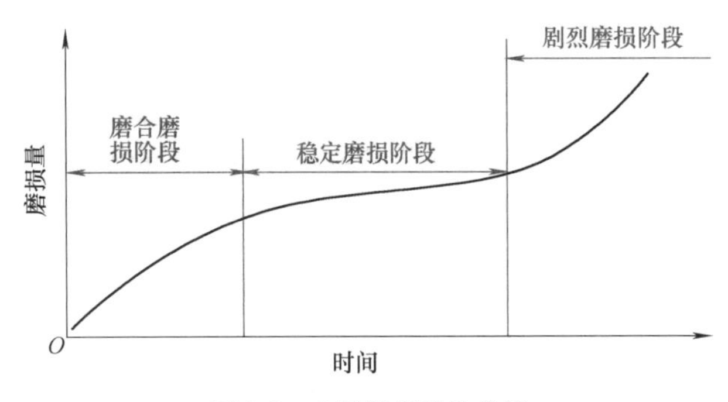

图1-8　金属磨损特性曲线

图中的纵坐标表示磨损量，单位时间的磨损量称为磨损率。在磨损初期，由于新的摩擦副表面较粗糙，真实接触面积小，接触应力较大，在开始的较短时间内磨损量较大。经磨合后，表面凸峰高度降低，接触面积增大，磨损速度减缓并趋向稳定。初期磨合是一种有益的磨损，可利用它来改善表面性能，提高使用寿命。零件经过磨合后磨损速度趋缓，处于稳定状态，这一阶段的时间即为零件的使用寿命。在零件寿命后期，磨损曲线斜率陡升，这表示磨损量急剧增大，失效即将发生，零件将很快报废。

对于一些磨损过程，例如滚动轴承或齿轮中发生的表面疲劳磨损，开始时磨损率可能为零，当工作时间达到一定数值后，点蚀开始出现并迅速扩展，磨损率迅速上升，很快发展为大面积剥落和完全失效。

2. 金属磨损的分类

目前人们公认的最重要的四种基本磨损类型（机理）是粘着磨损、磨料磨损、疲劳磨损和腐蚀磨损。不同磨损类型有不同的磨损外观表现，见表1-3。

表1-3　不同磨损类型的外观表现

磨损类型	磨损表面外观	要求材料具备的性能
粘着磨损	锥刺、鳞尾、麻点	互相接触的摩擦副材料溶解度低，表面抗热软化能力好，表面能低
磨料磨损	擦伤、沟纹、条痕	有比磨粒更硬的表面，较高的加工硬化能力
疲劳磨损	裂纹、点蚀	高硬度，高韧性，表面尽量减少沟槽和孔洞，表面无裂纹，组织中无硬的非金属夹杂物
腐蚀磨损	反应产物（膜、微粒）	无钝化作用时要提高材料的耐腐蚀能力，兼有耐腐蚀性和耐磨性能

（1）粘着磨损　指当摩擦面发生相对滑动时，由于固相焊合作用产生粘着点，该点在剪切力作用下变形以致断裂，使材料从一个表面迁移到另一个表面造成的磨损。

（2）磨料磨损　指由于一个表面硬的凸起部分和另一个表面接触，或者在两个摩擦面之间存在着硬的颗粒，或者这些颗粒嵌入两个摩擦面中的一个面里，在发生相对运动后，使两个表面中的某一个面的材料发生位移而造成的磨损。

（3）疲劳磨损　指在滚动接触过程中，由于交变接触应力的作用而产生表面接触疲劳，使材料表面出现麻点或脱落的现象。

（4）腐蚀磨损　指摩擦表面与周围介质发生化学反应而生成腐蚀产物，进一步摩擦后这些腐蚀产物会被磨去，如此重复所造成的材料损伤。

（二）影响金属材料耐磨性的因素

金属材料抵抗磨损的能力称为耐磨性，一般是由结构设计、材料成分、组织和性能、环境温度和介质等因素决定。

（1）结构设计　工程结构的合理设计是提高零件耐磨性的基础，产品内部结构设计必须合理。在满足工作条件的前提下，尽量降低对磨材料的交互作用力，有利于摩擦副间润滑膜的形成、摩擦热的散失、防止外界杂物的进入等。

（2）摩擦副材料　塑性材料比脆性材料容易产生粘着磨损；晶格类型、晶格常数、电子密度及电化学性能相差较大的一对金属摩擦副可获得低摩擦系数和低磨损率，如铜铅合金。

（3）硬度　一般认为金属材料的硬度越高，其耐磨性越好。如提高钢中碳的质量分数以及加入碳化物形成元素钨、铬、钒等，可以提高其耐磨性。但硬度并不是影响金属耐磨性的唯一因素，如在相同的硬度下，下贝氏体组织的耐磨性优于马氏体组织。

资　料　卡

减摩性与耐磨性　减摩性是指使材料工作面间摩擦阻力减小的性质，如锡青铜具有较好的减摩性；而耐磨性是指材料抵抗各种磨损的能力，如高锰钢和白口铸铁具有较高的耐磨性。

（4）温度　温度升高，金属的硬度下降，且互溶性增强，摩擦加剧；温度升高导致氧化速度加剧，也可影响磨损性能。

（5）环境　一般来说，在真空条件下磨损严重，因为大气可在较短时间内在洁净表面形成一定厚度的氧化膜，从而有防止粘着的作用。

此外，在摩擦副间添加润滑剂，也是减小磨损的有效方法。

（三）耐磨表面处理

从金属材料表面来提高耐磨性，一般可从两个方面着手。

（1）使表面具有良好的力学性能　一般来说，在力学性能中最重要的是硬度。在实际生产中可以通过表面淬火、渗碳等热处理方法提高零件的表面硬度，或通过一定方法在材料表面形成一层具有较高硬度的涂镀层，如电镀、热喷涂和堆焊等。

（2）设法形成具有非金属性质的摩擦面　非金属性质的摩擦面是通过物理或化学的作用来减少磨损。如对钢材渗硫、渗氮、热喷涂层加二硫化钼（MoS_2）、物理气相沉积、化学气相沉积及离子注入等，使材料表面形成氮化物、氧化物、硫化物、碳化物以及它们的复合化合物的表面层，这些表面层可以抑制摩擦过程中摩擦副在两个零件之间的黏附、熔附以及由此引起的金属转移现象，从而提高耐磨性。

许多表面强化方法往往兼有上述两种特性，因而都可以明显提高材料的耐磨性。

视野拓展

2008 年 9 月 26 日，神舟七号上的航天员首次出舱进行太空行走，其工作项目之一为取回发射前就已安装在飞船外、并已在太空环境中暴露 43.5h 的固体润滑材料实验样品，将其带回到返回舱内，最终带回地面。固体润滑材料是航天器上广泛使用的润滑剂，属于国家航天事业发展急需的一种材料。太空中的真空和失重环境可使地面上使用的任何一种液体润滑剂在顷刻间汽化，而二硫化钼（MoS_2）等固体材料电镀或沉积在转动机构表面，可以起到润滑作用。近年来，随着我国航天器数量的不断增多，固体润滑材料的性能对航天器使用寿命的影响因素越来越突出。

【综合训练】

一、理论部分

（一）填空

1. 金属表面处理技术是指通过一些__________或复合方法使金属表面具有与基体不同的组织结构、化学成分和物理状态，从而使经过处理后的表面具有与基体不同的______________。

2. 金属材料经过表面处理后，其表面拥有了一些特殊性能，如高的________、__________、__________及好的导电性、电磁特性、光学性能等。

3. 表面粗糙度有多个定量描述参数，工程中常用的是________，符号为________。

4. 表面清洁度分为________、________、________、________四档。

5. 金属表面现象有________、________、________等。

6. 接触角 θ 越小，________，液体越容易在固体表面上展开，$\theta=0$ 时，称为________。

7. 金属零件的磨损一般包括__________、__________、________三个阶段。

8. 四种基本的磨损类型是________、________、________、________。

9. 按照发生的机理，金属的腐蚀包括________、________两种。

（二）简答

1. 金属表面处理技术有哪些实际意义？它一般通过什么途径改善材料的性能？

2. 按照工艺特点，金属表面处理技术如何分类？

3. 金属表面处理技术有哪些方面的应用？

4. 润湿角的大小对润湿有什么影响？润湿在表面处理技术中有何作用？

5. 举例说明金属零件的磨损现象，并简述提高金属材料耐磨性的主要方法。

6. 举例说明金属腐蚀的危害，并说出你所知道的金属材料的防腐方法。

7. 在某卫生工程结构中，同时有铜管和钢管，按规定要求在两者之间应放置诸如聚四氟乙烯的绝缘材料，这是为什么？

8. 为什么说工程中“黄铜螺钉—钢垫圈”的装配法是错误的？

9. 埋设在地下，用低合金钢焊接的大型储油罐，常用一根有绝缘皮的铜导线与一大块锌板相连，并一同埋于地下，如图1-9所示。请从理论和经济性方面说明采用这一措施的意义。

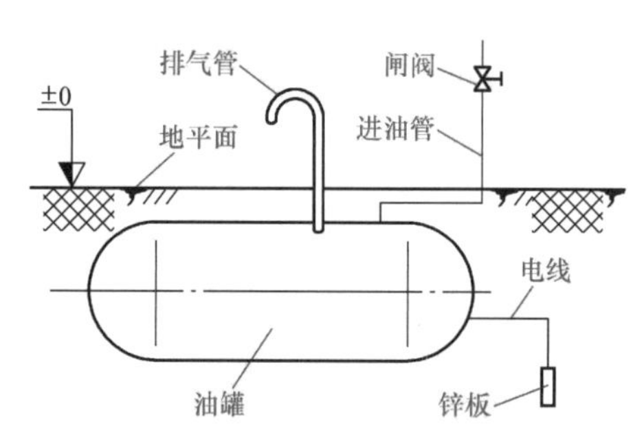

图1-9 储油罐安装示意图

二、实践部分

1. 通过合适的途径，调查你所在地区有哪些进行表面处理工作和研究的企业或研究院所，它们主要从事哪些方面的表面处理技术？

2. 将少量水滴在玻璃、蜡烛、荷叶及经过切削加工的钢制工件表面，观察其润湿程度。

3. 通过网络搜索一下，中国古代有哪些神奇的金属材料表面处理方法。

4. 谈一谈你都知道哪些金属材料的表面处理技术，并与同学们交流讨论。

第二单元　金属表面预处理

学习目标

知识目标	1. 了解表面整平、脱脂、除锈、钝化和活化等金属表面预处理工艺的原理。 2. 熟悉上述金属表面预处理工艺的特点和应用。
能力目标	1. 能够通过查阅相关的技术手册，针对不同的金属工件选择适当的表面预处理方法。 2. 能独立进行喷砂、抛光、酸洗、脱脂、清洗等操作。

金属材料或工件在运输、加工、存放过程中，表面往往带有氧化皮、铁锈、残留的型砂、尘土以及油脂等污物。通过表面预处理方法去除金属表面污物，并使其表面平坦、光滑和洁净，将能保证表面处理工艺的顺利实施，提高表面涂覆层与基体的结合力和耐蚀性，得到与基体结合牢固、致密、外观平整光滑的涂覆层。

金属表面预处理同时是焊接生产及压力加工的准备工序，在工厂中常采用预处理生产线来完成。

金属表面预处理一般包括表面整平、表面脱脂、表面除锈和活化等工序。

模块一　表面整平

导入案例

2021 年 3 月 20 日，在新发现的三星堆遗址五号坑中，发掘出半张独特的黄金面具。面具宽度约 23cm，高度约 28cm，非常厚，不需要任何支撑就可以独自立起。面具表面金光灿灿，十分夺目，这说明 3000 多年前的金银工匠就已经非常熟练地掌握锤揲和抛光技术了。

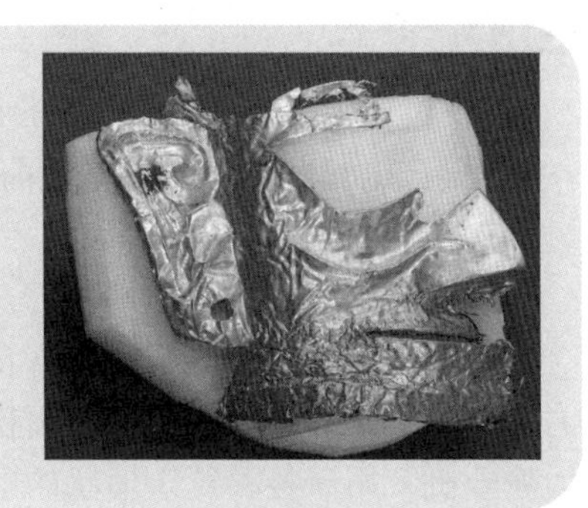

表面整平是指通过机械或化学方法去除材料表面的毛刺、锈蚀、划痕、焊瘤、焊缝凸起、砂眼、氧化皮等宏观缺陷，提高材料表面平整度的过程。其目的除保障表面处理质量外，还可用于对材料或零件的表面装饰。

金属材料表面整平包括机械整平和化学处理两种方法。

一、机械整平

借助手工工具、动力工具或喷、抛丸（粒）等机械力去除材料表面的腐蚀产物、油污及其他杂物，以获得清洁表面的过程，称为机械整平。机械整平方法包括喷砂、喷丸、磨光、抛光和滚光等。其中喷丸同时也是一种金属表面形变强化手段，将在第三单元介绍。

（一）喷砂

1. 喷砂的原理与应用

喷砂是利用压缩空气把磨料高速喷射到零件表面，对其进行清理和加工的一种方法，工厂里也称为吹砂。常用的磨料有钢砂、硅砂、氧化铝、碳化硅等，最常用的是硅砂，砂粒的尺寸一般为 2.5~3.5mm。图 2-1 所示为手工喷砂生产现场和喷砂后钢板表面状态。

a) 手工喷砂

b) 钢板表面状态(ISO Sa2)

图 2-1 手工喷砂生产现场和喷砂后钢板表面状态

喷砂

喷砂使材料表面洁净，并获得一定的表面粗糙度，以提高表面涂覆层的结合强度。主要用于以下情况。

1）清除热处理件、锻件、铸件以及轧制板材表面的氧化皮或型砂。

2）清除工件表面的锈蚀、毛刺或油脂。

3）对于一些不能用酸侵蚀去除的氧化皮，或在去除氧化皮时容易引起过度侵蚀的情况下，对工件的表面进行预处理。

4）在进行特殊无光泽电镀前，获得均匀无光泽表面的零件。

2. 喷砂方法

喷砂分干喷砂和湿喷砂两种。为减少喷砂粉尘对环境和人体的危害，现多采用湿喷砂。

干喷砂是用净化的压缩空气将干砂流强烈地喷射到金属表面，利用磨料的冲击力和摩擦力去除金属表面的污物并使表面粗化，呈均匀的无光泽灰色表面。国内广泛使用手工空气压力喷砂机，用于各种复杂形状的中、小型零件。干喷砂处理后的表面粗糙度值较高，产生的粉尘多，污染大。

湿喷砂是在砂料中加入一定量的水，使之成为砂水混合物（磨料体积一般占 20%~30%），以减少砂料对零件表面的冲击作用，从而减少金属材料的去除量，使零件表面质量更高，呈均匀、致密、无光泽或半光泽的灰色表面。为防止钢铁件锈蚀，水中可加入亚硝酸

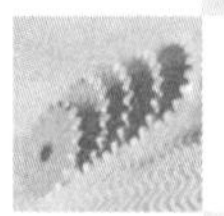

钠、碳酸钠、重铬酸钠等作缓蚀剂。湿喷砂的应用与干喷砂相似，但主要用于较精密的加工，其优点是污染小。

有些零件的特殊部位不允许喷砂，必须进行适当的保护，如内外螺旋齿、花键、大型内外螺纹、鉴别标记、精密尺寸、光表面等。这些非喷砂表面可采用机械夹具、胶带、纸带、橡胶堵头等进行保护。

表 2-1 是喷砂常用的磨料尺寸和压缩空气压力。

表 2-1 喷砂常用的磨料尺寸和压缩空气压力

零件类型	砂粒尺寸/mm	压缩空气压力/MPa
厚度大于 3mm 的钢铁零件	2.5~3.5	0.3~0.5
厚度为 1~3mm 的钢铁零件	1.0~2.0	0.2~0.4
薄壁及小型钢铁零件	0.5~1.0	0.05~0.1
黄铜零件	0.5~1.0	0.15~0.25
铝及铝合金零件	<0.5	0.1~0.15

3. 喷砂除锈等级

喷砂除锈等级标准一般采用瑞典标准 SIS[⊖] 05 5900（ISO 8501-1：2007，GB/T 8923.1—2011），用字母“Sa”表示，分四个等级，见表 2-2。

表 2-2 喷砂除锈等级标准

等级	名称	表面状态
Sa1	轻度喷砂除锈	表面应无可见的油脂、污物、附着不牢的氧化皮、铁锈、油漆涂层和杂质
Sa2	彻底的喷砂除锈	表面应无可见的油脂、污物、氧化皮、铁锈，油漆涂层和杂质基本清除
Sa2.5	非常彻底的喷砂除锈	表面应无可见的油脂、污物、附着不牢的氧化皮、铁锈、油漆涂层和杂质，残留物痕迹仅显示点状或条纹状的轻微色斑
Sa3	喷砂除锈至钢材表观洁净	表面应无油脂、氧化皮、铁锈、油漆涂层和杂质，表面具有均匀的金属光泽

（二）磨光

1. 磨光的原理与应用

磨光是用磨光轮或磨光带对工件表面进行的加工，以去掉工件表面的毛刺、划痕、焊瘤、砂眼、氧化皮、锈蚀等表面缺陷，提高工件的平整度。

可根据工件表面状态和质量要求进行一次磨光和几次（磨料粒度逐渐减小）磨光，磨光后工件表面粗糙度 Ra 值可达 0.4μm，油磨效果更好。

⊖ SIS，瑞典标准化学会，是欧洲标准化委员会（CEN）和国际标准化组织（ISO）的成员。

磨光适用于加工全部金属材料和部分非金属材料。磨光效果主要取决于磨料的特性、磨光轮的刚性和轮轴的旋转速度。

2. 磨光轮

磨光轮是用棉布、特种纸、毛毡、呢绒或皮革制成的圆片叠在一起，外面包上皮革心再经压粘或缝合而成的，表面用骨胶或皮胶粘结适宜的磨料，如图 2-2 所示。磨光轮分为软轮和硬轮，材料硬、形状简单、表面粗糙度值大的工件用硬轮；材料软、形状复杂、切削量小的工件用弹性大的软轮磨光。

图 2-2 磨光轮

3. 磨光带

磨光带由安装在电动机轴上的接触轮带动，调整另一从动轮使其具有一定的张力，以便对工件进行磨光。磨光带由衬底、黏结剂和磨料三部分组成。衬底用 1~3 层不同类型的纸、布制成，黏结剂为合成树脂、骨胶或皮胶。

4. 磨料

磨光轮或磨光带上的磨料根据要求选择，除表面状态较好或质量要求不高的工件可一次磨光外，一般采用磨料颗粒逐渐减小的多次磨光。表 2-3 是常见磨料的特性及用途。

表 2-3 常见磨料的特性及用途

磨料名称	矿物硬度 莫氏硬度	韧性	形状	粒径/mm（目）	外观	用途
人造金刚砂（SiC）	9.2	脆、易碎	尖锐	0.045~0.800 (24~320)	紫黑闪亮晶粒	主要用于磨光低强度金属（如黄铜、青铜、铝等）、硬而脆的金属（如铸铁、碳素工具钢、高强度钢）
人造刚玉（Al_2O_3 90%~95%）①	9.0	较韧	较圆	0.053~0.800 (24~280)	白至灰黑晶粒	主要用于磨光有一定韧性的高强度金属（如淬火钢、可锻铸铁、锰青铜）
天然金刚砂	7~8	韧	圆粒	0.063~0.800 (24~240)	灰红至黑砂粒	用于一般金属的磨光
硅砂（SiO_2）	7	韧	较圆	0.045~0.800 (24~320)	白至黄色砂粒	通用磨、抛光材料，也用于喷砂及滚光

① 数值为质量分数。

5. 磨光速度的选择

磨光的效果除取决于磨料的种类和粒度外，还与磨光轮或磨光带的刚性和磨光速度有关。应根据工件材料的不同，选择适宜的磨轮转速。生产实践表明，磨光时磨轮的转速一般应控制在 1200~2800r/min。工件形状简单或钢铁件粗磨时，可用较大的转速；而工件形状复杂或磨光非铁金属（铜、锌、铝）及其合金时，要采用较小的速度。但过大的磨光速度

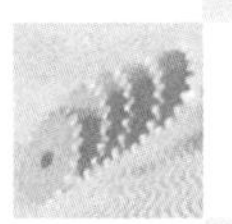

会使磨光轮的使用寿命降低；而磨光速度太小时，会造成生产率低，表面质量差。不同金属材料磨光时磨料线速度与磨轮转速的关系见表2-4。

表2-4　不同金属材料磨光时磨料线速度与磨轮转速的关系

材料类型	磨料线速度/(m/s)	允许转速/(r/min)				
		磨轮直径/mm				
		200	250	300	350	400
钢铁、镍、铬	18~30	2850	2300	1880	1620	1440
铜及铜合金、银、锌	14~18	2400	1900	1500	1350	1190
铝及铝合金、铅、锡	10~14	1900	1530	1260	1090	960

（三）机械抛光

小知识

西汉淮南王刘安主持编纂的《淮南子》上记载："明镜之始下型，朦然未见形容。及其粉以玄锡、摩以白旃、鬓眉微毫，可得而察。"意思是说，以铅粉或铅汞剂作磨料，用白色毛毡摩擦镜面，从而使铜镜光洁白亮。这是世界上关于运用表面处理技术的最早记载。

1. 机械抛光的原理与应用

机械抛光是用涂有抛光膏或抛光液的抛光轮对工件表面进行的加工，其目的是去除金属表面的细微划痕，降低工件的表面粗糙度值，使工件获得装饰性外观。

抛光除可用于表面预处理外，也可在表面处理后进行，对表面涂镀层进行精加工，使镀层表面获得装饰性外观，并提高工件的耐蚀性。

2. 抛光轮

抛光轮通常用棉布、细毛毡、鹿皮等制成圆盘，分为非缝合式、缝合式和风冷布轮三种。抛光轮的大小视工件的特征和要求而定，抛光轮的圆周速度一般为20~35m/s。

依据抛光后表面质量的不同，机械抛光可分为粗抛、中抛与精抛三类。粗抛是用硬轮对经过或未经过磨光的表面进行抛光，有一定的磨削作用，能除去粗的磨痕。中抛是用较硬的抛光轮对经过粗抛的表面做进一步的加工，能除去粗抛留下的划痕，产生中等光亮的表面。精抛是用软轮抛光获得镜面光亮的表面，磨削作用很小，可使金属表面获得镜面光泽。

3. 抛光膏

机械抛光所用抛光膏的类型、特点与用途见表2-5。

表2-5　抛光膏的类型、特点与用途

类型	特　点	用　途
白抛光膏	由氧化钙、少量氧化镁及黏结剂粘结而成。粒度小而不锐利，长期存放易风化变质	抛光较软的金属（铝、铜等）
红抛光膏	由氧化铁、氧化铝和黏结剂制成，硬度中等	抛光一般钢铁零件，对铝、铜零件做粗抛

（续）

类型	特　点	用　途
绿抛光膏	由氧化铬、氧化铝和黏结剂制成，硬而锐利，磨削能力强	抛光硬质合金、镀铬层、不锈钢
金刚石抛光膏	金刚石微粉和黏结剂制成，硬度高，尖角锋利	硬脆材料

交流讨论

磨光与机械抛光的区别

磨光	使用磨光轮	磨料粗，粘结在轮上	转速小	切削量大	表面质量低
机械抛光	使用抛光轮	抛光膏细，涂抹在轮上	转速大	切削量小	表面质量高

（四）滚光与刷光

1. 滚光

滚光是将工件放入盛有磨料和滚光溶液的滚筒中，借助滚筒的旋转，使工件与磨料、工件与零件相互摩擦达到清理零件表面的目的。常用的滚光方法有普通滚光、离心滚光、化学加速离心滚光等，如图 2-3 所示。

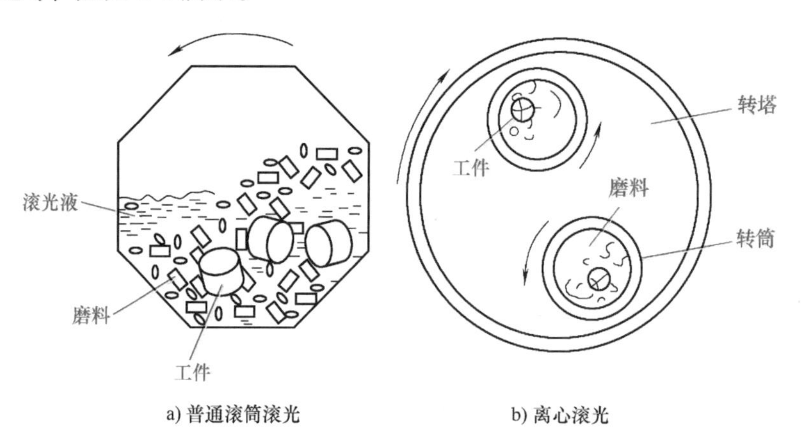

图 2-3　滚光示意图

滚光可以除去工件表面的油污和氧化皮，使工件表面有光泽。滚光可以全部或部分代替磨光、抛光，但只适用于大批量且表面粗糙度要求不高的小型工件。

滚光有干法和湿法之分。干法滚光时使用砂子、金刚砂、碎玻璃及皮革等作磨料。湿法滚光时使用钢球、碎石块、锯末、碱液、茶仔粉等作磨料。滚光时的转速，视工件的特征、滚筒的结构而定，一般为 15~50r/min。转速太高时由于离心力大，工件随滚筒转动而不能互相摩擦，起不到滚光作用；转速太低时，则效率低。

滚光时，如工件表面有大量的油污和锈蚀，应先进行脱脂和侵蚀。当油污较少时，可加入碳酸钠、肥皂、皂荚粉等少量碱性物质或乳化剂一起进行滚光；工件表面有锈蚀时，可加入稀硫酸或稀盐酸。当工件在酸性介质中滚光结束后，应立即将酸性液冲洗干净。

2. 刷光

刷光是使用金属丝、动物毛、天然或人造纤维制成的刷光轮对工件表面进行加工的方法，主要用于除去工件表面的氧化皮、锈蚀、焊渣、旧油漆及其他污物；也用于除去工件机加工后留在表面棱边的毛刺；还可用于装饰目的的表面丝纹刷光和缎面加工。

常用刷光轮一般由钢丝和黄铜丝等材料制成，如图2-4所示。刷光轮装在抛光机上使用，其旋转速度一般在1200~2800r/min之间。工件材质较硬者，应采用刚性大的钢丝刷轮，同时采用较大的转速；反之，采用黄铜丝或人造纤维的刷轮。

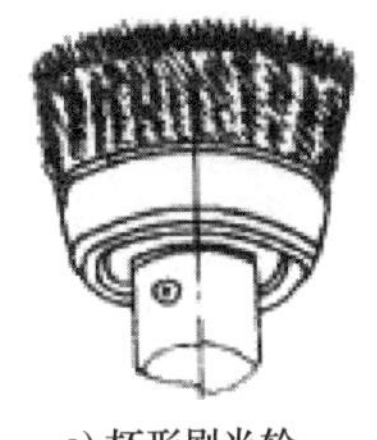

a) 杯形刷光轮

b) 普通宽面刷光轮

c) 条形宽面刷光轮

图2-4　各种类型的刷光轮

刷光可分为机械刷光和手工刷光。两者多采用湿法，即用水或溶液保证刷光进行，一般都采用水作刷光液，对钢铁材料的刷光也有采用3%~5%（质量分数）碳酸钠或磷酸钠溶液。

二、化学处理

（一）电解抛光

1. 电解抛光的原理

电解抛光是将工件置于阳极，在特定的溶液中进行电解。工件表面微观凸出部分电流密度较高，溶解较快；而微观凹入处电流密度较低，溶解较慢，从而达到平整和光亮的目的，如图2-5和图2-6所示。

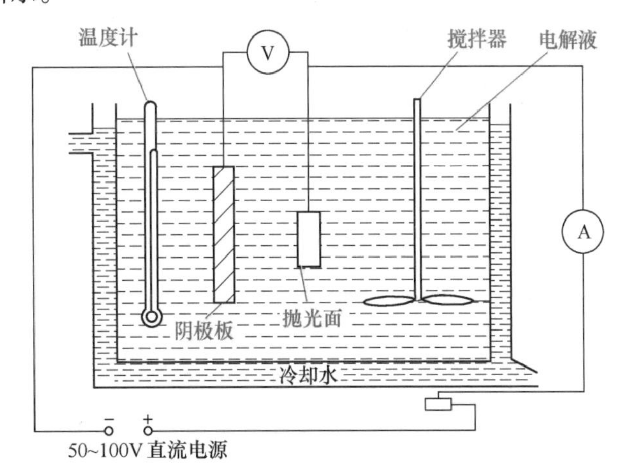

图2-5　电解抛光装置示意图

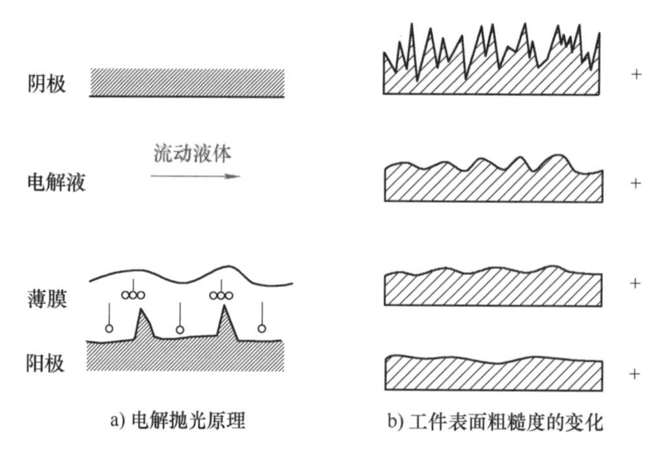

图 2-6 电解抛光原理示意图

电解抛光常用于碳素钢、不锈钢、铝、铜等工件或铜、镍等镀层的装饰性精加工及某些工具的表面精加工，或用于制取高度反光的表面以及用来制造金相试样等。

电解抛光除有整平作用外，还能除去表面夹杂物，显示零件表面的裂纹、砂眼、夹杂等缺陷。

2. 电解抛光液

钢铁材料广泛采用磷酸-铬酸酐型抛光溶液，主要成分由磷酸、硫酸和铬酸酐等组成，其中还常加入缓蚀剂、光亮剂、增稠剂等添加剂；阴极均用铅材，电源电压均可为12V。近年来，随着不锈钢制品应用范围和产量的不断增大，其电解抛光液的需求量也在不断增加，为防止使用含磷酸和铬酸酐的电解抛光液造成环境污染，我国大力发展环保型不锈钢电解抛光液，已取得明显成效，表 2-6 所列就是几种环保型不锈钢电解抛光液的溶液组成和工艺条件。表 2-6 中配方 1、2 不用铬酸酐，磷酸用量少，这种配方减少了污染排放。配方 3 完全不用磷酸和铬酸酐，解决了废水排放的问题，是一种全新型无污染的环保型电化学抛光剂。

表 2-6 环保型不锈钢电解抛光液的溶液组成和工艺条件

溶液组成及工艺条件		配方 1	配方 2	配方 3
溶液组成（体积分数,%）	磷酸（H_3PO_4，85%）	40~50	20~30	—
	硫酸（H_2SO_4，98%）	15~20	20~30	—
	硝酸（HNO_3）	—	—	10~15
	高氯酸（$HClO_4$）	—	—	8~10
	冰醋酸（$C_2H_4O_2$）	—	—	余量
	水（H_2O）	余量	余量	—
	添加剂	适量糊精	适量甘油	添加剂少量

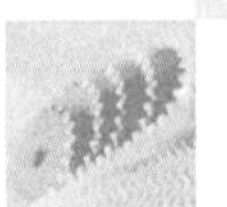

（续）

溶液组成及工艺条件		配方 1	配方 2	配方 3
工艺条件	温度/℃	60~70	65~70	常温
	电流密度/(A/dm^2)	20~30	15~30	10~30
	时间/min	3~5	3~8	3~5

3. 电解抛光的特点

电解抛光与机械抛光相比，由于是通过电化学溶解使被抛光表面得到整平的，所以表面没有变形层产生，也不会夹杂外来物质；同时，因电解过程中有氧析出，会使被抛光表面形成一层氧化膜，有利于提高其耐蚀性。

此外，对于形状复杂的零件、线材、薄板和细小的零件，机械抛光有困难时，可采用电解抛光。

电解抛光虽具有机械抛光所不具备的优点，但也有缺点，如在工件表面容易出现斑点，这主要是处理不当或电解液受污染所致。在实际应用中，影响电解抛光的因素主要有抛光液的配比、阴阳极面积比与极间距、阳极电流密度、温度等。

（二）化学抛光

化学抛光是在合适的溶液和工艺条件下，利用溶液对工件表面的侵蚀作用，使工件表面整平，获得比较光亮的表面。化学抛光可用于仪器、铝质反光镜的表面精饰，以及零件或镀层的装饰性加工。

同电解抛光相比，化学抛光的优点有：不需外加电源和导电挂具，可以处理形状更为复杂的零件，生产率高等。但是化学抛光的表面质量一般略低于电解抛光，溶液的调整和再生也比较困难，往往抛光过程中会析出二氧化氮等有害气体。

各种金属材料的化学抛光溶液组成与工艺规范可查阅有关手册，本书不再一一列举。

交流讨论

三种抛光方法的比较

项目	优点与缺点	适用产品	备注
机械抛光	整平性好，光亮；劳动强度大，污染严重，复杂件难加工，光泽下降，投资及成本较高	简单工件，中、小产品，复杂件无法加工	整个产品光泽达不到一致，光泽保持时间不长
化学抛光	投资少，复杂件也能抛，效率高，速度快；光亮度不足，抛光液要加湿，有气体溢出，需通风设备	复杂产品，光亮度要求不高的产品可选用	小批量加工较合算
电解抛光	能达镜面光泽，长期保持，工艺稳定，污染少，成本低，防污染性好；一次性投资大，复杂件要装工装、辅助电极，大量生产要降温	要求长时间保持镜面光亮产品	工艺稳定，易操作，可广泛推广使用

模块二 表面脱脂

导入案例

某厂在对钢制紧固件进行常温发蓝处理时，发现有些批次膜层不均匀，严重时甚至有明显的花斑现象。经分析是由于工件表面残留油污造成的，具体原因是在脱脂出槽时工件与清洗液表面漂浮的油膜接触造成二次污染，此外还发现有些工人戴沾有油污的手套拿取清洗后的工件。经过改进脱脂操作工作规范，对工件进行彻底的除油清洗，去油后用热水洗再用冷水冲，并注意避免二次污染，问题得到解决。

表面油污是影响金属表面处理质量的重要因素，油污的存在会使表面涂层与基体的结合力下降，甚至使涂层起皮、脱落。为此，在进行表面处理前要进行脱脂，彻底去除油污。

油脂可分为皂化性油脂和非皂化性油脂两类。皂化性油脂是不同脂肪酸的甘油脂，它们能与碱发生皂化反应，生成可溶于水的肥皂和甘油，如各种动植物油脂；非皂化性油脂是各种碳氢化合物，它们不能与碱发生皂化反应，故不溶于各种碱溶液，如机油、柴油、凡士林等矿物油。

脱脂方法按脱脂剂不同可分为化学脱脂、有机溶剂脱脂、电化学脱脂、乳化清洗脱脂和超声波脱脂等；按操作方法可分为擦拭法脱脂、浸渍法脱脂和电解法脱脂等。

一、化学脱脂

（一）化学脱脂的原理

化学脱脂就是利用碱溶液对皂化性油脂的皂化作用或表面活性物质对非皂化性油脂的乳化作用，除去工件表面上各种油污的过程。

表面活性物质能使彼此不能互相溶解的两种液体（如油和水）混合到一起形成乳浊液，其中的一种液体呈极细小的液滴散布于另一种液体中，这种现象称为乳化，具有乳化作用的表面活性物质称为乳化剂。

（二）化学脱脂液的组分和作用

由于皂化作用和乳化作用的需要，化学脱脂液中一般都含有碱性物质和表面活性物质，常用的有如下几种。

（1）氢氧化钠　呈强碱性，具有很强的皂化作用，但对金属有一定的氧化和腐蚀作用。

（2）碳酸钠　呈弱碱性，皂化作用弱，但对油脂层有缓慢湿润和分散的作用，且对金属无腐蚀作用。

（3）磷酸三钠　呈弱碱性，有一定的皂化能力和缓冲 pH 的作用，它又是一种良好的乳化剂，但对环境有污染。

（4）硅酸钠　俗称水玻璃或泡花碱，由 Na_2O 和 SiO_2 结合而成 Na_2SiO_3，呈弱碱性，有较好的表面活化作用、较强的乳化能力和一定的皂化能力。

（5）乳化剂　凡是能促进乳化作用的物质都可作为乳化剂。常用的乳化剂有OP-10，6501、6503洗净剂，三乙醇胺油酸皂，TX-10等，它们中都含有一种或几种表面活性物质，故也称为表面活性剂。

化学脱脂的工作温度一般为70～90℃，需加热装置。如果产生有害气体，需有抽风罩；如有悬浮泡沫，应设溢流室，也可用循环泵去除油污。化学脱脂的优点是成本低、无毒、不会燃烧；缺点是生产率低（脱脂时间长）。不同金属工件化学脱脂液组成及工艺条件见表2-7。

表2-7　不同金属工件化学脱脂液组成及工艺条件

溶液组成及工艺条件		钢铁	铜及其合金	铝、镁、锌及其合金
溶液组成/(g/L)[①]	氢氧化钠（NaOH）	30～50	10～15	—
	碳酸钠（Na_2CO_3）	20～30	20～30	15～20
	磷酸三钠（Na_3PO_4）	40～60	50～70	20～30
	水玻璃（Na_2SiO_3）	5～10	5～10	10～15
	OP-10乳化剂	1～3	—	1～3
工艺条件	温度/℃	80～90	70～80	60～80
	时间/min	至油除净		

① g/L——溶液浓度常用的一种表示法，表示每升溶液中含有溶质的质量（g）。

二、有机溶剂脱脂

（一）有机溶剂脱脂的原理和特点

有机溶剂脱脂是一种比较常用的金属材料脱脂方法，它利用有机溶剂对两类油脂均有的物理溶解作用脱脂。常用的脱脂剂包括汽油、煤油、酒精、丙酮、二甲苯、三氯乙烯、四氯化碳等，其中汽油、煤油价格便宜，溶解油污能力较强，毒性小，是一种用量大、应用普遍的有机溶剂。

有机溶剂脱脂的特点是不需要加热，脱脂速度快，对金属表面无腐蚀，特别适合那些用碱液难以除净的高黏度、高熔点的矿物油，因此适合几乎所有表面处理技术的预处理，尤其是油污严重的零件或易被碱性脱脂液腐蚀的金属零件的初步脱脂。但这种脱脂不彻底，需要用化学法或电化学法再补充脱脂；而且大部分有机溶剂易燃，有毒，成本较高，故操作时要注意安全，加强防护，保持良好的通风换气。

（二）有机溶剂脱脂的操作方法

（1）浸洗法　将工件浸泡在有机溶剂中并加以搅拌，油脂被溶解，不溶解的污物被带走，各种溶剂均可应用。

（2）喷淋法　将有机溶剂均匀喷淋于工件表面上，油脂不断被溶解，反复喷淋直到油污全部洗净为止。除易挥发的溶剂外，其他溶剂均可应用，但需在密闭容器内操作。

（3）蒸气洗法　在密闭容器底部装入有机溶剂，工件悬挂在有机溶剂上面。将有机溶剂加热，溶液蒸气在工件表面冷凝成液体并溶解油脂，连同油污一起滴落入溶剂槽中，除去工件表面上的油污。

但有机溶剂多为易燃、易爆或有毒物质，在生产使用过程中须有良好的安全设施，除油设备应有完善的通风装置。

（4）联合处理法　可采用浸洗-蒸汽法、浸洗-喷淋-蒸汽法联合脱脂，效果都很好。图2-7所示为用三氯乙烯作溶剂的三槽式联合脱脂装置示意图，工件在第一槽中加热浸泡，溶解掉大部分油脂；第二槽用比较干净的溶剂除去工件上残留的油脂和污物；最后在第三槽中再进行蒸气脱脂。

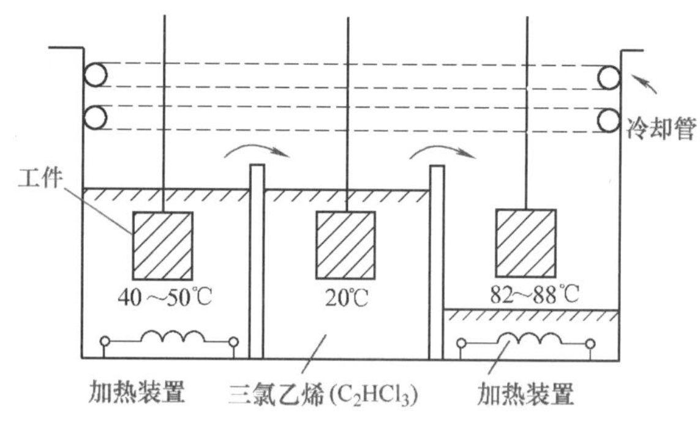

图2-7　三槽式联合脱脂装置示意图

想一想

我们在做饭时如不慎将植物油滴在衣服上，可以用洗洁精或汽油将油渍洗去，请问：用这两种方法洗去油渍的原理相同吗？为什么？

三、电化学脱脂

（一）电化学脱脂的原理

电化学脱脂在工厂中又称为电解脱脂或电净，脱脂速度和效果都远好于化学脱脂，是生产中最常用的脱脂方法。它是将挂在阴极或阳极上的金属工件浸到电解液中，并通以直流电，使油脂与工件分离的工艺过程。

当金属作为一个电极浸入碱性电解液中时，受直流电的作用发生极化作用，使金属-溶液界面张力降低，油膜产生裂纹，溶液易于润湿并渗入油膜下的工件表面。同时，析出大量氢或氧对油膜猛烈地撞击和撕裂，对溶液产生强烈搅拌，加强油膜表面溶液的更新，油膜被分散成细小油珠，脱离工件表面而进入溶液中形成乳浊液，如图2-8所示。

（二）电化学脱脂的工艺方法

根据工件的极性，电化学脱脂分阴极脱脂、阳极脱脂和阴-阳极联合脱脂。阴极脱脂的效果好，效率高，基体不受腐蚀；但容易造成工件渗氢，造成氢脆和杂质在阴极析出的现象，适用于非铁金属及其合金。阳极脱脂虽然没有这些缺点，但效率较低，对基体腐蚀大，适用于高碳钢、弹性材料等。联合电化学脱脂法即先阴极脱脂，然后短时间阳极脱脂；或先阳极脱脂，然后短时间阴极脱脂，兼有前两者的优点，是最有效的电化学脱脂方法。

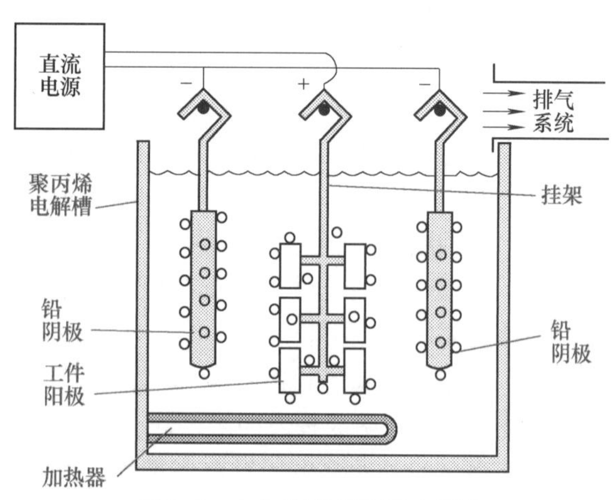

图2-8　电化学脱脂装置示意图

钢铁、铜及铜合金、铝镁锌及其合金的电化学脱脂液的组成及工艺条件，见表2-8。

表2-8 不同金属电化学脱脂液的组成及工艺条件

溶液组成及工艺条件		钢铁	Cu及Cu合金	Al、Mg、Zn及其合金
溶液组成/(g/L)	氢氧化钠（NaOH）	40~60	10~15	—
	碳酸钠（Na_2CO_3）	20~30	20~30	20~30
	磷酸三钠（Na_3PO_4）	30~40	30~40	20~30
	水玻璃（Na_2SiO_3）	10~15	5~10	3~5
工艺条件	温度/℃	70~80	70~80	70~80
	电流密度/（A/dm^2）	2~5	2~3	2~3
	槽电压/V	8~12	8~12	8~12
	阴极脱脂时间/min	—	3~5	1~3
	阳极脱脂时间/min	5~10	—	—

模块三 表面除锈

导入案例

中国铁锅因其受热均匀、不会溶出有害物质，得到了世界卫生组织的认可，多次向世界各国推荐使用。但若使用不当，铁锅容易生锈。铁锅生锈后可向其中放入适量白醋（食醋也可以）烧热，然后以不锈钢丝清洁球一擦即去，最后用清水洗干净，既简单、快捷又除锈彻底。这就是化学除锈方法，其原因在于白醋或食醋的主要成分是醋酸，醋酸是一种弱酸，对铁锅表面的铁锈有化学溶解作用。

除锈就是除去金属表面的氧化皮和锈迹，常用的方法有机械法、化学法和电化学法。其中机械法就是利用机械的方法，使工件表面达到整平的同时除去表面锈层，如喷砂、磨光、滚光等，请参阅本单元模块一。

一、化学除锈

化学除锈法是利用酸或碱溶液对工件表面进行侵蚀处理，使表面的锈层通过化学作用和侵蚀过程中所产生的氢气泡的机械剥离作用而被除去。

化学除锈多采用酸性溶液，故又称为酸洗或侵蚀。按侵蚀程度不同又分为强侵蚀、光亮侵蚀和弱侵蚀；其中弱侵蚀又称为活化。

(一) 常用侵蚀剂的选用

1. 硫酸

室温下，硫酸溶液对金属氧化物的溶解能力较弱，提高溶液浓度也不能显著提高硫酸的侵蚀能力。当硫酸的体积分数为25%~30%时，活性最大，酸洗速度最快；当体积分数超过30%时，酸洗速度随浓度的增加而降低；当体积分数达到60%时，钢铁发生钝化现象，酸洗根本不能进行。因此，钢铁工件除锈时，硫酸侵蚀液的体积分数一般控制在10%~20%。

提高温度可以明显提高硫酸溶液的侵蚀能力，对氧化皮有较强的剥离作用，因其不易挥发，宜加热操作，但热硫酸对钢铁基体侵蚀能力较强，对氧化皮有较大的剥落作用，温度过高时容易腐蚀钢铁基体，并引起基体氢脆，故一般加热到40~60℃，不宜超过75℃，而且还要加入适当的缓蚀剂。

侵蚀过程中累积的铁盐能显著降低硫酸溶液的侵蚀能力，减缓侵蚀速度并使侵蚀后的零件表面残渣增加，质量降低，因此，硫酸溶液中的铁的质量分数一般不应大于60g/L。当铁含量超过80g/L、硫酸亚铁超过215g/L时，应更换侵蚀液。

硫酸溶液广泛用于钢铁、纯铜和黄铜工件的侵蚀。浓硫酸与硝酸混合使用，可以提高光亮侵蚀的质量，并能减缓硝酸对铜、铁基体的腐蚀速度。硫酸与铬酸及重铬酸盐混合，可作为铝制品的去氧剂和去挂灰剂。硫酸与氢氟酸、硝酸或二者之一混合，可用于不锈钢去除氧化皮。硫酸阳极侵蚀是钢铁去除氧化皮和挂灰的有效方法。

2. 盐酸

常温下，盐酸对金属氧化物具有较强的化学溶解作用，能有效地侵蚀多种金属，但在室温下对钢铁基体的溶解比较缓慢，因此，使用盐酸侵蚀钢铁工件不易发生过腐蚀和氢脆现象，侵蚀后的工件表面残渣也较少，质量较高。在相同的浓度和温度下，盐酸的酸洗速度比硫酸快1.5~2倍。

盐酸除锈

盐酸的去锈能力几乎与浓度成正比，但如果体积分数高达20%以上时，基体的溶解速度比氧化物的溶解速度要大得多，因此，生产上很少使用浓盐酸，其适宜体积分数一般在15%左右，或不超过360g/L。

盐酸挥发性较大（尤其是加热时），容易腐蚀设备，污染环境，故多数为室温下进行操作，最高使用温度不超过40℃。

3. 硝酸

硝酸是一种氧化型强酸，为多种光亮侵蚀液的重要组成成分。低碳钢在体积分数为30%的硝酸中，溶解得很剧烈，侵蚀后的表面洁净、均匀；中、高碳钢和低合金钢工件，在上述浓度硝酸中侵蚀后，表面残渣较多，需在碱液中进行阳极处理，方能获得洁净、均匀的表面。

硝酸与氢氟酸的混合液，广泛用来除去铅、不锈钢、镍基和铁基合金、钛、锆及某些钴基合金上的热处理氧化皮。然而纯硝酸却易使不锈钢、耐热钢等钝化。

硝酸与硫酸混合（有时加入少量盐酸），可用于铜及铜合金零件的光亮侵蚀。

硝酸挥发性强，在同金属作用时，放出大量的有害气体（氮氧化物），并释放出大量的热，所以硝酸槽要有冷却降温装置，硝酸槽和其后的水洗槽应设有抽风装置。硝酸对人体有很强的腐蚀性，操作时必须穿戴好防护用具。

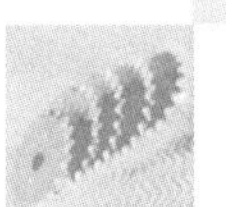

在实际生产中，还可先用磷酸、铬酸、氢氟酸等对金属表面进行除锈。但应注意的是，多数侵蚀剂不仅能溶解金属氧化物，同时也能溶解基体金属并析出氢，后一过程容易使金属基体发生过腐蚀和氢脆现象。为了抑制后一个过程，侵蚀溶液中往往需加入一些缓蚀剂。常用的缓蚀剂有磺化动物蛋白、皂角浸出液、若丁（主要成分为二邻甲苯硫脲）、硫胺、硫脲、六次甲基四胺及氯化亚锡等。

（二）活化

工件在经过机械整平、脱脂和除锈后，在水洗、停留等待处理过程中，其表面会生成一层极薄的氧化膜，这就需要进行活化处理，去除这层氧化膜。活化的实质就是弱侵蚀，其目的是经过在弱侵蚀液中短时间的轻微腐蚀作用，使工件表面活化，露出金属的结晶组织，以保证涂层与基体结合牢固。因为活化所用溶液浓度较小，因此不会对工件表面粗糙度造成影响。部分金属活化处理规范见表 2-9。

表 2-9　部分金属活化处理规范

溶液组成及工艺条件		钢铁工件		Cu 及 Cu 合金	Al 及 Al 合金	
溶液组成/(g/L)	硫酸（H_2SO_4）	30~50	—	70~80	—	—
	盐酸（HCl）	—	30~50	—	—	30~50
	氢氧化钠（NaOH）	—	—	—	50~100	—
工艺条件	温度	室温				
	时间/min	0.5~1				

资　料　卡

钝化　金属钝化与活化正好相反，是指金属材料在其表面生成一层连续、致密的氧化膜，从而使金属基体与外界腐蚀介质隔离，使金属表面转化为不易被氧化的状态，防止发生腐蚀。铝、铬等金属在大气中有很好的钝化性能。

二、电化学除锈

电化学除锈是指在酸或碱溶液中以工件作阳极或阴极进行电解剥离，或由于阳极析氢而搅动溶液和不断更新工件表面侵蚀液而加速除去表面锈层的方法。

根据工件极性的不同，电化学除锈分为阳极侵蚀除锈和阴极侵蚀除锈两种。阳极侵蚀除锈虽然不会使工件产生氢脆现象，但速度慢，对基体金属有腐蚀作用，只适用于薄氧化皮或尺寸精度要求不高的工件。阴极侵蚀除锈不会使工件产生过腐蚀，速度快，也可适用于厚层氧化皮或尺寸精度要求高的工件，但有使工件产生渗氢的缺点。国内目前多采用阳极侵蚀除锈或阴极-阳极联合侵蚀除锈。电化学侵蚀既用于强侵蚀除锈，也用于弱侵蚀除锈。

与化学除锈方法相比，电化学除锈更容易迅速除去金属表面粘结牢固的氧化皮，即使酸液浓度有些变化，也不会显著影响侵蚀效果，且对基体腐蚀小，操作管理容易，但此法需要专门设备，要增加挂具作业，且有氧化皮溶解不均的现象。

表2-10所列是钢铁工件电化学侵蚀液的组成及工艺条件。在钢铁工件电化学侵蚀液中，盐酸浓度越大、温度越高、电流密度越大，则侵蚀速度越快。钢铁工件经电化学侵蚀后，表面应呈银灰色。

表2-10 钢铁工件电化学侵蚀液组成及工艺条件

溶液组成及工艺条件		配方1	配方2	配方3	配方4
溶液组成/(g/L)	硫酸（H_2SO_4）	200~250	—	100~150	40~50
	盐酸（HCl）	—	320~380	—	25~30
	氢氟酸（HF）	—	0.15~0.30	—	—
	氯化钠（NaCl）	—	—	—	20~22
工艺条件	温度/℃	20~60	30~40	40~50	60~70
	电流密度/(A/dm^2)	5~10	5~10	3~10	7~10
	时间/min	10~20	1~10	10~15	10~15
	工件极性	阳极		阴极	
	电极材料	铁或铅		铅或铅锑合金	

三、工序间防锈

经过脱脂和侵蚀的工件表面活性很高，更容易生锈和受腐蚀，若不能立即进行表面处理或转入下道工序，工件将再次锈蚀，影响表面处理质量，所以应进行工序间防锈处理。现在国内有多种工序间防锈液供应，表2-11所列就是几种常用的工序间防锈液组成及工艺条件。

表2-11 工序间防锈液组成及工艺条件

防锈液组成及工艺条件		配方1	配方2	配方3	配方4	配方5
防锈液组成/(g/L)	亚硝酸钠（$NaNO_2$）	30~80	150~200	—	—	—
	碳酸钠（Na_2CO_3）	3~5	5~6	30~50	—	3~5
	甘油[$C_3H_5(OH)_3$]	—	250~300	—	—	—
	六次四基四胺[$(CH_2)_6N_4$]	20~30	—	—	—	—
	氢氧化钠（NaOH）	—	—	—	20~100	—
	重铬酸钾（$K_2Cr_2O_7$）	—	—	—	—	30~50
工艺条件	温度	室温	室温	室温	室温~80℃	室温~80℃
使用方法及适用范围		钢铁工件全浸。若采用涂液法处理，涂后需烘干	钢铁工件全浸或涂液，涂液后可不进行烘干	全浸，钢铁工件短时间防锈	钢铁件全浸防锈	铝、铜及其合金全浸防锈

小知识

用铁夹子夹湿衣服，衣服上会生出锈斑，无论是用肥皂或者洗衣粉都洗不掉。对付这种讨厌的铁锈可以请草酸帮忙。在洗涤前，先配制体积分数为5%的草酸水溶液，然后把它滴加在衣服的锈斑上，经过搓洗、漂清，铁锈就不见了。草酸能除锈，是因为它有很强的还原能力，能将锈斑里的三价铁还原成二价铁并溶解于水。草酸虽然能帮助洗去铁锈，但是，它也有较强的腐蚀性，使衣物褪色。因此，在用草酸溶液除锈之前，最好在衣服的边角等不引人注目的地方先试一下，看是否会褪色。更重要的是，使用时最好戴手套。

视野拓展

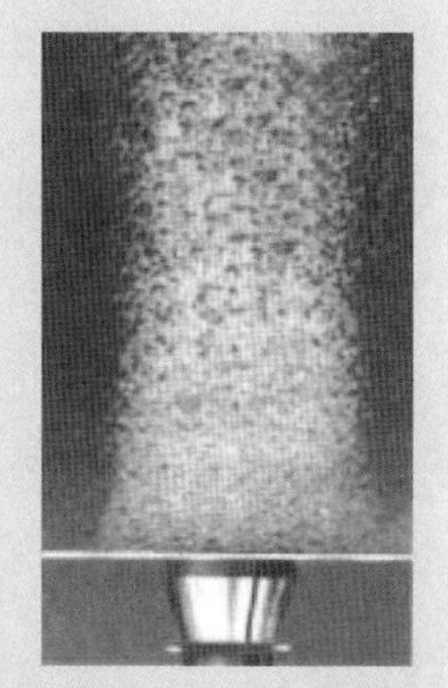

随着经济的发展和科技的不断进步，超声波清洗技术得到了迅速的发展，广泛应用于表面喷涂处理行业、机械行业、电子行业、医疗行业、半导体行业、钟表首饰行业、光学行业、纺织印染行业。

超声波是一种频率超出人类听觉范围20kHz以上的声波。超声波清洗时以纵波推动清洗液，使液体产生无数微小的气泡，当气泡受压爆破时，产生强大的冲击波对油污进行冲刷，以及由于气蚀引起激烈的局部搅拌。同时，超声波反射引起的声压对液体也有搅拌作用。此外，超声波在液体中还具有加速溶解和乳化作用等。因此，对于采用常规清洗法难以达到清洗要求，以及形状比较复杂或隐蔽细缝的工件，清洗效果会更好。

【综合训练】

一、理论部分

（一）填空

1. 金属表面预处理包括________、________、________、________等工序。
2. 金属表面整平包括________________、________________两种方法。
3. 机械整平方法包括__________、__________、__________、__________、__________等。
4. 机械抛光的目的是去除金属表面的________，降低工件的____________，使工件获得装饰性外观。
5. 金属脱脂的常用方法有________、________、________三种。
6. 金属表面除锈方法有________、________、________等。
7. 经酸洗（或侵蚀）后的工件，若不能马上进入下道工序时，应进行________处理。

（二）简答

1. 金属表面预处理的主要目的是什么？
2. 什么是喷砂？它主要应用在什么场合？
3. 何谓磨光？如何选用磨光轮？
4. 抛光膏有哪几种？如何选用合适的抛光膏？
5. 哪些油脂是皂化性油脂？哪些是非皂化性油脂？
6. 哪些有机溶剂和无机溶剂可用于金属表面脱脂？
7. 为什么高强度弹簧钢不宜采用阴极脱脂，而非铁金属不宜采用阳极脱脂？
8. 采用稀盐酸除锈时其浓度一般为多少？应注意哪些问题？
9. 除盐酸以外，还有哪些酸可以用于钢铁的除锈？
10. 活化的实质和目的是什么？

二、实践部分

1. 参观学校的实训场所或工厂车间，了解金属表面预处理工艺，加深对金属表面预处理的认识和理解。

2. 与同学交流讨论金属焊接前的表面预处理应包括哪些工序。

第三单元　金属表面改性技术

知识目标	1. 理解金属表面改性技术的含义。 2. 掌握表面淬火、化学热处理和形变强化处理的原理、分类、特点和应用。
能力目标	1. 能针对不同的金属工件选择适当的表面改性处理工艺方法。 2. 能按照相关工艺卡，实施表面淬火、渗碳、喷丸等表面改性工艺。

表面改性技术是指采用某种工艺手段，改变金属表面的化学成分或组织结构，从而赋予工件表面新的性能。金属材料经表面改性处理后，既能发挥金属材料本身的力学性能，又能使其表面获得各种特殊性能，如耐磨性、耐蚀性、耐高温性及其他物理化学性能。

表面改性技术与表面涂（镀）层技术是金属表面处理技术的两大根基，表面改性技术包括表面热处理、化学热处理、表面形变强化、高能束表面处理等技术。本单元主要介绍前三种处理技术；而高能束表面处理技术，如激光淬火、离子注入等，将在第八单元介绍。

模块一　表面热处理

导入案例

某学院学生食堂和面机因大齿轮损坏而无法使用，经过对损坏的大齿轮进行测绘，委托学院实习厂用45钢加工一个新齿轮。该齿轮需要高频感应淬火，但学院及所在地区无感应淬火设备。在这种情况下，该学院金相热处理实验室老师采用水暖维修组的氧乙炔焊炬对齿轮表面进行逐齿加热，随后进行水冷淬火，使齿轮表面硬度达到54~57HRC，满足了技术要求，解了燃眉之急。

在生产中，有不少工件（如齿轮、曲轴等）都是在弯曲、扭转等变动载荷、冲击载荷及摩擦条件下工作的。工件表面比心部承受较高的应力，且表面由于受到磨损、腐蚀等，失效较快，需进行表面强化，使工件表面具有较高的强度、硬度、耐磨性、疲劳极限和耐腐蚀性等；而心部仍保持足够的塑性、韧性，防止脆断。对于这些工件，如单从材料选择入手或进行整体热处理，都不能满足其性能要求。解决这一问题的方法是表面热处理或化学热处理。本模块先介绍表面热处理。

表面热处理是指不改变工件的化学成分，仅为改变工件表面的组织和性能而进行的热处理工艺。表面淬火是最常用的一种表面热处理方式，它是通过快速加热，仅对工件表层进行的淬火。

根据加热方式的不同，表面淬火可分为感应淬火、火焰淬火、接触电阻加热淬火、电解液加热淬火、激光淬火和电子束淬火等。

一、感应淬火

（一）感应淬火的原理

感应淬火是指利用感应电流通过工件所产生的热量，使工件表层、局部或整体加热并快速冷却的淬火，其原理如图3-1所示。在纯铜制成的感应线圈中通以一定频率的交流电时，即在其内部和周围产生交变磁场。若把工件置于磁场中，则在工件内部产生频率相同、方向相反的感应电流，感应电流在工件内部自成回路，故称“涡流”。由于交流电的趋肤效应，靠近工件表面的电流密度较大，而中心处几乎为零。由于工件自身电阻，工件表面温度快速升高到相变点以上，而心部温度仍在相变点以下。感应加热后，随即采用水、乳化液或聚乙烯醇水溶液喷射淬火，使工件表面形成马氏体组织，而心部组织保持不变，达到表面淬火的目的。

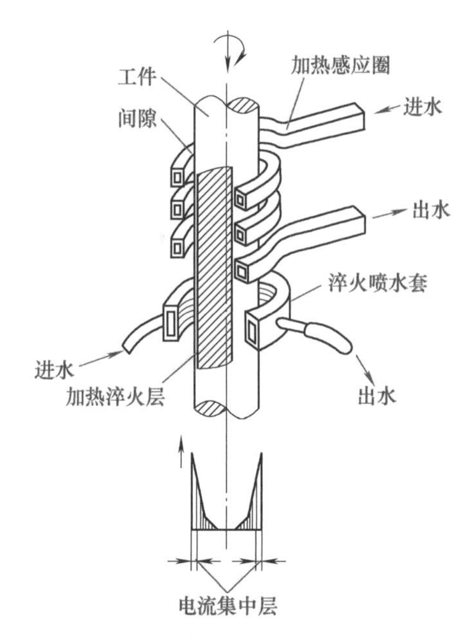

图3-1 感应淬火的原理

通过感应线圈的电流频率越高，感应电流的趋肤效应越强烈，故电流透入深度越薄，加热层深度越薄，淬火后工件淬硬层也就越薄。图3-2为感应淬火后工件的表面形貌。

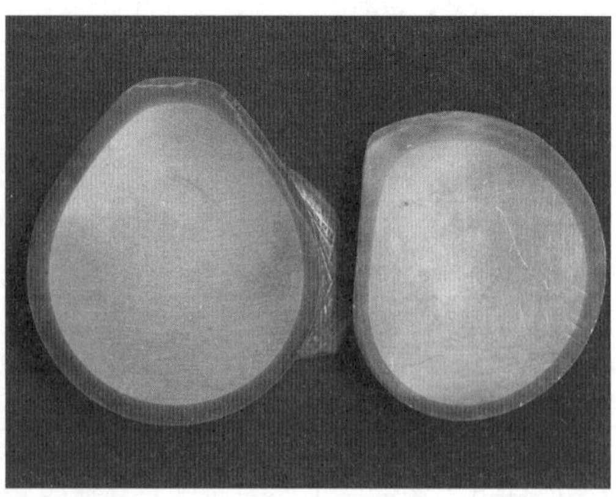
图3-2 感应淬火后工件的表面形貌

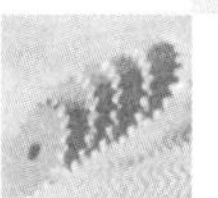

视野拓展

生活中有很多利用电磁感应加热的实例，电磁炉就是典型的一个实例。其工作过程是：由整流电路先将220V、50Hz的交流电变成直流电，再经过控制电路将直流电转换成频率为20~40kHz的高频交流电，交变电流通过陶瓷面板下方的螺旋状磁感应圈，产生高频交变磁场，磁场内的磁力线穿过铁锅、不锈钢锅等底部时，在其内部产生交变的感生电流（即涡流），令金属锅底迅速发热，达到加热食物的目的。

（二）感应淬火用钢及其应用

根据工件对表面淬火深度的要求，应选择不同的电流频率和感应加热设备。目前在生产中常用的感应淬火有三种，近年来又发展了超高频、超音频和双频感应淬火，见表3-1。

表3-1 常用感应淬火方法

名称	频率/Hz	淬硬深度/mm	适用工件
超高频感应淬火	27.12M	0.05~0.5	小、薄的工件
高频感应淬火	100~1000k （常用200~300k）	0.5~2	中、小型工件，如小模数齿轮，直径较小的圆柱形工件
超音频感应淬火	20~100k	2~5	中、小模数齿轮（$m=3\sim6$）
中频感应淬火	500~10000 （常用2500、8000）	2~10	中、大型工件，如直径较大的轴，大、中等模数的齿轮
工频感应淬火	50	>10~15	大直径钢材的穿透加热和要求淬硬层深的大直径工件（如直径大于300mm轧辊、火车车轮等）的表面淬火

超高频感应淬火能在极短的时间内对工件加热，然后靠自身迅速冷却，达到淬火目的，淬火后变形量较小，不必回火。双频感应淬火用于凹凸不平的工件，采用两种频率交替加热，较高频率加热时，凸出部位温度较高；较低频率加热时，低凹部位温度较高，这样可达到表面均匀硬化的目的。

用作感应淬火最适宜的钢种是中碳钢和中碳合金钢，如40、45、40Cr、40MnV等。因为其碳的质量分数过高，会增加淬硬层脆性，降低心部塑性和韧性，并增加淬火开裂倾向；若其碳的质量分数过低，会降低零件表面淬硬层的硬度和耐磨性。在某些情况下，感应淬火也应用于高碳工具钢、低合金工具钢及铸铁等工件。

感应淬火对工件的原始组织有一定要求。一般钢件应预先进行正火或调质处理，铸铁件的组织应是珠光体基体和细小均匀分布的石墨。

感应淬火后需进行低温回火，以降低内应力。回火方法有炉中加热回火、感应加热回火和利用工件内部的余热使表面进行的自热回火（自回火）。

感应淬火零件的加工路线一般为

锻造毛坯→正火或退火→机械粗加工→调质或正火→机械精加工→感应淬火+低温回火→磨削。

感应淬火

（三）感应淬火的特点

与普通淬火相比，感应淬火具有以下一些特点。

（1）加热速度快、时间短　一般只要几秒到几十秒的时间就可使工件达到淬火温度，因此使相变温度升高，感应加热淬火温度要比普通加热淬火高几十摄氏度。

（2）工件表面性能高　由于加热速度快、时间短，使奥氏体晶粒细小而均匀，淬火后可在表面获得细针状马氏体或隐针马氏体，使工件表层硬度较普通淬火的硬度高出2~3HRC，可达50~55HRC，且脆性较低；同时因马氏体转变时工件体积膨胀，表层存在残留压应力，能部分抵消在动载荷作用下产生的拉应力，从而提高了工件的疲劳强度。

（3）工艺性能好　感应淬火时工件表面不易被氧化和脱碳，而且工件变形也小，淬硬层容易控制；生产率高，适用于大批量生产，而且容易实现机械化和自动化操作，可置于生产流水线进行程序自动控制。

但感应加热设备较贵，维修、调整比较困难，形状复杂工件的感应器不易制造。

（四）感应加热设备

传统的感应加热设备应用的电子元器件是电子管和快速晶闸管。电子管电压高、稳定性差、辐射强、效率低，已经到了淘汰的边缘。快速晶闸管耐压高、电流大、抗过流、过压能力较强，但它只能工作在10000Hz以下，这使其使用范围受到了限制。近年来感应加热设备主电路采用IGBT、MOSFET和SIT全固态晶体管等新型功率器件，以集成化、模块化、小型化为基本特征，配以新型变压器，大幅提升了感应加热设备的功率，使能耗降低，可靠性向免维护发展。图3-3为采用IGBT元件的小型感应加热设备。

图3-3　小型感应加热设备

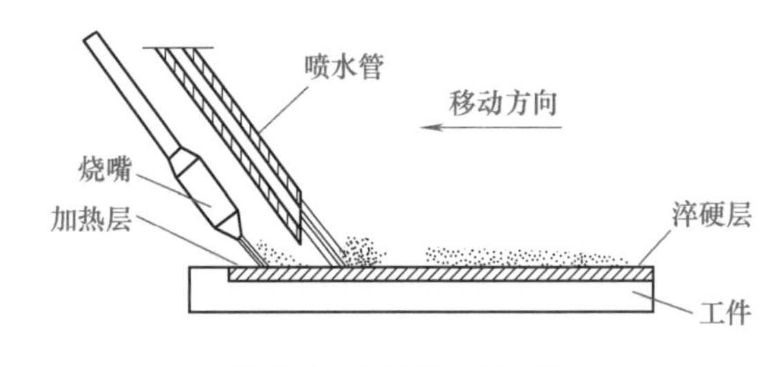

图3-4　火焰淬火示意图

二、火焰淬火

利用氧乙炔或其他可燃气火焰使工件表层加热并快速冷却的淬火称为火焰淬火，如图3-4所示。

火焰淬火是应用历史最久的表面淬火技术，和感应淬火相比，具有设备简单、操作灵活、适用钢种广泛、成本低等优点，可对大型工件实现局部表面淬火。近年来，随着自动控温技术的不断进步，使传统的火焰淬火技术呈现出新的活力，各种自动化、半自动化火焰淬

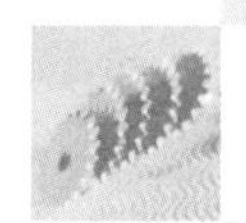

火机床正在工业中得到越来越广泛的应用，图 3-5 是典型工件火焰淬火的示意图。

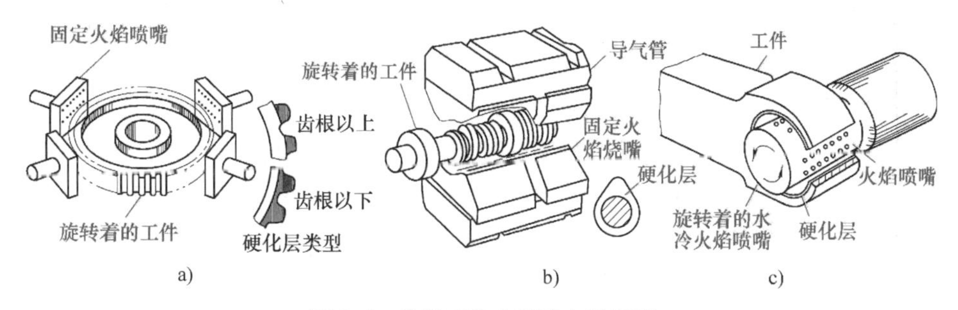

图 3-5　典型工件火焰淬火示意图

火焰淬火的缺点是生产率低，加热温度不易控制，工件表面容易产生过热，不易获得薄的淬硬层，淬硬层的均匀性远不如感应淬火，质量控制比较困难，因此主要适用于单件、小批量生产及大型工件（如大型齿轮、轴、轧辊、导轨等）的表面淬火。

三、接触电阻加热淬火

接触电阻加热淬火是借助电极（高导电材料的滚轮）与工件的接触电阻加热工件表层，并快速冷却（自冷）的淬火方法。这种方法的优点是设备简单，操作方便，工件变形小，淬火后不需回火。

接触电阻加热淬火的原理如图 3-6 所示。变压器二次绕组供给低电压大电流，在电极（铜滚轮或碳棒）与工件表面接触处产生局部电阻加热。当电流足够大时，产生的热足以使此部分工件表面温度达到淬火临界温度以上，然后靠工件的自行冷却实现淬火。

50～220V
变压器
400～750A
V
A
2～5V
电极（纯铜滚轮）
机床导轨

图 3-6　接触电阻加热淬火原理

接触电阻加热淬火能显著提高工件的耐磨性和抗擦伤能力，淬火后表面硬度可达 50～55HRC。但淬硬层较薄（0.15～0.30mm），金相组织及硬度的均匀性都较差。目前多用于机床铸铁导轨的表面淬火，也可用于气缸套、曲轴、工具、模具等的表面淬火。

四、电解液加热淬火

电解液加热淬火原理如图 3-7 所示。将工件欲淬硬的部位浸入酸、碱或盐类水溶液的电解液中，工件接阴极，电解槽接阳极。接通直流电后电解液被电解，在阳极上放出氧，在工件上放出氢。氢围绕工件形成气膜，成为一电阻体而产生热量，将工件表面迅速加热到淬火温度，然后断电，气膜立即消失，

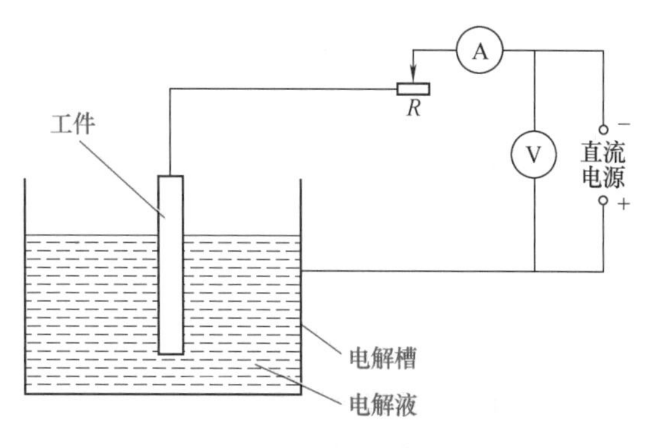

图 3-7　电解液加热淬火原理

电解液即成为淬冷介质，使工件表面迅速冷却而淬硬。

电解液加热淬火方法简单，处理时间短，加热时间仅需 5~10s，生产率高，淬火变形小，适于小工件的大批量生产，如用于发动机排气阀杆端部的表面淬火。

电解液可用酸、碱或盐的水溶液，常用的电解液为含 5%~18%（质量分数）碳酸钠的水溶液，其淬火效果最好。电解液的温度不可超过 60℃，否则会影响电解液的稳定性并加速溶液的蒸发。常用电压为 160~180V，电流密度为 4~10A/cm^2，加热时间由试验决定。

模块二 化学热处理

导入案例

明宋应星《天工开物》锤锻篇记载的制针工艺，反映了中国古代拉丝和渗碳热处理技术。其工序是：将熟铁锻成细条，经穿孔铁模具拉拔成丝，剪断，“搓”削，穿眼成为针形。然后放在铁锅内缓慢翻炒使之退火，再用松木、火矢（木炭）、豆豉作渗碳剂，拌以细泥，将针覆盖加热。在覆盖层外，插上几枚针，用以测知火候。当测针经加热氧化，手捻即碎时，就可以启封，将针在水中淬硬，得到成品。这就是“抽线琢针”。

化学热处理是将工件置于适当的活性介质中加热、保温，使一种或几种元素渗入其表层，以改变其表面化学成分、组织和性能的热处理工艺。

化学热处理的作用主要有以下两个方面：一方面是提高工件表层的某些力学性能，如表面硬度、耐磨性、疲劳强度等；另一方面是保护工件表面，提高工件表层的物理、化学性能，如耐高温性、耐蚀性等。

按渗入元素的性质，化学热处理可分为渗非金属和渗金属两大类。前者包括渗碳、渗氮、渗硼和多种非金属元素共渗，如碳氮共渗、氮碳共渗、硫氮共渗、硫氮碳（硫氰）共渗等；后者主要有渗铝、渗铬、渗锌等。此外，金属与非金属元素的二元或多元共渗工艺也不断涌现，例如铝硅共渗、硼铬共渗等。

尽管各种化学热处理的工艺不尽相同，但它们的基本过程大致相同，主要可分为以下三个阶段。

（1）分解　由介质中分解出渗入元素的活性原子。

（2）吸收　工件表面吸收活性原子，也就是活性原子由钢的表面进入铁的晶格而形成固溶体，或形成特殊化合物。

（3）扩散　被工件吸收的原子，在一定温度下，由表面向内部扩散，形成一定厚度和浓度梯度的扩散层。

一、渗碳

（一）渗碳的目的及应用

为了增加表层中碳的质量分数并获得一定的碳浓度梯度，钢件在渗碳介质中加热和保

温，使碳原子渗入到钢表层的化学热处理工艺称为渗碳。

渗碳用钢一般为碳的质量分数为 0.1%～0.25% 的低碳钢或低碳合金钢，如 20、20Cr、20CrMnTi 钢等。经过渗碳后，工件表层相当于高碳钢，而心部仍是低碳钢，巧妙地形成了一种“天然复合材料”。经过淬火和低温回火后，表面层具有高的硬度、耐磨性及疲劳强度，而心部具有较高的韧性。

渗碳是应用最广、发展最全面的化学热处理工艺，广泛应用于飞机、汽车、机床等设备的重要零件中，如齿轮、轴和凸轮轴等。目前，用计算机可实现渗碳全过程的自动化，能控制处理炉中的碳势和渗碳层中碳的质量分数及分布。

渗碳工件的加工路线一般为

毛坯锻造（或轧材下料）→正火→粗加工、半精加工→渗碳→淬火→低温回火→精加工（磨削）。

（二）气体渗碳

气体渗碳

根据渗碳剂的不同，渗碳方法可分为固体渗碳、液体渗碳和气体渗碳。气体渗碳法的生产率高，渗碳过程容易控制，渗碳层质量好，且易实现机械化与自动化，故应用最广。

滴注式气体渗碳法是把工件置于密封的井式气体渗碳炉中，通入渗碳剂，并加热到渗碳温度 900～950℃（常用 930℃），使工件在高温的气氛中进行渗碳。炉内的渗碳气氛主要由滴入炉内的煤油、丙酮、甲苯及甲醇等有机液体在高温下分解而成，主要由 CO、H_2 和 CH_4 及少量 CO_2、H_2O 等组成。图 3-8 为气体渗碳法示意图。

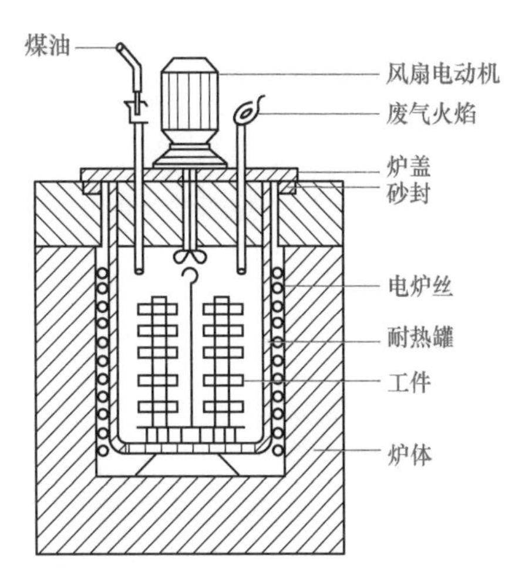

图 3-8　气体渗碳法示意图

气体渗碳法同样是由分解、吸收、扩散三个基本过程组成。首先是渗碳气氛在高温下分解出活性碳原子，即

$$CH_4 \rightarrow 2H_2+[C]$$
$$2CO \rightarrow CO_2+[C]$$
$$CO+H_2 \rightarrow H_2O+[C]$$

随后，活性碳原子被钢表面吸收而溶于高温奥氏体中，并向钢内部扩散形成一定深度的渗碳层。渗碳层深度主要取决于保温时间。在一定的渗碳温度下，保温时间越长，渗碳层越厚。如用井式气体渗碳炉加热到 930℃ 渗碳，渗碳时间与渗碳层深度大体有如表 3-2 所示的关系。在生产中，常采用随炉试样检查渗碳层深度的方法，来确定工件出炉时间。

表 3-2　930℃渗碳时渗碳层深度与时间的关系

渗碳时间/h	3	4	5	6	7
渗碳层深度/mm	0.4～0.6	0.6～0.8	0.8～1.2	1～1.4	1.2～1.6

（三）渗碳件的技术要求

高质量渗碳工件，需做到渗碳层碳含量和渗碳层深度达到技术要求，渗碳层碳含量分布曲线平缓。这是衡量渗碳质量优劣的三个基本方面，也是使渗碳件在淬火、回火后能满足技术要求的基础。

1. 渗碳层碳含量

渗碳层碳的质量分数最好在 0.85%~1.05%范围内。碳的质量分数过低，淬火、低温回火后得到碳的质量分数较低的马氏体，硬度低，耐磨性差，疲劳强度也低。但表面碳的质量分数过高，渗碳层中会出现大量块状或网状渗碳体，使渗碳层变脆，易剥落，同时由于表面淬火组织中残留奥氏体的过度增加，使表面硬度、耐磨性下降以及表层残留压应力减小，导致疲劳强度显著降低。

低碳钢渗碳缓冷到室温的组织如图 3-9 所示。由外向内依次是过共析组织→共析组织→亚共析组织的过渡层→心部的原始组织。

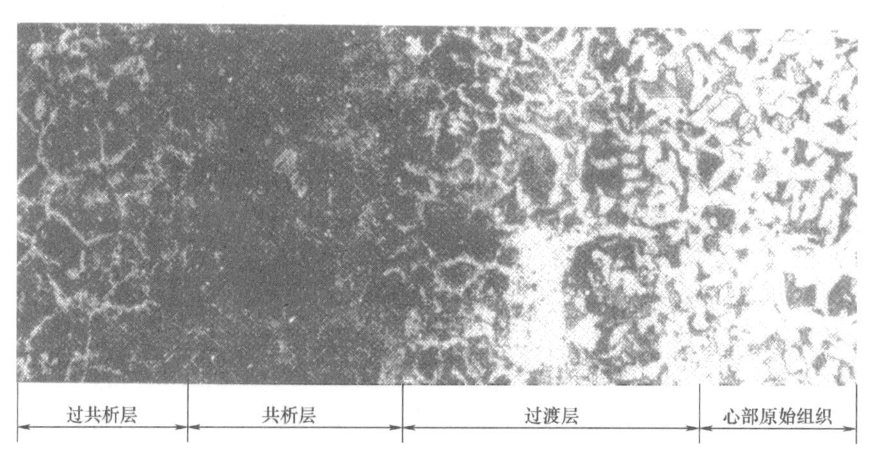

图 3-9 低碳钢渗碳缓冷后的显微组织（400×）

2. 渗碳层深度

在一定的渗碳层深度范围内，随着渗碳层深度的增加，渗碳件的疲劳强度、抗弯强度及耐磨性都将增加；但渗碳层超过一定限度后，疲劳强度反而随着渗碳层深度的增加而降低，而且渗碳层过深，渗碳件的冲击吸收能量也会降低。适宜的渗碳层深度取决于工件的尺寸和工作条件，一般为 0.5~2.5mm。表 3-3 所列数据可供参考，工件在工作条件下磨损较小时，δ 值取小些；磨损较大时，δ 值取大些。

表 3-3 典型零件渗碳层深度确定方法

零件种类	渗碳层深度 δ/mm	备注
轴类	(0.1~0.2)R	R——半径（mm）
齿轮	(0.2~0.3)m	m——模数
薄片工件	(0.2~0.3)t	t——厚度（mm）

3. 渗碳层碳含量分布

平缓的碳浓度分布可以提高工件的弯曲强度和弯曲疲劳强度。渗碳层浓度梯度越大，淬火后过渡区内的残余拉应力越高，在交变载荷作用下，往往在早期形成裂纹，而使工件早期断裂或渗层剥落。

（四）渗碳件的热处理

工件渗碳后必须进行热处理，常用的热处理方法是淬火加低温回火。

渗碳后可直接淬火，但由于渗碳温度高，奥氏体晶粒长大，淬火后马氏体较粗，残留奥氏体也较多，所以耐磨性较低，变形较大。为了减少淬火时的变形，并兼顾表层和心部的性能，渗碳后常将工件预冷到略高于 Ar_3（830~880℃）后淬火。

在渗碳缓慢冷却之后，重新加热到临界温度以上淬火的方法称为一次淬火。心部组织要求高时，一次淬火的加热温度应略高于 Ac_3；对于受载不大但表面性能要求较高的工件，淬火温度应选用 Ac_1 以上 30~50℃，使表层晶粒细化，而心部组织无大的改善，性能略差一些。

对于力学性能要求很高或本质粗晶粒钢，应采用二次淬火。第一次淬火是为了改善心部组织，加热温度为 Ac_3 以上 30~50℃。第二次淬火是为细化表层组织，获得细马氏体和均匀分布的粒状二次渗碳体，加热温度为 Ac_1 以上 30~50℃。

图 3-10 是渗碳后三种淬火的示意图。

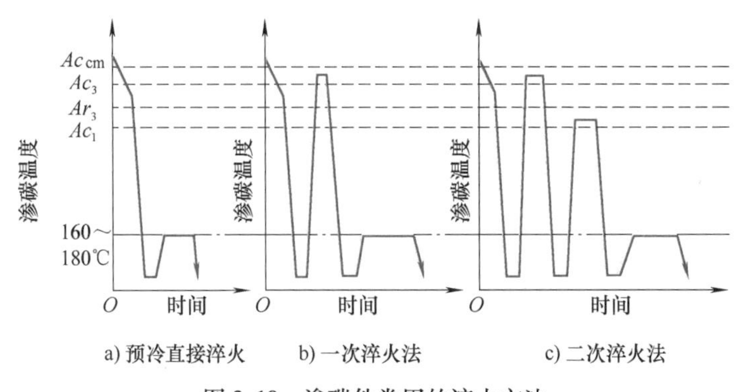

图 3-10　渗碳件常用的淬火方法

钢渗碳淬火后应进行低温回火，回火温度为 160~180℃，以消除淬火应力和提高韧性。

钢渗碳淬火加低温回火后，表面硬度高可达 58~64HRC，耐磨性较好；心部则硬度低，韧性较好。此外，由于表层体积膨胀大，心部体积膨胀小，结果在表层中造成压应力，使工件的疲劳强度提高。

想一想

我国赫哲族在近代仍用传统方法制作鱼钩。其步骤是：先将铁丝弯制加工成钩，和木炭、火硝一同装入陶罐加热，趁热打碎陶罐，使钩落入水中；再在铁锅中用油和小米翻炒。这样做成的鱼钩具有很好的强度和韧性，可以钓起百斤重的大鱼。请说一说这样做的道理。

二、渗氮

(一) 渗氮目的

渗氮也称氮化，是在一定温度下于一定的介质中使活性氮原子渗入工件表层的化学热处理工艺。

钢件渗氮后形成以氮化物为主的表面层，具有很高的硬度（1000～1100HV），且在600～650℃下保持硬度不下降，所以具有很高的耐磨性和热硬性。钢渗氮后，渗氮层体积增大，形成表面压应力，使疲劳强度大大提高。此外渗氮温度低，工件变形小。渗氮后表面形成致密的化学稳定性较高的氮化物层，所以耐蚀性好，在水中、过热蒸汽和碱性溶液中均很稳定。

常用的渗氮钢有35CrMo、38CrMoAl等。渗氮前工件须经调质处理，目的使心部组织稳定并具有良好的综合力学性能，在使用过程中尺寸变化很小。而渗氮后工件不再需要热处理。

渗氮主要用于一些要求疲劳强度高、耐磨性好、尺寸精确的机器零件。如镗床、磨床的主轴、套筒蜗杆、柴油机曲轴等。由于表面抛光性能好，有一定耐蚀性，也用于塑料模具。

(二) 渗氮方法

目前应用的渗氮方法主要有气体渗氮和离子渗氮。

1. 气体渗氮

气体渗氮（气体氮化）是在预先已排除了空气的井式炉内进行的。它是把已脱脂净化的工件放在密封的炉内加热，并通入氨气。氨气在380℃以上就能按下式分解出活性氮原子：

$$2NH_3 \rightarrow 3H_2 + 2[N]$$

活性氮原子被钢的表面吸收，形成固溶体和氮化物（AlN），随着渗氮时间的增长，氮原子逐渐向里扩散，而获得一定深度的渗氮层。

常用的渗氮温度为550～570℃，渗氮时间取决于所需的渗氮层深度，一般渗氮层深度为0.4～0.6mm，其渗氮时间需40～70h，故气体渗氮的生产周期较长。

气体渗氮工艺包括渗前准备、排气升温、渗氮保温和冷却四个阶段。为使渗氮过程顺利进行，工件在装炉前要采用汽油或酒精等去油、脱脂。清洗后的表面不允许有锈蚀及脏物。如果工件的某些部位不需要渗氮，可采用镀锡、镀铜或刷涂料的方法防渗。渗氮件不应有尖锐棱角，因尖锐棱角处往往渗层较深，脆性较大。渗氮后出炉时，应避免碰撞，对细长及精密工件应吊挂冷却，以避免畸变和产生新的应力。

因分解NH_3效率低，故气体渗氮一般适用于含Al、Cr、Mo等元素的专用渗氮钢。气体渗氮主要用于耐磨性和精度要求很高的精密零件或承受交变载荷的重要零件，以及耐热、耐磨的零件，如镗床主轴、高速精密齿轮、高速柴油机曲轴、阀门和压铸模等。

2. 离子渗氮

离子渗氮是在一定真空度下，利用工件（阴极）和阳极之间产生的辉光放电现象进行的，故又称辉光离子渗氮，图3-11为离子渗氮示意图。将工件置于专门的离子渗氮炉内，在渗氮时，先把炉内真空度抽到13.33～1.333Pa，慢慢通入氨气使气压维持在133.3～

1333Pa之间，并以需要渗氮的工件为阴极，以炉壁为阳极（或另设置一个与工件外形相仿的专门阳极），通过高压（400～750V）直流电，氨气被电离成氮和氢的正离子和电子，这时阴极（工件）表面形成一层紫色辉光。具有高能量的氮离子以很大的速度轰击工件表面，动能转化为内能，使工件表面温度升高到所需的渗氮温度（450～650℃）；同时氮离子在阴极上夺取电子后，还原成氮原子而渗入工件表面，并向内层扩散形成渗氮层。另外，氮离了轰击工件表面时，还能产生阴极溅射效应而溅射出铁离子，这些铁离子与氮离子结合，形成含氮量很高的渗氮铁（FeN），渗氮铁又重新附着在工件表面上，依次分解为Fe_2N、Fe_3N、Fe_4N等，并放出氮原子向工件内部扩散，于是在工件表面形成渗氮层。随时间的增加，渗氮层逐渐加深。

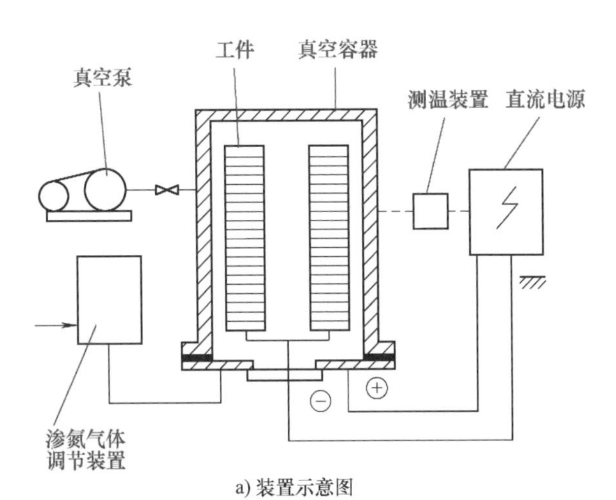

a) 装置示意图

b) 离子渗氮炉

图3-11　离子渗氮示意图

离子渗氮的优点是渗速快，是气体渗氮的3～4倍，渗氮层具有一定的韧性；渗氮后工件变形小，表面银白色，质量好；能量消耗低，渗剂消耗少，对环境几乎无污染；对材料的适应性强，碳素钢、铸铁、合金钢都可进行离子渗氮。离子渗氮的缺点是设备投资高，温度分布不均匀，操作要求严格等。

离子氮化

离子渗氮可用于轻载、高速条件下工作的、需要耐磨耐蚀的零件及精度要求较高的细长杆类零件，如镗床主轴、精密机床丝杠、阀杆和阀门等。

交流讨论

渗碳与渗氮的区别

	温度/℃	时间/h	渗层厚度/mm	渗层硬度	强化原理	渗后处理	适用材料
渗碳	920～950 高	3～9 较短	0.5～2.5 较厚	58～62HRC	马氏体强化	淬火+低温回火	低碳及低碳合金钢
渗氮	500～600 低	20～70 较长	0.4～0.6 较薄	950～1000HV	氮化物强化	不需要	中碳合金钢

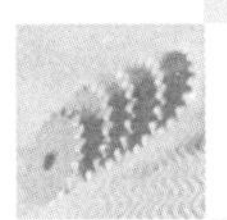

三、氮碳共渗和碳氮共渗

氮碳共渗和碳氮共渗是在金属工件表层同时渗入碳、氮两种元素的化学热处理工艺。前者以渗氮为主，后者则以渗碳为主。

（一）氮碳共渗

氮碳共渗是以渗氮为主的共渗工艺，生产中应用最广的是低温气体氮碳共渗工艺。与一般气体渗氮相比，渗层硬度低，脆性较小，故也称为软氮化。

低温气体氮碳共渗是在含有活性氮、碳原子的气氛中进行的，常用的共渗介质有氨加醇类液体（甲醇、乙醇）以及尿素、甲酰胺等。它们在氮碳共渗温度下发生分解反应，产生活性氮、碳原子，活性氮、碳原子被工件表面吸收，通过扩散渗入工件表层，从而获得以氮为主的氮碳共渗层。常用温度为560~570℃，时间为2~3h，因为在该温度与时间下的共渗层硬度最高。

低温气体氮碳共渗后一般采用油冷或水冷，以获得氮在α-Fe中的过饱和固溶体，造成工件表面残留压应力，疲劳强度可明显提高。

低温气体氮碳共渗的工艺温度低，时间短，工件变形小，碳素钢、低合金钢、工具钢、不锈钢、铸铁及铁基粉末冶金材料均可进行低温气体氮碳共渗处理。低温气体氮碳共渗还能显著地提高工件的疲劳强度、耐磨性和耐蚀性。在干摩擦条件下，还具有抗磨伤和抗咬合性能，同时共渗层较硬且具有一定的韧性，不容易剥落。

因此，目前生产中低温气体氮碳共渗已广泛应用于模具、量具、高速工具钢刀具以及齿轮等耐磨工件的处理。但低温气体氮碳共渗目前存在一些问题，如表层中化合物层较薄（0.01~0.02mm），且共渗层硬度陡然降低，故不宜在重载条件下工作。

（二）碳氮共渗

在奥氏体状态下同时将碳、氮两种元素渗入工件表层，并以渗碳为主的化学热处理工艺称为碳氮共渗，生产中应用最广的是中温气体碳氮共渗。这种工艺采用的共渗介质实际上就是渗碳和渗氮的混合气体，目前我国在生产中最常用的是在井式气体渗碳炉中滴入煤油或甲苯、丙酮等，使其热分解出渗碳气体，同时往炉中通入渗氮所需的氨气。在共渗温度下，煤油与氨气除了单独进行前述的渗碳和渗氮作用外，它们相互之间还可发生化学反应而产生活性碳、氮原子，促进共渗过程且逐渐向内部扩散，结果获得了一定深度的碳氮共渗层。

气体碳氮共渗的钢种大多为低碳或中碳的碳素钢和合金钢，共渗温度常采用820~880℃。碳氮共渗时间取决于渗层深度、共渗温度以及所用的共渗介质。一般低碳钢和低合金结构钢采用850℃碳氮共渗，共渗时间与渗层深度的关系见表3-4。

表3-4 850℃碳氮共渗时间与渗层深度的关系

共渗时间/h	1~1.5	2~3	4~5	7~9
渗层深度/mm	0.2~0.3	0.4~0.5	0.6~0.7	0.8~1.0

注：介质为［70%~80%（体积分数）］渗碳气体+［20%~30%（体积分数）］氨气。

气体碳氮共渗层的深度一般为0.3~0.8mm，共渗层中碳的质量分数为0.7%~0.9%，氮的质量分数为0.25%~0.4%。故工件经共渗后还需要淬火和低温回火，才能提高表面硬

度与心部强度。在一般情况下，由于碳氮共渗温度比渗碳温度低，因此共渗后就可直接淬火，然后再低温回火。热处理后表层组织为含碳、氮的回火马氏体与残留奥氏体以及少量的碳氮化合物。

气体碳氮共渗兼有渗碳层和渗氮层的优点。与渗碳相比，具有温度低，时间短，变形小，速度快，生产率高，渗层硬度、耐磨性、疲劳强度较高，有一定的耐蚀性等优点。与渗氮相比，共渗层的深度比渗氮层深，表面脆性小，抗压强度较好。但由于气体碳氮共渗的渗层深度一般不超过 0.8mm，因此不能满足承受很高压强和要求厚渗层的零件。目前生产中常用来处理汽车和机床上的各种齿轮、蜗轮、蜗杆和轴类零件等。

四、渗硼与渗硫

（一）渗硼

渗硼是将工件置于含硼介质中，经加热、保温，使硼原子渗入工件表层的化学热处理工艺。由于硼在钢中的溶解度很小，主要与铁和钢中某些合金元素形成硼化物，因此渗硼层一般由 Fe_2B 和 FeB 组成，但也可获得只有单一 Fe_2B 的渗层。单相渗的 Fe_2B 渗层硬度高，脆性小，是比较理想的渗硼层。

渗硼方法有固体渗硼、液体渗硼、气体渗硼等，目前生产上常用固体粉末渗硼法。粉末渗硼剂的主要成分是 B_4C 或 KBF_4，此外还有一些催化剂等。渗硼的加热温度为 800～1000℃，保温 1～6h，渗硼层的厚度为 0.1～0.3mm，硬度可达 1200～1800HV，故耐磨性高于渗氮层和渗碳层，而且有较高的热稳定性和耐蚀性。

工件渗硼后一般应进行淬火、回火处理，但在热处理时只有基体发生组织转变，而硼化物层不发生相变。为防止渗层开裂，要尽量采用缓和的介质淬火，并及时回火。

渗硼主要用于中碳钢、中碳合金结构钢工件，也可用于钛等非铁金属及合金的表面强化。渗硼已在承受磨损的模具、受到磨粒磨损的石油钻机钻头、煤水泵零件、拖拉机履带板、在腐蚀介质或较高温度条件下工作的阀杆和阀座等工件上获得应用。

渗硼的主要缺点是处理温度较高、工件变形大、熔盐渗硼件清洗较困难和渗层较脆等。由于渗硼层脆性较大，难以变形和加工，故工件应在渗硼前精加工。

（二）渗硫

渗硫是通过硫与金属工件表面反应而形成薄膜的化学热处理工艺。钢铁工件渗硫后表层形成 FeS 或（$FeS+FeS_2$）薄膜，膜厚度为 5～15μm。渗硫层硬度较低，但减摩作用良好，能防止摩擦副表面接触时因摩擦热和塑性变形而引起的擦伤和咬死，但在载荷较高时渗层会很快破坏。

目前工业应用较多的是在 150～250℃进行低温渗硫，如低温电解渗硫，其工艺流程为

脱脂→酸洗→清洗→干燥→装夹具→烘干（预热）→电解渗硫→空冷至室温→清洗→烘干→浸入 100℃油中→检验。

其中夹具应使用不易渗硫的材料制成，如铬不锈钢等。

由于渗硫层是化学转化膜，因此对于非铁金属及表面具有氧化物保护薄膜的不锈钢等不适用。一般渗硫应在淬火、渗碳、软氮化之后进行。

五、渗金属

渗金属是将一种或数种金属元素渗入金属工件表层的化学热处理工艺。金属元素可同时或先后以不同方法渗入。在渗层中，它们大多以金属间化合物的形式存在，能分别提高工件表层的耐磨性、耐蚀性、抗高温氧化等性能。

与渗非金属相比，金属元素的原子半径大，不易渗入，渗层浅，一般须在较高温度下进行扩散。金属元素渗入以后形成的化合物或钝化膜，具有较高的抗高温氧化能力和耐蚀能力，能分别适应不同的环境介质。

金属元素可单独渗入，也可几种共渗，还可与其他工艺（如电镀、热喷涂等）配合进行复合渗。生产上应用较多的渗金属工艺有：渗铝、渗铬、渗锌、铬铝共渗、铬铝硅共渗、钴（镍、铁）铬铝钒共渗、镀钽后的铬铝共渗、镀铂（钴）渗铝、渗层夹嵌陶瓷、铝-稀土共渗等。

（一）渗铝

在一定工艺条件下，使铝原子渗入工件表层的化学热处理工艺称为渗铝。工件渗铝层的表面生成致密、坚固、连续的氧化铝薄膜，能提高工件的高温抗氧化性，提高工件在空气、SO_2 气体以及其他介质中的热稳定性和耐蚀性。低合金钢、铸铁、抗氧化钢和耐热钢、镍基耐热合金以及钛、铜、难熔金属及其合金等金属材料都可以进行渗铝。

工业上普遍采用的渗铝方法有：固体渗铝、热浸渗铝、热喷涂渗铝、真空镀膜扩散渗铝等。冶金工业中主要采用热浸、静电喷涂或电泳沉积后再进行热扩散的方法，大量生产渗铝钢板、钢管、钢丝等。静电喷涂或电泳沉积后，必须经过压延或小变形量轧制，使附着的铝层密实后再进行均匀化退火。热浸铝可用纯铝浴，但更普遍使用的是在铝浴中加入少量锌、钼、锰、硅，温度一般维持在670℃左右，时间是10~25min。机械工业中应用最广的是粉末装箱法，渗剂主要由铝铁合金（或纯铝、氧化铝）填料和氯化铵催化剂组成。

渗铝主要用于化工、冶金、建筑部门使用的管道、容器，能节约大量不锈钢和耐热钢。低碳钢工件渗铝后可在780℃下长期工作。在900~980℃环境中，渗铝件的寿命比未渗铝件显著提高。18-8型不锈钢和铬不锈钢渗铝后，在594℃的 H_2S 气氛中，耐蚀能力可提高几倍到几十倍。

（二）渗铬

渗铬是指在高温下，将活性铬原子渗入工件表层，生成一层结合牢固的铁、铬、碳合金层的化学热处理工艺。

渗铬主要有粉末法、气体法和熔盐法，其中以粉末法在工业上应用较多。粉末渗剂由铬粉、卤化铵和氧化铝组成。渗铬温度1000~1100℃，保温时间一般为4~10h。

渗铬层一般只有0.01~0.04mm，硬度为1500HV，具有良好的耐磨性、抗高温氧化性、热疲劳性，在大气、自来水、蒸汽和油品，硫化氢、硝酸、硫酸、碱、氯化钠水溶液介质中有较高的耐蚀性。例如，渗铬后的热锻模和喷丝头等耐磨性提高，使用寿命成倍增加。许多与水、油或石油接触的部件都采用渗铬处理，以抵抗多种介质的腐蚀。渗铬后的钢件还可代替不锈钢用于各种医疗器械和奶制品加工器件。

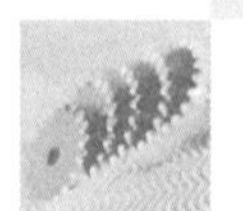

（三）渗锌

渗锌可以提高工件在大气、海水、硫化氢和一些有机介质中的耐蚀能力，这是因为锌比铁的电极电位更低，在腐蚀介质中锌首先被腐蚀，使基体受到保护。

工业上多采用粉末渗锌，即以锌粉作为渗剂，也有加惰性或活性材料的，一般在380~400℃下进行，通常保温2~4h。热浸渗锌是将工件浸入400~500℃的熔融纯锌中，扩散渗入。渗锌层与基体有良好的结合力，厚度均匀，适用于形状复杂的工件，如作为带有螺纹、内孔等的工件的保护层。碳钢渗锌已用于紧固件、钢板、弹簧、电台天线和电视台天线等产品。图3-12是经过粉末渗锌处理的标准件。

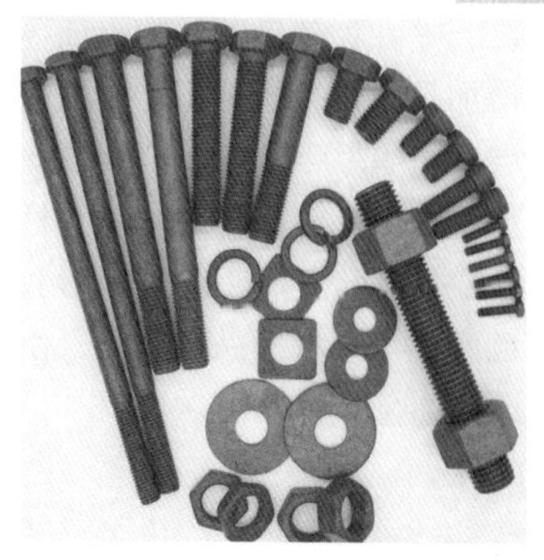

图3-12 经过粉末渗锌处理的标准件

模块三 表面形变强化

导入案例

很早之前，一片汽车钢板弹簧热处理后，工匠们就会不断地用锤子连续敲打、捶击它。那时候工匠们只知道这么做会让板簧的使用寿命延长5~6倍，而不清楚其中的道理。现在，这其中的奥妙已被工程技术人员充分了解，并已在工业生产中广泛应用，这就是表面形变强化。现在，就让我们开始学习它吧。

表面形变强化是提高金属材料疲劳强度的重要工艺措施之一，其理论基础是金属的加工硬化，即通过机械手段（喷丸、滚压等）在金属表面产生压缩塑性变形，使表面形成加工硬化层，其深度可达0.5~1.5mm。在加工硬化层中产生两种变化：一是在组织结构上，亚晶粒极大细化，位错密度增加，晶格畸变度增大；二是形成了高的残留压应力。

经表面形变强化处理后，不仅能大幅度提高金属工件的疲劳强度，而且还能提高抗应力腐蚀能力和高温抗氧化能力。因此，表面形变强化技术已经成为改善金属工件表面性能的重要工艺措施之一。常用的金属表面形变强化方法主要有喷丸、滚压、内孔挤压等，而尤其以喷丸强化应用最为广泛。

一、喷丸强化

（一）喷丸强化原理

喷丸强化是在受喷材料的再结晶温度以下进行的一种形变强化技术，是利用高速喷射的细小弹丸在室温下撞击受喷工件表面，使材料表层发生弹、塑性变形，在工件表面产生一定厚度的加工硬化层，并呈现较大的残留压应力，从而提高工件表面强度、疲劳强度和抗应力腐蚀能力的表面强化技术。喷丸强化已广泛用于弹簧、齿轮、链条、轴、叶片、火车车轮等零部件。

喷丸处理后工件的表面硬度增加，距表面越近，效果越明显。喷丸造成的工件表面硬度增加是由于表层组织加工硬化及残留压应力值增大的综合结果。此外，喷丸还能促使工件表层的组织发生转变，即残留奥氏体诱发转变为马氏体，并且能够细化马氏体的亚结构，进一步提高工件表面硬度和耐磨性，从而延长工件的使用寿命。图 3-13 是弹丸击中工件引起塑性变形和喷丸后工件表面形貌及亚结构示意图，可见喷丸一方面使工件外形发生变化，同时也产生了大量孪晶和位错，使材料表面发生加工硬化。图 3-14 是喷丸强化后工件表层残留压应力分布示意图。

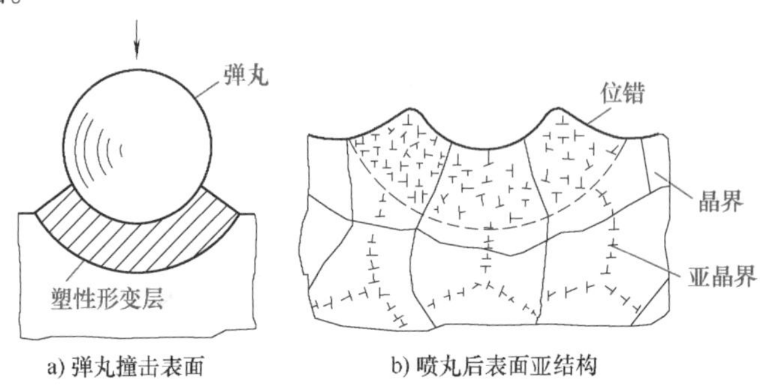

a) 弹丸撞击表面　　b) 喷丸后表面亚结构

图 3-13　喷丸后工件表面结构示意图

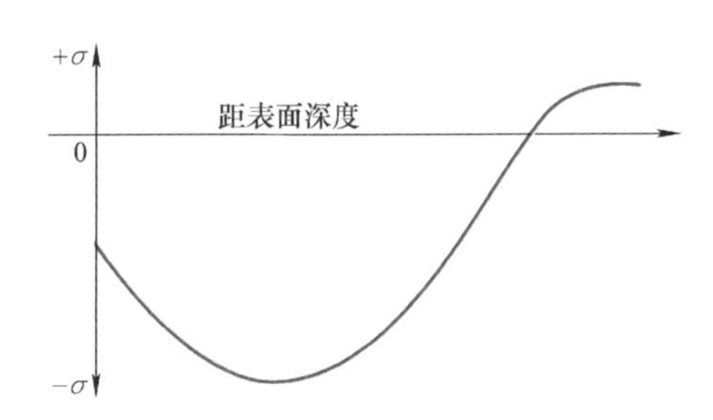

图 3-14　喷丸形成的残留压应力分布示意图

喷丸强化不同于表面清理、光整加工、喷丸校形等一般的喷丸工艺，它要求喷丸过程中严格控制工艺参数，使工件在受喷后具有预期的表面形貌、表层组织结构和残留压应力，从而大幅度地提高疲劳强度和抗应力腐蚀能力，因此喷丸强化又称受控喷丸。

（二）喷丸介质及选用

喷丸强化介质主要是弹丸。按材质划分，强化用的弹丸主要有铸铁丸、铸钢丸、不锈钢丸、弹簧钢丸、玻璃丸、陶瓷丸等，如图 3-15 所示。其中不锈钢丸和弹簧钢丸多由钢丝切割制成，因此又称为钢丝切割丸。

（1）铸铁丸　冷硬铸铁弹丸是最早使用的金属弹丸，其硬度为 58~65HRC，但冲击韧度低，故质脆而易碎，使用寿命短，损耗大，要及时分离破碎弹丸，主要用于喷丸强度高的场合，目前这种弹丸已很少使用。

（2）铸钢丸　铸钢丸的韧性较好，其硬度一般为 40~50HRC。加工硬金属时，可把硬度提高到 57~62HRC。这种弹丸使用广泛，使用寿命为铸铁丸的数倍。

（3）钢丝切割丸　当前使用的钢丝切割丸是用碳的质量分数为 0.7%的弹簧钢丝或不锈钢丝切制成段，再经磨圆加工而成的。其直径为 0.4~1.2mm，硬度为 45~50HRC 时最佳。钢丝切割丸的组织最好为回火马氏体或下贝氏体，使用寿命比铸铁弹丸高 20 倍。

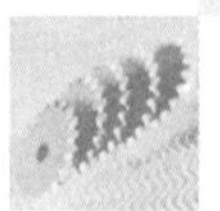

图 3-15　喷丸强化用铸钢丸、钢丝切割丸、不锈钢丸和陶瓷丸

（4）玻璃丸、陶瓷丸　这是近十几年来发展起来的新型喷丸材料，硬度较前两种都高，但脆性较大。主要用于不锈钢、钛、铝、镁及其他不允许铁杂质污染的材料，也可用于钢铁丸喷丸后的二次加工，以除去铁质污染和降低工件的表面粗糙度值。

应当指出，喷丸强化用的弹丸与清理、成形、校形用的弹丸不同，必须是圆球形，不能有棱角和毛刺，否则会损伤工件表面。

选择弹丸时不仅要考虑受喷工件的工艺要求，包括喷丸面预期的塑性变形深度、最大残留应力值和表面粗糙度值，还要考虑喷丸设备的条件和弹丸的损耗等。

一般来说，钢铁工件可以用铸铁丸、铸钢丸、钢丝切割丸、玻璃丸和陶瓷丸，以得到较深的变形层和较大的残留应力值，但要求获得低表面粗糙度值时常采用玻璃丸。非铁金属及其合金（如铝合金、镁合金、钛合金）和不锈钢件则需用不锈钢丸、玻璃丸和陶瓷丸。

（三）喷丸设备与喷丸质量

1. 喷丸强化用的设备

喷丸强化设备一般称为喷丸机。根据弹丸获得动能的方式，可将喷丸机分为叶轮式和压缩空气式两大类，如图 3-16 所示。

叶轮式喷丸机又称机械离心式抛丸机，弹丸依靠高速旋转的叶轮抛出而获得动能，其结构如图 3-16a 所示。通过调节离心叶轮的转速而控制弹丸的运动速度，弹丸的运动速度应在 35~75m/s 范围。这种喷丸机功率小，生产效率高，喷丸质量稳定，适用于要求喷丸强度高、品种少、批量大、形状简单、尺寸较大的零件。

压缩空气式喷丸机是依靠压缩空气将弹丸从喷嘴高速喷出，并冲击工件表面的设备，其结构如图3-16b所示。通过调节压缩空气的压力来改变喷丸的速度，操作比较灵活，适用于要求喷丸强度较低、品种多、批量小、形状复杂、尺寸较小的零件。缺点是功耗大，生产效率低。

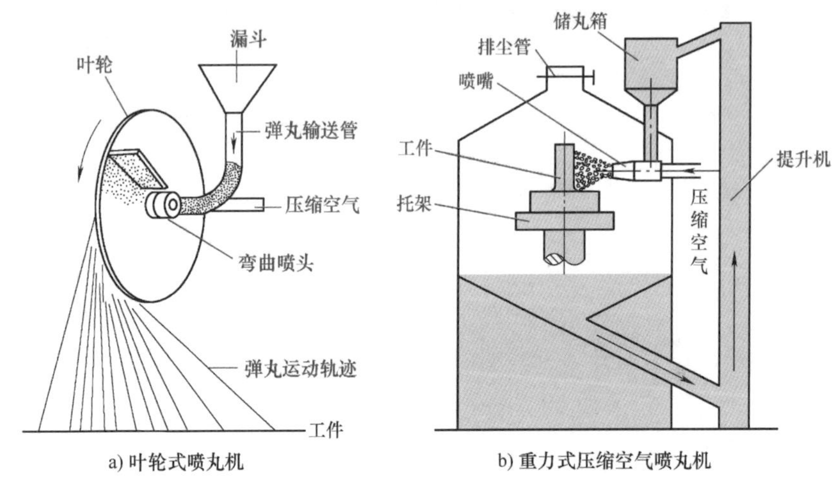

a) 叶轮式喷丸机　　b) 重力式压缩空气喷丸机

图3-16　喷丸机的原理示意图

无论哪一种设备，喷丸强化的全过程都必须实现自动化。而且喷嘴距离、冲击角度和移动（回转）速度等的调节都要稳定可靠。喷丸设备必须具有稳定重现强化处理强度和有效区的能力。

2. 喷丸强化质量与影响因素

表征喷丸强化效果和质量的指标主要有喷丸强度、表面覆盖率和喷丸后工件的表面粗糙度值，每一项指标都受多项工艺参数的影响，合适的喷丸强化工艺参数要通过喷丸强度试验和表面覆盖率试验来确定。

（1）喷丸强度　喷丸强度试验又称阿尔曼试验，是将一薄板试片紧固在夹具上进行单面喷丸，由于喷丸面在弹丸冲击下产生塑性伸长变形，如图3-17所示。喷丸后的试片产生凸向喷丸面的球面弯曲变形，试片凸起大小可用弧高度f表示。弧高度f与试片厚度、残留压应力层深度d以及强化层内残余平均值有一定的关系。

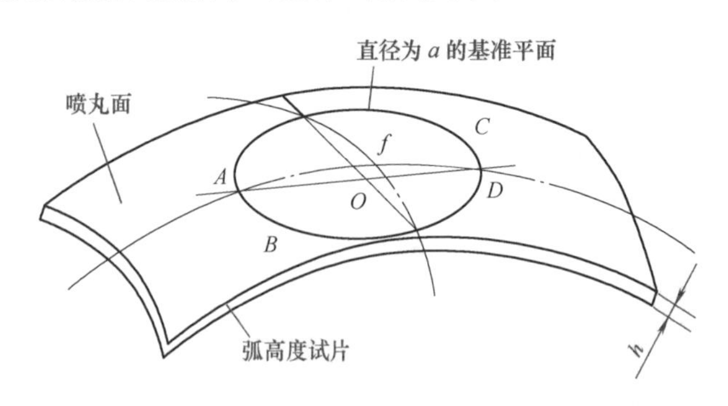

图3-17　单面喷丸后，试片的变形及弧高度的测量位置

试片材料一般采用具有较高弹性极限的70弹簧钢。试片尺寸应根据喷丸强度来选择。

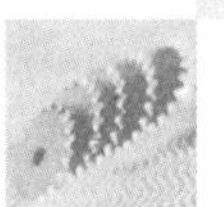

在对试片进行单面喷丸时，初期的弧高度变化速度快，随后变化趋缓，当表面的弹丸坑占据整个表面（即全覆盖率）之后，弧高度无明显变化，这时的弧高度达到了饱和值。饱和值所对应的强化时间一般为20~50s之内。

当弧高度f达到饱和值，即试片表面达到全覆盖率时，以此弧高度f定义为喷丸强度。

喷丸强度需要一定的喷丸时间来保证，经过一定时间，喷丸强度达到饱和后，再延长喷丸时间，强度不再明显增加。

（2）表面覆盖率　在被喷丸工件表面的规定部位上，弹痕占据的面积与要求喷丸强化的面积之间的比值称为表面覆盖率。表面覆盖率以百分数表示。被喷丸工件表面覆盖率最低应不小于100%。

（3）喷丸工艺参数　喷丸强度和表面覆盖率等决定着喷丸质量，而喷丸强度和表面覆盖率又受其他多种工艺参数制约。喷丸强化工艺参数包括：弹丸材质、弹丸尺寸、弹丸硬度、弹丸密度、弹丸速度（压缩空气的压力或离心轮转速）、弹丸流量、喷射角度、喷射时间、喷嘴（或离心轮）至工件表面的距离等。

1）弹丸尺寸越大，冲击能量越大，则喷丸强度也越大。但大弹丸的覆盖率降低，故生产上在能保证产生所需喷丸强度的前提下，应尽量减小弹丸的尺寸。弹丸尺寸的选择也受工件的形状制约，弹丸的直径不应超过工件沟槽或内圆半径的一半。弹丸粒径一般选用270~300μm（60~50目）之间。

2）当弹丸的硬度大于工件的硬度时，弹丸硬度的变化不影响喷丸强度；反之，弹丸硬度值的降低，将使喷丸强度降低。

3）喷丸速度提高，喷丸强度加大，但速度过高，弹丸的破碎量会增多，可用控制压缩空气压力的办法控制喷丸速度。应经常清除碎丸，保证弹丸的完整率不低于85%。

4）喷丸的角度一般选用垂直的直角状态，这时喷丸角度最高，强度大，但当受工件形状限制必须以小角度喷丸时，则应适当加大弹丸的尺寸与速度。

（四）喷丸强化技术的应用

喷丸强化工艺适应性较广，工艺简单，操作方便，生产成本低，经济效益好，强化效果明显。近年来，随着计算机技术的发展，带有信息反馈监控的喷丸技术已在实际生产中得到应用，使强化的质量得到了进一步提高。

喷丸强化主要用于弹簧、齿轮、链条、轴类、汽轮机叶片、火车轮等承受交变载荷的部件，也广泛用于模具、金属焊接结构和金属电镀件等。

喷丸强化是提高钢板弹簧疲劳强度的重要手段，经喷丸强化后钢板弹簧的疲劳寿命可延长5倍。喷丸强化还可使钢齿轮的使用寿命大幅度提高。实验证明，汽车齿轮渗碳淬火后再经过喷丸强化，其相对寿命可提高4倍。

20CrMnTi圆辊渗碳淬火回火后进行喷丸处理，残留压应力为880MPa，疲劳寿命从55万次提高到150万~180万次。

耐蚀镍基合金鼓风机叶轮在150℃热氮气中运行，六个月后发生应力腐蚀破坏。经喷丸强化并用玻璃珠去污，运行了四年都未发生进一步破坏。

金属焊缝及热影响区（HAZ）一般呈拉应力状态，疲劳强度减弱，采用喷丸强化后，表面由拉应力状态转变为压应力状态，从而提高了焊缝区域的疲劳强度。

喷丸强化还可以提高电镀工件的疲劳强度和结合力。各种钢制工件表面镀非铁金属后，一般均会导致疲劳强度下降10%~60%，其中尤其以镀铬、镀镍等影响最大。而喷丸强化则可有效提高疲劳强度，同时还可以增加电镀层的结合力，防止起泡。

交流讨论

喷丸与喷砂的区别

	作用	介质	介质速度	表面变形量	表面形貌
喷砂	表面清理	砂粒，尺寸小，尖锐	小	小	粗糙，无光泽
喷丸	表面强化	弹丸，尺寸大，圆钝	大	大	亚光

二、其他表面形变强化

（一）滚压强化

表面滚压技术是在一定的压力下，用辊轮、滚球或辊轴对被加工表面进行滚压或挤压，使其发生塑性变形，形成加工硬化层的工艺过程。图3-18a是对轴类工件进行表面滚压强化过程的示意图，表面滚压的原理与喷丸强化相同，也是由于塑性变形产生加工硬化，并产生很大的残留压应力。

表面滚压可以使工件表面改性层的最大深度达5mm以上，其残余延伸强度分布如图3-18b所示。因此滚压强化能较大幅度地提高材料表面的疲劳寿命和抗应力腐蚀能力，特别适合晶体结构为面心立方晶格的金属与合金的表面改性。热处理与滚压相结合对提高疲劳强度的效果更加显著，感应淬火加滚压、渗氮加滚压、碳氮共渗加滚压都具有良好的强化效果。例如，球墨铸铁曲轴经热处理后，再滚压轴颈与曲柄臂的过渡圆角，使该处形成0.5mm深的表面加工硬化层，产生残留压应力，可以提高疲劳强度，延长使用寿命。

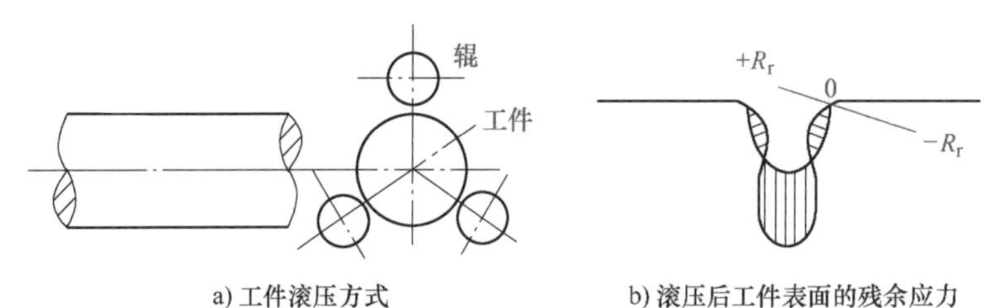

a) 工件滚压方式　　b) 滚压后工件表面的残余应力

图3-18　表面滚压强化原理示意图

滚压工艺的缺点是只能适合一些形状简单的平板类零件、轴类零件和沟槽类零件等，对于形状复杂的零件表面则无法使用。

（二）内孔挤压强化

内孔挤压强化是指利用特定的工具（球、棒、模具等），在工件孔的内壁或周边，连续、缓慢、均匀地挤压材料，并形成一定的塑性变形层，从而提高其疲劳强度和抗应力腐蚀能力的一种工艺方法，如图3-19所示。

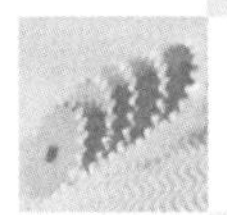

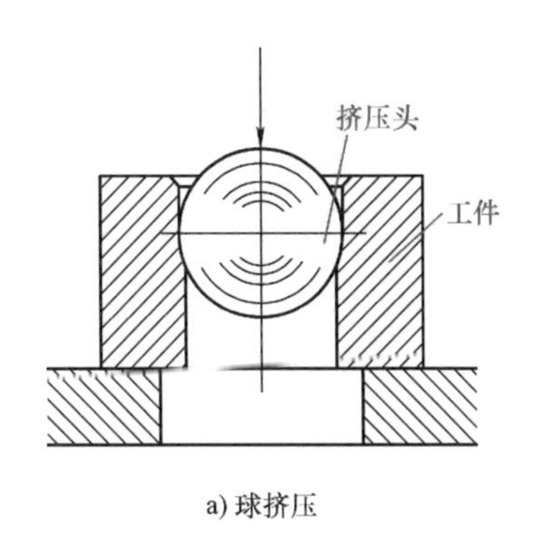

a) 球挤压

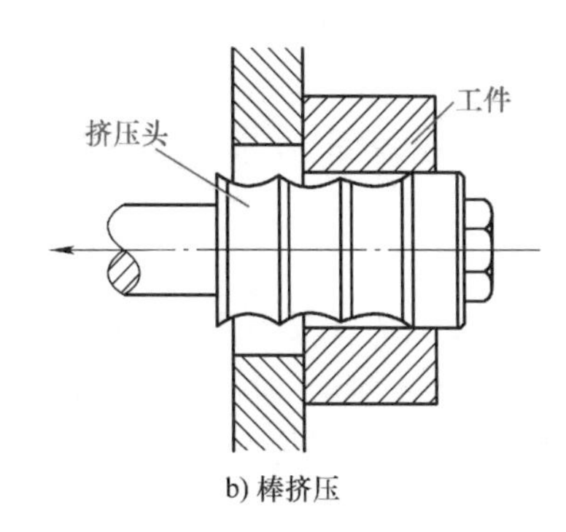

b) 棒挤压

图 3-19　内孔挤压强化示意图

内孔挤压强化的原理与滚压强化相同，只是滚压适用于外表面强化，而内孔挤压适用于内表面强化。

内孔挤压强化主要应用于要承受高交变载荷和高应力腐蚀工件的内孔。

【综合训练】

一、理论部分

（一）名词解释

表面淬火、渗碳、渗氮、喷丸强化、覆盖率、滚压强化

（二）填空

1. 表面改性技术是指采用某种工艺手段，改变金属表面的______或______，从而赋予工件表面新的性能。

2. 表面改性技术包括______、______、______、______等技术。

3. 根据加热方式的不同，表面淬火可分为______、______、______、______和______等。

4. 感应淬火时，电流频率越高，加热层深度越______，淬火后工件淬硬层也就越______。

5. 用作感应淬火最适宜的钢种是__________，其预先热处理一般为______________。

6. 机床铸铁导轨的表面淬火常用______________。

7. __________主要适用于单件、小批量生产及大型零件（如大型齿轮、轴、轧辊、导轨等）的表面淬火。

8. 化学热处理一般包括三个过程，即____________、____________和____________。

9. 根据渗碳剂的不同，渗碳方法可分为______、______、____________三种。

10. 渗碳层碳的质量分数最好在__________范围内，渗碳后采取__________的热处理方法。

11. 低温气体氮碳共渗工艺又称__________，常用温度为__________。

12. 中温气体碳氮共渗实质上是以__________为主的共渗工艺，共渗温度常采用__________。

13. 表面形变强化的理论基础是__________，即通过__________手段（喷丸、滚压等）在金属表面产生塑性变形，使表面形成__________层，其深度可达__________。

14. 喷丸强化所用的喷丸材料有__________、__________、__________、__________等。

（三）简答

1. 简述感应淬火的特点和应用。

2. 现有20钢齿轮和45钢齿轮两种，齿轮表面硬度要求52~55HRC，请问采用何种热处理可满足上述要求？比较它们在热处理后的组织与力学性能的差别。

3. 简述离子渗氮的特点和应用。

4. 简述喷丸强化质量的主要表征指标及影响因素。

（四）工艺分析

案例：某工厂生产一种柴油机的凸轮，其表面要求具有高硬度（>50HRC），而零件心部要求具有良好的韧性（A_K>63J），本来是采用45钢经调质处理后再在凸轮表面上进行高频淬火，最后进行低温回火。现因工厂库存的45钢已用完，只剩下15钢，试回答以下几个问题：

1）原用45钢各热处理工序的目的。

2）改用15钢后，仍按45钢的工艺进行处理，能否满足性能要求？为什么？

3）改用15钢后，应采用怎样的热处理工艺才能满足上述性能要求？

二、实践部分

1. 参观热处理工厂或车间，了解表面热处理和化学热处理工艺，增强对这两种表面处理方法的认识。

2. 通过手册或网络查阅相关资料，制订55SiMnVB汽车钢板弹簧的喷丸强化工艺规范。

第四单元　金属表面镀层技术

知识目标	1. 掌握普通电镀、电刷镀、化学镀和热浸镀的原理、特点和应用等知识。 2. 掌握镀铬、镀镍、镀锌等常用金属镀层的工艺流程和应用。
能力目标	1. 能根据工件选用恰当的工具、夹具，并合理使用。 2. 会进行常见单金属镀层的工艺操作，并会进行不良镀层的去除。 3. 树立环保意识，明确生产疲水的处理及达标排放。

模块一　普通电镀

导入案例

在实际生产和生活中有很多电镀件，即在它们的表面电镀上一层金属或合金，以提高其耐蚀性，并起到了美观的作用。例如，大到摩托车排气筒、轿车格栅和轮毂等，小到大头针、钢笔、五金工具等。就拿硬币来说，我国2019版硬币全部采用的是钢芯镀镍工艺。

电镀就是利用电解的方式使金属或合金沉积在工件表面，以形成均匀、致密、结合力良好的金属层的过程，是一门具有悠久历史的表面处理技术。

电镀基体材料可以是金属，也可以是非金属，如塑料等。镀层金属一般是一些在空气和溶液中不易被氧化或硬度较大的金属，如铬、镍、铜、锡、金等。除了单一的金属或合金镀层外，还有复合电镀层，如钢上的铜-镍-铬层和银-铟层等。

一、普通电镀的原理及工艺

（一）普通电镀的原理

普通电镀是指把工件置于装有电镀液的镀槽中，工件接直流电源的负极，作为阴极。阳极板接直流电源的正极，镀液中金属离子在阴极上得到电子还原成金属原子，从而在工件表面得到电镀层，其原理如图4-1所示。其基本过程以镀镍为例加以说明。

将工件浸在以硫酸镍（$NiSO_4$）为主要成分的电镀液中作为阴极，金属镍作为阳极。当直流电通过两电极及两极间含金属离子的电解液时，电镀液中的阴、阳离子由于受到电场作用，发生有规则的移动，阴离子移向阳极，阳离子移向阴极，这种现象叫作“电迁移”。此时，镍离子在阴极上还原沉积成镀层，而阳极氧化将金属镍转化为镍离子。

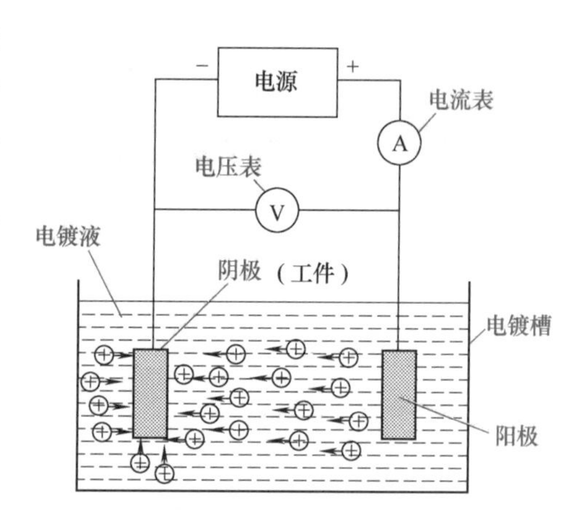

图4-1 普通电镀原理图

在阴极（工件）上的化学反应为还原反应，即

$$Ni^{2+}+2e= Ni$$

$$2H^{+}+2e=H_2\uparrow$$

在阳极上的反应为氧化反应，即

$$Ni-2e=Ni^{2+}$$

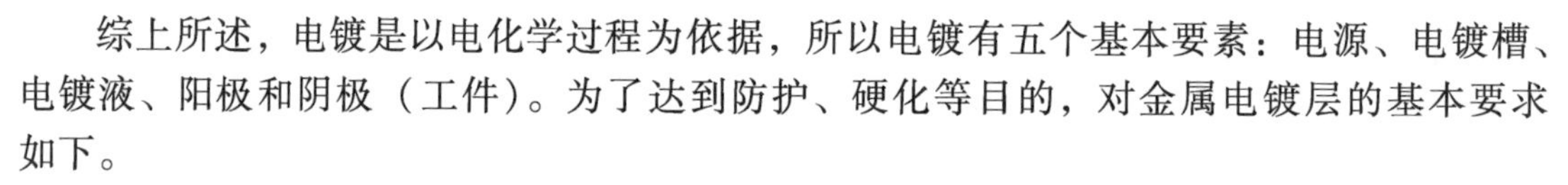

综上所述，电镀是以电化学过程为依据，所以电镀有五个基本要素：电源、电镀槽、电镀液、阳极和阴极（工件）。为了达到防护、硬化等目的，对金属电镀层的基本要求如下。

1）与基体金属结合牢固，附着力强。

2）镀层完整，结晶细致紧密，孔隙率小。

3）具有良好的物理、化学性能和力学性能。

4）具有符合标准的厚度，而且均匀。

（二）电镀层的主要功能

电镀镍

根据镀层的功能，可将电镀层分为三大类：防护性镀层、防护—装饰镀层和功能性镀层。

防护性镀层主要用于金属零件的防腐蚀。镀锌层、镀镉层、镀锡层以及锌基合金（Zn-Fe、Zn-Co、Zn-Ni）镀层均属于此类镀层。

很多金属零件，既要求耐腐蚀，又要求具有色泽鲜艳且经久不变的外观，这就要求施加防护—装饰性镀层。这种镀层常采用多层电镀，即首先在基体上镀“底”层，而后再镀“表”层，有时还要镀“中间”层。例如，通常的Cu-Ni-Cr多层电镀就是典型的防护—装饰性镀层，常用于自行车、缝纫机、小轿车的外露部件等。

为了满足光、电、磁、热、耐磨性等特殊物理性能的需要而沉积的镀层称为功能性镀层，如提高金属的耐磨性、反光性、导电性、导磁性等；此外还包括热加工性镀层和修复性镀层。

此外，按镀层与基体金属的电化学活性，可将电镀层分为阳极性镀层和阴极性镀层两大类。前者镀层金属的电极电位低于基体金属，后者镀层金属的电极电位高于基体金属。

常用的金属电镀层及其性能见表4-1。

表4-1 常用的金属电镀层及其性能

镀层	硬度/HV	外观	厚度/μm	特性及其用途
Zn	40~45	银白色	2~13（装饰）、12~50（防腐）	对黑色金属为阳极性镀层，价格低廉，耐磨性强，应用广泛
Cr	800~1100	白色	0.2（装饰）、1~300（硬铬）	极耐蚀、耐磨，摩擦阻力小，反射能力强
Cu	41~220	亮粉、红色	4~50	导电性及导热性好，常用做其他金属的衬底，也可作为化学热处理的防渗镀层
Ni	140~500	柔和白色	2~40、130~500（耐磨）	对许多化学药品及腐蚀性气体有耐蚀性，常作Cu与Cr间的连接层，可用于化学镀
Sn	10~30	亮白色	4~50	耐腐蚀，常用于日常生活器皿、食品器皿，干净卫生，钎焊的焊接性优良
Au	~20（纯金）~120（硬金）	黄色	90~120（纯金）、130~210（硬金）	耐蚀性强，导电性好，易焊接，耐高温，并有一定的耐磨性（指硬金）。用于装饰、电器、电路等

想一想

计算机内存条上与主板插槽连接的一排触点俗称为“金手指”。你知道其中的原因吗？上网查一下，“金手指”上镀的是什么金属呢？这种镀层属于上述哪种镀层？

（三）电镀工艺过程

电镀工艺过程一般包括电镀前预处理、电镀及电镀后处理三个阶段，其工艺流程如下：

上料→脱脂→清洗→酸浸→活化→中和→清洗→电镀→清洗→钝化→（除氢）→（封闭）→干燥→下料。

1. 电镀前预处理

电镀前预处理的目的是为了得到清洁、新鲜的表面，为最后获得高质量镀层做准备，主要工序有脱脂、除锈、活化处理等，步骤如下。

1）使表面质量达到一定要求，可通过表面磨光、抛光等工艺方法来实现。

2）去油、脱脂，可采用溶剂溶解以及化学、电化学等方法来实现。

3）除锈，可用机械、酸洗以及电化学方法实现。

4）活化处理，一般在弱酸中侵蚀一定时间进行镀前活化处理。

2. 实施电镀

在工业化生产中，电镀的实施方式多种多样，根据镀件的尺寸和批量不同，可以采用挂镀、滚镀、刷镀和连续电镀等。

1）挂镀是电镀生产中最常用的一种方式，适用于普通尺寸或尺寸较大的零件，如汽车的保险杠、自行车的车把等。电镀时将零件悬挂于用导电性能良好的材料制成的挂具上，然后浸没于欲镀金属的电镀溶液中作为阴极；在两边适当的距离放置阳极，通电后使金属离子在零件表面沉积，这种电镀方法称为挂镀。电镀常用挂具的基本类型如图 4-2 所示。

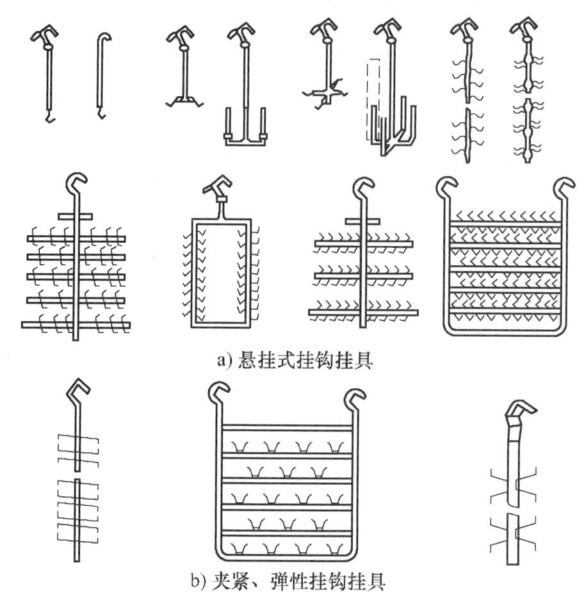

a) 悬挂式挂钩挂具

b) 夹紧、弹性挂钩挂具

图 4-2　电镀常用挂具的基本类型

2）滚镀是电镀生产中的另一种常用方法，适用于尺寸较小、批量较大的零件，如紧固件、垫圈、销等。施镀时将欲镀零件置于多角形的滚筒中，依靠零件自身的重量来接通滚筒内的阴极，在滚筒转动过程中实现金属电沉积。滚镀的工作原理图如图 4-3 所示。

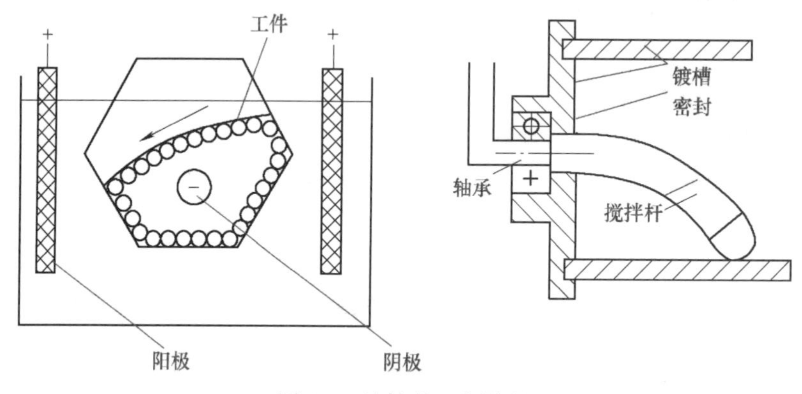

图 4-3　滚镀的工作原理

与挂镀相比，滚镀最大的优点是节省劳动力，提高生产率，设备维修费用少且占地面积小，镀层的均匀性好。但是，滚镀的使用范围受到限制，镀件不宜太大和太轻；槽电压高，槽液温升快，镀液带出量大。

3）连续电镀一般在生产线上进行，其工作方式如图 4-4 所示。连续电镀主要用于成批生产的线材和带材，如镀锡钢板、镀锌薄板、钢带、电子元器件引线、镀锌钢丝等。连续电镀的优点是时间较短，镀液电流密度高，导电性好，沉积速度快，镀液各成分变化不显著，对杂质不敏感等。

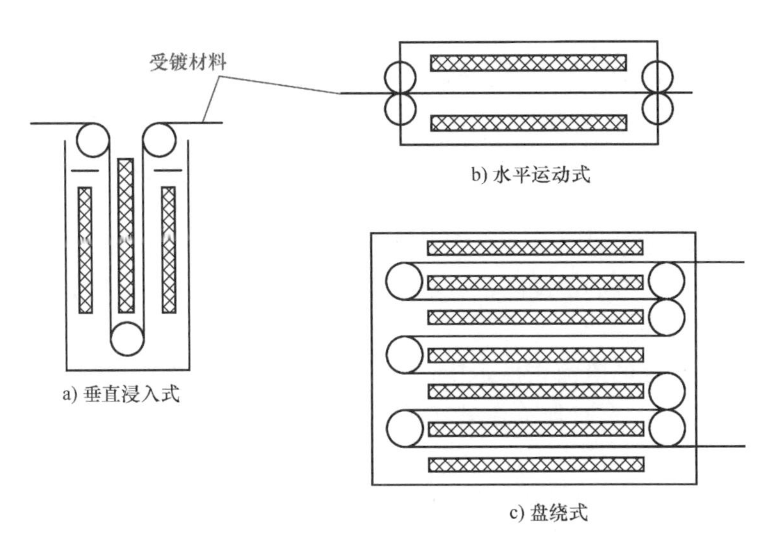

图 4-4　连续电镀的工作方式

刷镀适用于局部镀或修复，将在本单元模块二中介绍。

3. 电镀后处理

（1）钝化处理　钝化可使镀层耐蚀性大大提高，同时能增加表面光泽性和抗污染能力。这种方法用途很广，镀锌、铜及银等金属后，都可进行钝化处理。

（2）除氢处理　有些金属（如锌），在电沉积过程中，除自身沉积出来外，还会析出一部分氢。这部分氢渗入镀层中，使镀件产生脆性，甚至开裂，称为氢脆。为了消除氢脆，往往在电镀后使镀件在一定的温度下热处理数小时，此称为除氢处理。

（3）表面抛光　电镀后通过抛光对镀层进行精加工，可降低电镀制品的表面粗糙度值，获得镜面装饰性外观，并可以提高制品的耐蚀性。电镀后抛光一般采用机械抛光。

（四）影响电镀层质量的主要因素

影响电镀层质量的因素很多，最主要的有以下几个方面。

1. 电镀液

电镀液对电镀的质量影响很大，它是由含有镀覆金属的化合物（主盐）、导电的盐类（附加盐）、缓冲剂、pH 调节剂和添加剂的水溶液组成，可分为酸性的、碱性的和加有络合剂的酸性及中性溶液。

（1）主盐浓度　在其他条件不变的情况下，主盐浓度越高，金属越容易在阴极析出，使阴极极化下降，导致结晶形核速率降低，所得镀层组织较粗大，这种作用在电化学极化不显著的单盐镀液中更为明显。稀浓度电镀液的阴极极化作用虽比浓溶液好，但其导电性能较差，不能采用大的阴极电流密度，同时阴极电流效率也较低。因此，主盐浓度有一个合适的范围，同时，同一类型镀液由于使用要求不同，其主盐含量范围也不同。

（2）附加盐　附加盐的主要作用是提高镀液的导电性，还可改善镀液的深镀能力、分散能力、得到细致的镀层。如以硫酸镍为主盐的镀镍溶液中加入硫酸钠和硫酸镁，会使镀镍层的晶粒更为细致、紧密。但附加盐含量过高，会降低其他盐类的溶解度。因此，附加盐的含量也要适当。

2. 电镀工艺规范

电镀工艺规范包括阴极电流密度、温度、pH、搅拌、电源波形等。

（1）阴极电流密度　阴极电流密度是指阴极（电镀工件）单位面积上通过电流的大小，其单位为 A/dm^2。电流密度低时，阴极极化作用小，镀层结晶粗大，甚至没有镀层，因此在生产中很少使用过低的电流密度。随着电流密度提高，阴极极化作用增大，镀层变得细密。但是电流密度过高，将使结晶沿电力线方向向电解液内部迅速增长，造成镀层产生结瘤和枝状结晶，甚至烧焦。在允许的范围内，适当提高阴极电流密度，不仅能使镀层结晶细致，而且能加快沉积速度，提高生产率。

每种电镀液都有最佳的电流密度范围，其大小应与电解液的组成、主盐浓度、pH、温度及搅拌等条件相适应。采取加大主盐浓度、升温、搅拌等措施，都可提高电流密度上限值。

（2）温度　温度是影响电镀质量的另一个重要因素。在其他条件不变时，温度升高，阴极极化作用降低，镀层结晶粗大。但在改变镀液离子浓度和电流密度等其他操作条件，并配合适宜时，升高温度对电镀有利。所以，在实际生产中常采用加温措施，这主要是为了增加盐类的溶解度，从而增加其导电能力和分散能力，还可以提高电流密度上限值，从而提高生产率。不同的镀液有其最佳的温度范围，一般不超过40℃。

（3）pH 和搅拌　其他操作条件不变，若 pH 过高，则镀层的结晶粗糙、松软、沉积速度快；若 pH 过低，则镀层的结晶细致且光亮，但沉积速度明显下降，甚至主盐金属不能还原。最佳的 pH 应通过试验来确定。

搅拌可加快镀液中的离子运动，降低阴极极化，使镀层结晶变粗，但通过搅拌可提高电流密度和生产率。目前在工厂中采用的搅拌方法有阴极移动法和压缩空气搅拌法。

3. 表面预处理

为保证电镀质量，镀件电镀前需对镀件表面作精整和清理，去除毛刺、夹砂、残渣、油脂、氧化皮、钝化膜，使基体金属露出洁净、活性的晶体表面。这样才能得到连续、致密、结合良好的镀层。若预处理不当，将会导致镀层起皮、剥落、鼓泡、毛刺、发花等缺陷。

二、镀铬

（一）镀层的性质和用途

铬是一种微带天蓝色的银白色金属，其密度为 $7.20g/cm^3$，熔点为1857℃。铬的电极电位虽然很低，理论上应该是一种活泼金属，但实际上它却有很强的钝化性能，其表面在大气中很容易发生钝化，生成一层很薄的致密氧化膜，表现出很好的化学稳定性。铬在碱、硝酸、硫化物以及许多有机酸等腐蚀介质中非常稳定，只有盐酸等氢卤酸和热的浓硫酸才能侵蚀它。铬的良好耐蚀性还由于它的浸润性很差，表现出憎水、憎油的性质。

镀铬层外观悦目，反光能力强，不变色；硬度高（是所有金属中最硬的一种），且可在很大范围内变化（800~1100HV），耐磨性好；并有较好的耐热性，在500℃以下光泽和硬度均无明显变化，温度大于500℃时开始氧化变色，大于700℃时才开始变软。

电镀铬按用途可分为两大类：一类是防护装饰性镀铬，镀层较薄，可防止基体金属生锈

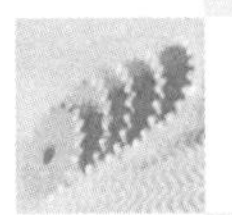

并美化产品外观；另一类是功能性镀铬，镀层较厚，可提高机械零件的硬度、耐磨性、耐蚀性和耐高温性。功能性镀铬按其应用范围的不同，可分为硬铬、乳白铬和松孔铬等。

（二）普通镀铬工艺

在普通镀铬工艺中，一般都采用铅或铅合金来作为阳极，而电镀液以三氧化铬（CrO_3，俗称铬酸酐）为基础，以硫酸作催化剂，两者的比例为100∶1。这种工艺的优点：镀液稳定，对设备的腐蚀性较小，受铁杂质影响较小，易于操作；镀层质量较高，镀层光亮、耐磨、稳定，所以一直得到广泛的应用。

普通镀铬液中铬酸酐浓度在150~350g/L之间，按铬酸酐浓度可分为低、中、高浓度三种，见表4-2。

表4-2 普通镀铬工艺

镀液组成及工艺条件			低浓度	中浓度		高浓度
				配方1	配方2（标准）	
镀液组成/(g/L)		铬酸酐（CrO_3）	150~180	230~270	250	300~350
		硫酸（H_2SO_4）	1.5~1.8	2.3~2.7	2.5	3.0~3.5
工艺条件	装饰铬	电流密度/(A/dm^2)	30~40	—	15~30	15~35
		温度/℃	55±2	—	48~53	48~55
	硬铬	电流密度/(A/dm^2)	40~60	30~45	50~60	—
		温度/℃	55±2	55~60	55~60	—

铬酸酐含量为150~180g/L的镀液称为低浓度镀液。它的优点是污染小、成本低、电流效率比较高（18%~20%）、镀层光亮度好、电流密度范围宽。缺点是需槽电压较高（镀液电导率较低），镀液覆盖能力较差，只适合于形状较简单的工件镀铬。

中浓度镀液通常指铬酸酐含量为230~270g/L的镀液，其中铬酸酐浓度为250g/L、硫酸浓度为2.5g/L的镀液称为标准镀铬液，多用于镀硬铬。这类镀液的电导率较高，所以槽电压较低，往往在10V以下。施镀温度范围大，在15~60℃之间均可施镀，可实现常温电镀，有利于节约能源，提高工效。在这类镀液中加入镀铬添加剂，特别是混合稀土金属盐添加剂，镀液性能则有很大改善，综合经济和环境效益好，是现代电镀铬工艺的发展方向。

高浓度镀液是指铬酸酐浓度为300~350g/L的镀液，具有较高的分散能力和覆盖能力，主要用于防护装饰性镀铬。这种镀液工件带出损失大，对环境污染较严重，电流效率也不高（8%~13%）。随着稀土等镀铬添加剂的开发和应用，这类镀液已逐渐缩减。

资 料 卡

六价铬电镀的环境污染问题

普通镀铬是电镀行业中应用最广泛的镀种之一。虽然这种电镀工艺简单，维护方便，但是由于电镀液的主要成分为CrO_3，所以废水、废气及镀层中的六价铬是最严重、最难处理的电镀工业污染源之一。六价铬严重污染环境，危害人类的身体健康，欧盟于

2007年7月起禁止使用六价铬电镀，同时禁止六价铬电镀产品进入其市场。我国也于2007年3月起开始限制六价铬电镀。

目前，取代六价铬电镀最可行且最有希望的技术是三价铬电镀。三价铬镀液以可溶性的三价铬盐为主盐，如Cr_2O_3、$CrCl_3$、$Cr_2(SO_4)_3$等，再加入络合剂、缓冲剂、润湿剂等添加剂组成。三价铬镀层没有六价铬镀层光亮，类似于抛光后的不锈钢。三价铬电镀的优点是毒性小，污水处理简单，可在室温下施镀。三价铬电镀的缺点是镀层内应力大，不适宜镀厚的铬层。

（三）防护装饰性镀铬

防护装饰性镀铬俗称装饰铬，是镀铬工艺中应用最多的一类。其特点是镀层光亮，覆盖能力好，具有防腐蚀和外观装饰的双重作用；而且镀层厚度薄，通常在0.25~0.5μm，国内多用0.3μm。为此装饰镀铬以前常用铬酸酐为300~400g/L的高浓度镀液，近些年来加入稀土等添加剂，浓度已降至150~200g/L，覆盖能力和电流效率明显提高。

在金属基体上镀装饰铬时，必须先镀足够厚度的中间层，然后在光亮的中间镀层上镀铬，如在钢基体上镀铜、镍层后再镀铬。铜及铜合金的防护装饰性镀铬，可在抛光后直接镀铬，但一般在镀光亮镍后镀铬，可更耐腐蚀。

为保障镀液的覆盖能力和镀层的硬度及光亮度，镀铬电源一定要三相全波整流，不能使用波动太大的电源，在施镀过程中不能断电。

在现代电镀中，在多层镍上镀取微孔或微裂纹铬既可降低镀层总厚度，又可获得高耐蚀性的防护—装饰体系，是电镀工艺发展的又一方向。

防护装饰性镀铬广泛用于汽车、自行车、日用五金制品、体育器材、家用电器、仪器仪表、机械、船舶舱内的外露零件等。经抛光的镀铬层有很高的反射系数，可作反光镜。

（四）功能性镀铬

1. 硬铬

硬铬又称耐磨铬、工业镀铬。镀硬铬属于功能性电镀具有很高的硬度和耐磨性。硬铬和装饰铬的镀层没有本质区别，硬度也没有多大差别，只是镀硬铬一般较厚，可以从几微米到几十微米，有时甚至达到毫米级，如此厚的镀层才能充分体现铬的硬度和耐磨性，故称为硬铬。

镀硬铬常用于工具、模具、量具、卡具、刀具以及机床、挖掘机、汽车、拖拉机的主轴等，可提高工件的耐磨性，延长使用寿命；还可用于修复被磨损零件。

2. 乳白铬

在普通镀铬工艺中，在较高温度（65~75℃）和较低电流密度下[$(20\pm5)A/dm^2$]获得的乳白色的无光泽铬称为乳白铬。乳白铬镀层一般厚度在30~60μm，韧性好，硬度较低，孔隙少，裂纹少，色泽柔和，消光性能好，常用于量具、分度盘、仪器面板等的镀铬。

在乳白铬上加镀光亮耐磨铬，称为双层镀铬。双层镀铬综合了乳白镀铬层及硬镀铬层的优点，在飞机、船舶零件以及枪炮内腔上得到广泛应用。

3. 松孔铬

松孔镀铬层是在镀硬铬之后，用化学或电化学方法进行阳极松孔处理，使镀铬层的网状

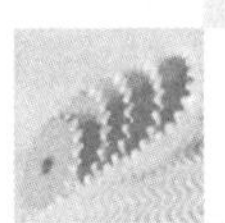

纹得以扩大和加深，以便吸藏更多的润滑油脂，降低摩擦系数，提高其耐磨性，这就称为松孔铬。松孔镀铬层应用于受重压的滑动摩擦件及耐热、耐蚀、耐磨零件，如内燃机气缸内腔、活塞环等。

想一想

在你身边有哪些物品或机械零件表面应用了镀铬技术？目的是什么？

三、镀锌

（一）镀锌层的性质

锌是银白色的金属，略带青色，其密度为 7.14g/cm^3，熔点为 419.5℃。金属锌的电极电位为-0.76V，比铁的电位（+0.77V）低，对钢铁材质零件来说，镀锌层是典型的阳极性镀层。当镀层因孔隙或划痕而露出基体时，镀锌层便作为阳极而腐蚀，从而保护了基体金属。因此，镀锌层广泛用于钢铁材料的防护。

镀锌层的防护能力与镀层的厚度有关。镀层越厚，防护性越强。通常在良好环境下，需 7~10μm 的镀层厚度；中等腐蚀环境下，需 15~25μm 镀层厚度；恶劣腐蚀环境下，则需镀层厚度大于 25μm。

镀锌层的塑性较镀铬层好，当零件变形或弯曲时镀层不致脱落，但它的硬度低，不适于作摩擦零件的镀层。

纯净的镀锌层在常温、干燥条件下比较稳定，但在含氯离子介质、海水、高温高湿气候条件、有机酸气氛里则不耐蚀，容易生成一层 $3Zn(OH)_2 \cdot ZnCO_3$（白色膜，俗称长“白毛”），而失去金属光泽，丧失或降低防护作用。

（二）镀锌工艺

按镀锌溶液中络合剂的不同，电镀锌工艺可分为氰化物镀锌和无氰镀锌两类。氰化物镀锌虽镀层质量好，但是氰化物电解液具有剧毒，对环境污染严重，目前大多数厂家已不使用。无氰镀锌方法有酸性硫酸盐镀锌、氯化铵镀锌、碱性锌酸盐镀锌和弱酸性氯化钾镀锌等。在我国目前的电镀锌工艺方法中，以氯化铵镀锌、锌酸盐镀锌和氯化钾镀锌最为常用，下面仅介绍前两种。

1. 氯化铵镀锌

氯化铵镀锌是目前应用较广的镀种，其中氯化铵型和氨三乙酸—氯化铵型使用最普遍。其优点是镀液成本低，电流效率高（达 95%以上），电镀过程渗氢少，可镀弹性零件；能在高碳钢和铸铁件上直接电镀，镀液均镀能力及深镀能力较好；镀液对操作人员影响小，不用装抽风装置；管理维护较方便。缺点是对钢铁设备腐蚀较严重，钝化膜有时发生变色现象；废水处理困难等。无铵氯化物镀锌是单盐镀液，不含络合物，溶液组成简单，解决了氯化铵镀锌中废水处理困难的问题，近年来发展较快。

氯化铵镀锌常用镀液配方见表 4-3。

表 4-3 氯化铵镀锌常用镀液配方

镀液组成及工艺条件		配方 1	配方 2
镀液组成	氯化锌/(g/L)	30~40	30~45
	氯化铵/(g/L)	220~260	240~270
	氨三乙酸/(g/L)	—	30
	硫脲/(g/L)	—	1~2
	聚乙二醇/(g/L)	—	1~2
	“海鸥”洗涤剂/(mL/L)	—	0.1~0.2
	六次甲基四胺/(g/L)	10~20	—
	平平加/(g/L)	5~8	—
	苄叉丙酮/(g/L)	0.2~0.4	—
工艺条件	温度/℃	15~35	15~30
	pH	6~6.4	5.4~6.2
	电流密度/(A/dm^2)	1~4	1~2.5

2. 锌酸盐镀锌工艺

锌酸盐镀锌已成为我国镀锌工艺的主流，它克服了氰化镀锌的毒害、铵盐镀锌对钢铁设备的腐蚀和钝化膜在湿热带大气中容易变色发黑等缺点，镀层结晶细致，能达到很光亮的外观，对杂质敏感性低，废水处理方便；但在镀层的结合力和脆性方面，与氰化镀锌相比，仍有一定的差距，有待进一步提高。锌酸盐镀锌的缺点是电流效率低（仅 65%~75%左右），电镀时产生的气体与镀液的刺激性都较大，需装抽风设备，容易发生镀层“起泡”故障，不适用于要“驱氢”的镀件等。

碱性锌酸盐镀锌溶液组成及工艺条件见表 4-4。

表 4-4 碱性锌酸盐镀锌溶液组成及工艺条件

镀液组成及工艺条件		DE 型	DPE 型
镀液组成	氧化锌（ZnO)/(g/L)	10~15	8~13
	氢氧化钠（NaOH)/(g/L)	100~140	110~130
	DE 添加剂/(mL/L)	4~6	—
	香草醛/(g/L)	0.05~0.15	—
	茴香醛混合光亮剂/(g/L)	0.1~0.3	—
	EDTA/(g/L)	0.5~1.5	—
	香豆素/(g/L)	0.4~0.6	—
	DPE-Ⅰ/(mL/L)	—	4~8
	DPE-Ⅱ/(mL/L)	—	4~8
	三乙醇胺/(mL/L)	—	10~20

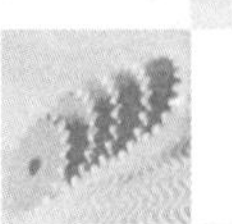

（续）

镀液组成及工艺条件		DE 型	DPE 型
工艺条件	温度/℃	10~45	10~40
	阴极电流密度/(A/dm^2)	0.5~4	0.5~4

（三）电镀锌的钝化处理

钢铁材料电镀锌的工艺流程如下：

化学脱脂→热水洗→流动冷水清洗→电解脱脂→热水洗→流动冷水清洗→酸浸→流动冷水清洗→电镀→流动冷水清洗→钝化处理→流动冷水清洗→干燥→检验。

电镀锌后普遍要进行钝化处理。钝化处理不仅提高了镀锌层表面的光亮和美观，更重要的是使其表面生成一层组织致密的钝化膜，提高了镀层的耐蚀性，延长产品的使用寿命，其防护性能比未经钝化的锌层高 6~8 倍。

生产上采用的钝化溶液有多种，如重铬酸盐钝化液、三酸钝化液、五酸钝化液等。为了降低六价铬（Cr^{6+}）对水质的污染，可采用低铬酸钝化液，即将钝化液中铬酐浓度降至 4~8g/L，可使生产中含铬的污水量大大降低，既有利于环境保护，又节约了费用。

按钝化后的工件颜色，镀锌钝化可分为白色钝化、彩色钝化、黑色钝化、军绿色钝化等。一般的耐蚀性能排序为：军绿色>黑色>彩色>蓝白色>白色。

钝化后的镀锌件需要在 50~60℃ 环境下烘烤 20~30min。

（四）电镀锌的应用

电镀锌是应用最广泛的一个镀种，占总电镀量的 60%以上。由于它在干燥的空气中比较稳定，而且成本较低，因此目前广泛应用在机械、电子、仪表和轻工等领域中的大气条件下钢铁材料的防护层，如螺钉、螺母等紧固件、接头、钢丝网、铁线、钢管、电线接线盒等，如图 4-5 所示。但锌镀层硬度低，且对人体有害，不宜在食品工业中使用。

图 4-5　常见的一些电镀锌件

视野拓展

电泳是指带电颗粒在电场作用下，向着与其电性相反的电极移动，利用带电粒子在电场中移动速度不同而达到分离的技术，是涂装金属工件最常用的方法之一。在我国汽车工业中多采用阴极电泳涂装，即涂料粒子带正电，工件为阴极，涂料粒子在工件上沉积成膜。

与电镀相比，电泳只能在导电的金属表面沉积树脂涂层，缺乏金属质感。但电泳工艺简单、方便，成本比电镀便宜很多。

模块二 电 刷 镀

导入案例

在战场条件下对战损装备进行野外快速维修，是保障部队战斗力、取得战争胜利的重要因素。作为野外抢修技术必须满足设备轻便、操作灵活、快速高效等特点，电刷镀技术很好地满足了以上各项要求，解决了坦克、飞机中一些大型零部件的快速修复难题，而且成本低廉。如在修复苏-27战斗机发动机叶片榫头时，早期必须使用国外的技术，修复一次需要50万元人民币。后来采用我国自主研制的纳米电刷镀技术，仅用几个小时就将叶片修复如新，成本降低到了5000元人民币。

一、电刷镀的原理和特点

（一）电刷镀的原理

电刷镀是电镀的一种特殊方式。电刷镀不用镀槽，只需在不断供应电解液的条件下，用一支镀笔在工件表面上进行擦拭，从而获得电镀层，所以电刷镀又称无槽镀或涂镀。

电刷镀技术需采用专用的直流电源设备，电源的正极接镀笔，作为刷镀时的阳极；电源的负极接工件，作为刷镀时的阴极。镀笔通常采用高纯度细石墨块作阳极材料，石墨块外面包裹一层棉花和耐磨的涤棉套。刷镀时使浸满镀液的镀笔以一定的相对运动速度在工件表面上移动，并保持适当的压力。在镀笔与工件接触的部位，镀液中的金属离子在电场的作用下扩散到工件表面，并在表面获得电子而还原成金属原子，沉积结晶形成镀层，随着刷镀时间的增长，镀层增厚，从而达到镀覆及修复的目的，如图4-6所示。

镀笔是电刷镀的重要工具，主要由阳极、绝缘手柄和散热装置组成，图4-7所示是其结构图。根据需要电刷镀的零件大小与尺度的不同，可以选用不同类型的镀笔，如图4-8所示。

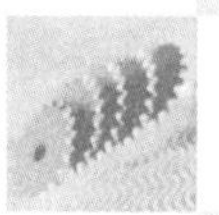

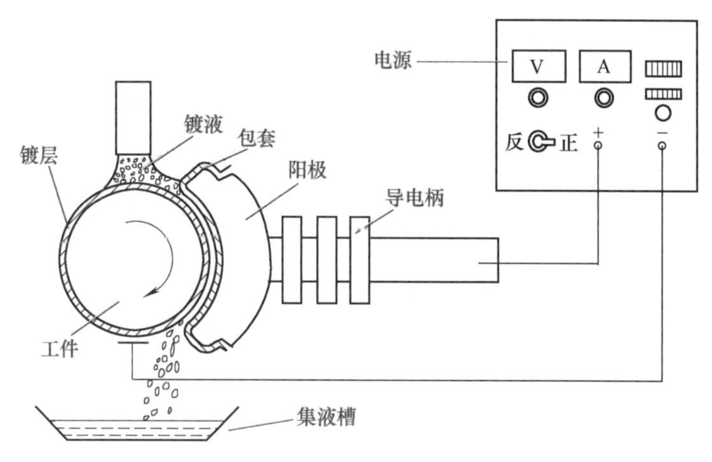

图 4-6　电刷镀工作过程示意图

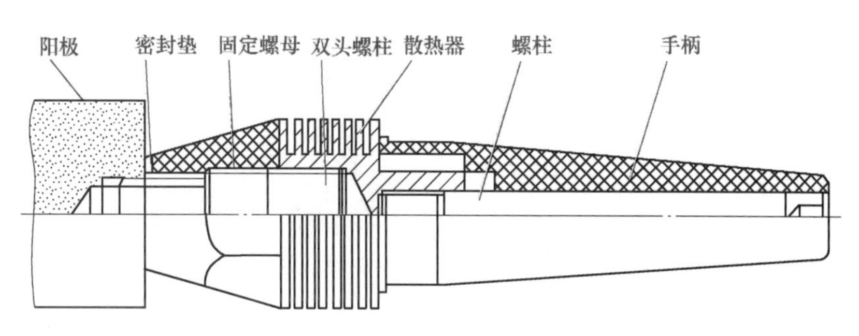

图 4-7　镀笔结构图

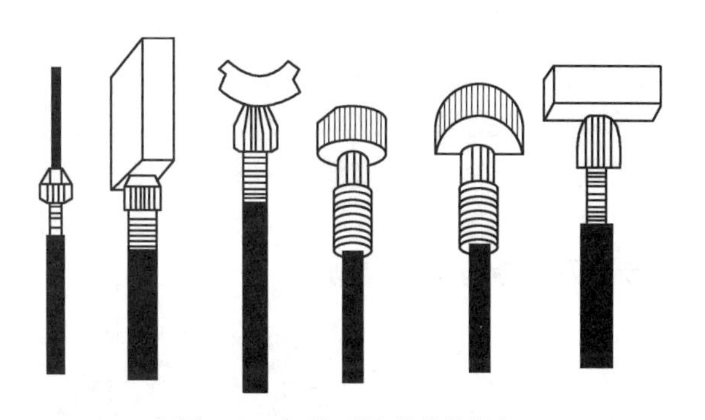

图 4-8　各种不同形状的阳极

（二）电刷镀的特点

电刷镀虽然也是一种金属电沉积的过程，其基本原理与普通电镀相同，但与常规电镀相比，它又具有以下特点。

1）设备轻便简单，不用镀槽，可在现场流动作业，特别适用于大、重型零件现场就地修复。

2）工艺灵活，操作方便，可沉积多种用途的单金属、合金镀层和组合镀层，并根据需要可以方便地选用镀层的种类，刷镀镍、铜、铁、锡、金、银等。

3）环境污染小，刷镀溶液中不含剧毒物。同时，溶液的使用量少，并可循环使用，产生的废液很少，溶液稳定，无闪点，储运过程中属非危险品。

4）维修质量高。水溶液操作，不会引起被修复工件的变形和金相组织的变化，设备上采用专门的厚度控制装置，误差小于+10%，镀层通常不需再机械加工。

5）生产率高，节约能源。电刷镀具有高的沉积速度，一般是槽镀的10~15倍，最快时可达0.05mm/min；且可节约能源，成本低。

6）但电刷镀也存在劳动强度大、消耗阳极包缠材料、不适合大批量生产作业等缺点。

电刷镀的原理和工艺

二、电刷镀工艺及应用

（一）电刷镀的工艺参数

电刷镀的主要工艺参数有电源极性、镀笔与工件的相对运动速度和刷镀工作电压。

（1）电源极性　刷镀时，镀笔接直流电源的正极，被镀工件接负极，称为正接。

资　料　卡

在电刷镀专用直流电源设备上有正、负极转换装置，以满足电镀、活化、电解脱脂等各工序同用一个电源的需要，可任意选择阳极或阴极的电解操作。

（2）镀笔与工件的相对运动速度　刷镀时，镀笔与工件的最佳相对运动速度是10~20m/min。若相对运动速度太小，则会导致镀层结晶粗糙，甚至烧伤；若相对运动速度太大，则镀液易溅失，电流效率降低，使沉积速度减慢，甚至镀不上。

（3）刷镀工作电压　影响电刷镀电流大小的因素很多，电流大小难以控制，故一般采用电压作为控制参数。如果被镀面积小、温度低、速度慢，则工作电压要低些；反之，工作电压则高些。

（二）电刷镀的工艺步骤及溶液与温度控制

1. 电刷镀的工艺步骤

电刷镀的工艺步骤一般为：表面修整与清洁→电解脱脂→水洗→活化→镀过渡层→镀工作镀层→镀后处理。图4-9是电刷镀的生产现场。

图4-9　电刷镀的生产现场

（1）工件表面的准备　工件表面的预处理是保证镀层与工件表面结合强度的关键工序。工件表面应光滑平整，无油污、锈斑和氧化膜等。为此，先用钢丝刷、丙酮清洁，然后进行电解脱脂处理和活化处理。

（2）镀过渡层　为了进一步提高工作镀层与工件金属基体的结合力，选用特殊镍、

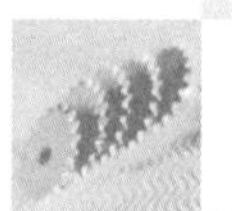

碱铜等作为底层，厚度一般为2~5μm。然后再于其上镀覆要求的金属镀层，即工作镀层。

（3）镀工作镀层　电刷镀工作镀层的厚度（半径方向上）为0.3~0.5mm，镀层厚度太大会使内应力加大，容易引起裂纹并使结合强度下降，乃至镀层脱落。但用于补偿工件磨损尺寸时，需要较大厚度，则应采用组合镀层，在工件表面上先镀打底层，再镀补偿尺寸的尺寸镀层。

（4）镀后处理　刷镀完毕要立即进行镀后处理，清除工件表面的残积物，如水迹、残液等，并采取必要的保护方法，如烘干、抛光、涂油等，以保证刷镀工件完好如初。

2. 电刷镀溶液

电刷镀技术的关键是电刷镀溶液的配方，按其作用可分为预处理液、刷镀液、钝化液和退镀液等。

（1）表面预处理溶液　表面预处理溶液主要有用于电解脱脂的电净液和对表面进行电解侵蚀的活化液，它们的组成及工艺条件见第二单元，也可查阅相关手册。

（2）电刷镀溶液　电刷镀使用的金属镀液很多，有上百种，可在工件表面刷镀镍、铜、铬、金、镍钨合金、镍钴合金等。根据获得镀层的化学成分，电刷镀溶液可分为三类：单金属镀液、合金镀液和复合合金镀液。与一般的电镀液相比，电刷镀溶液具有的特点是：金属离子含量高，导电性好；大多数镀液是金属配合物水溶液；镀液在工作过程中性能比较稳定，离子浓度和溶液的pH变化不大；镀液的温度范围比较宽；镀液的分散能力和覆盖能力较好；镀液的毒性与腐蚀性较小。电刷镀液由专业工厂生产，可长期存放。电刷镀镍所用镀液的组成及工艺条件见表4-5。

表4-5　电刷镀镍所用镀液的组成及工艺条件

镀液组成及工艺条件		特殊镍	低应力镍	快速镍	光亮镍
镀液组成/(g/L)	硫酸镍	395~397	360	250	200~220
	氯化镍	14~16	—	—	—
	乙酸	68~70	30	—	70~80
	盐酸	20~28	—	—	—
	氨水	—	—	100	—
	枸橼酸钠	—	—	56	—
	乙酸钠	—	20	—	—
	乙酸铵	—	—	23	—
	草酸铵	—	—	0.1	—
	十二烷基硫酸钠	—	0.01	—	—
	对氨基苯磺酸	—	0.1	—	—
工艺条件	pH	≤0.3	3~4	≤7.5	—
	工作电压/V	10~18	10~16	8~14	5~10
	阴阳极相对运动速度/(m/min)	5~10	6~10	6~12	5~10

3. 温度控制

在刷镀的整个过程中，工件和镀液都应在30~50℃下进行操作。

（三）电刷镀的应用

电刷镀主要应用于机械设备的维修或改善零部件的表面物理化学性能，如滚动轴承、模具、轴颈、孔类零件的修理。低应力镍、钴、锌、钢等电刷镀层可用于防腐蚀；铝电刷镀碱铜后可以实现铝和其他金属的钎焊等。下面以电动机轴孔冲模的电刷镀修复处理为例，说明钢制工件的刷镀工艺。

电动机轴孔冲模材料为Cr12钢，其下模刃口加工超差0.1mm，淬火后进行尺寸修复。首先用特殊镀镍打底层，然后镀镍钨-D㊀为工作层。其工艺操作如下。

1）用有机溶剂丙酮脱脂。

2）用电净液脱脂，电动机轴孔冲模接负极，工作电压12~15V，时间15~30s，刃口处表面水膜均匀摊开不呈珠状。

3）以清水彻底冲洗。

4）用铬活化液活化，电动机轴孔冲模接正极，工作电压12~15V，时间10~30s；然后将电压降低到10~12V，时间10~20s，使电动机轴孔冲模表面呈银灰色。

5）用特殊镍镀液镀底层，无电擦拭3~5s，电动机轴孔冲模接负极，工作电压18~20V，闪镀3~5s，然后工作电压降至15V，阴阳极相对运动速度10~15m/min，镀层2mm。

6）用镍钨-D镀液镀工作层，工作电压为10~15V，阴阳极相对运动速度6~20m/min。镀层厚度直到规定尺寸。工作前，镀液温度应加热至30~50℃。

模块三 化 学 镀

导入案例

2020年12月17日1时59分，探月工程“嫦娥五号”返回器携带月球样品成功返回地球，标志着我国首次地外天体采样返回任务圆满完成。任务成功背后，一项腐蚀防控的关键技术引发关注。中国科学院金属研究所科研团队采用化学镀镍技术，攻克了应用在“嫦娥五号”探测器上的镁合金天线接收器外壳，以及执行此次发射任务的长征五号运载火箭上的镁质惯组支架的腐蚀防控核心技术，解决了传统镁合金防护涂层无法同时满足防腐和导电的难题，研制出镁合金表面防腐导电功能一体化涂层。

一、化学镀的原理和特点

（一）化学镀的原理

化学镀也称无电解镀，在表面处理技术中占有重要的地位。化学镀是指在无外加电流的

㊀ 镍钨-D表示在镍钨合金镀液的基础上加入少量的硫酸钴及其他添加剂组成的刷镀液。

状态下，利用合适的还原剂，使镀液中的金属离子有选择地在经催化剂活化的表面上还原析出金属镀层的一种化学处理方法。可用下式表示

$$Me^{n+} + ne(\text{由还原剂提供}) \rightarrow Me$$

在化学镀中，溶液内的金属离子依靠得到所需的电子而还原成相应的金属。如在酸性化学镀镍溶液中采用次磷酸盐作还原剂，它的氧化还原反应过程为

$$(H_2PO_2)^- + H_2O \rightarrow (H_2PO_3)^- + 2e + 2H^+(\text{氧化})$$

$$Ni^{2+} + 2e \rightarrow Ni(\text{还原})$$

两式相加，得到全部还原氧化反应，即

$$Ni^{2+} + (H_2PO_2)^- + H_2O \rightarrow (H_2PO_3)^- + Ni + 2H^+$$

化学镀溶液的组成及其相应的工作条件必须是反应只限制在具有催化作用的工件表面上进行，而溶液本身不应自发地发生还原氧化作用，以免溶液自然分解，造成溶液很快失效。如果被镀的金属本身是反应的催化剂，则化学镀的过程就具有自动催化作用，使上述反应不断地进行，镀层厚度也逐渐增加而获得一定的厚度。镍、铜、钴、铑、钯等金属都具有自动催化作用。

（二）化学镀的特点

化学镀与电镀比较，具有如下优点。

1）不需要外加直流电源设备。

2）镀层致密，孔隙少。

3）不存在电力线分布不均匀的影响，对形状复杂的镀件，也能获得厚度均匀的镀层。

4）可在金属、非金属、半导体等各种不同基材上镀覆。

化学镀的缺点是所用的溶液稳定性较差，使用温度高，寿命短，且溶液的维护、调整和再生都比较麻烦。

基于以上特点，化学镀在许多领域已逐步取代电镀，成为一种环保型的表面处理工艺。目前，化学镀镍、铜、银、金、钴、钯、铂、锡以及化学镀合金和化学复合镀层，已在航空、机械、电子、汽车、石油、化工等行业中得到广泛的应用。

二、化学镀镍

化学镀镍是化学镀应用最为广泛的一种方法，所用还原剂有次磷酸盐、肼、硼氢化钠和二甲基胺硼烷等。目前国内生产上大多采用次磷酸钠作还原剂，硼氢化钠和二甲基胺硼烷因价格较贵，只有少量使用。

（一）化学镀镍的工艺

1. 化学镀镍溶液

化学镀镍技术的核心是镀液的组成及性能，以次磷酸钠为还原剂的化学镀镍是目前国内外应用最为广泛的工艺，按 pH 分为酸性镀液和碱性镀液两大类。碱性镀液的 pH 范围较宽，镀层中磷的质量分数较低，但镀液对杂质比较敏感，稳定性差，维护困难，所以这类镀液不常使用。表 4-6 所列是酸性化学镀液的组成及工艺条件。

表 4-6 酸性化学镀液的组成及工艺条件

镀液组成及工艺条件		配方 1	配方 2	配方 3	配方 4	配方 5
镀液组成	硫酸镍/(g/L)	20~30	30	20	25	25
	次磷酸钠/(g/L)	20~25	15~25	24	20	24
	醋酸钠/(g/L)	15	15	—	—	—
	枸橼酸钠/(g/L)	5	15	—	—	—
	丁二酸/(g/L)	—	5	—	—	16
	乳酸（80%）/(mL/L)	—	—	25	25	—
	氨基乙酸/(g/L)	—	5~15	—	—	—
	苹果酸/(g/L)	—	—	—	—	24
	硼酸/(g/L)	—	—	—	10	—
	氟化钠/(g/L)	—	—	—	1	—
	Pb^{2+}/(mg/L)	—	—	0.001	—	0.003
工艺条件	pH	4~5	3.5~5.4	4.4~4.8	4.4~4.8	5.8~6
	温度/℃	80~90	85~95	90~94	90~92	90~93
	沉积速度/(μm/h)	10	12~15	10~13	15~22	48
	镀层中磷的质量分数（%）	8~10	7~11	8~9	8~9	8~11

2. 化学镀镍的工艺过程

钢制工件化学镀镍的生产过程大致为

清洗→脱脂→水洗→酸侵蚀→水洗→化学镀→水洗→镀后处理。

化学镀镍的镀后处理主要目的是消除氢脆，提高镀层与基体的结合强度以及提高镀层的硬度。化学镀镍层为得到最高硬度，一般采用400℃加热、保温1h的热处理方法。如果加热温度大于400℃，热处理后的硬度将下降。

化学镀镍

（二）化学镀镍层的性能

用次磷酸盐作还原剂的化学镀镍溶液镀得的镀镍层含有3%~14%（质量分数）的磷，是一种非晶态或微晶的镍磷合金，镀层表面呈光亮或半光亮型，其组织结晶细致，孔隙率低，硬度高，镀层均匀，焊接性好，镀液深镀能力好，化学稳定性高。表4-7列出了化学镀镍与电镀镍的综合性能比较。

表 4-7 化学镀镍与电镀镍的综合性能比较

项目	电镀镍层	化学镀镍层
镀层组成（质量分数）	99%以上 Ni	Ni 92%+P 8%（平均值）
镀层外观	暗至光亮	半光亮至光亮
镀层结构	晶态	非晶态或微晶
密度/(g/cm^3)	8.9	7.9（平均）
厚度均匀性	差	好

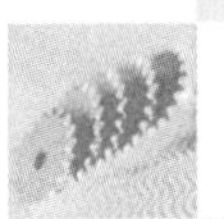

（续）

项目	电镀镍层	化学镀镍层
硬度（镀态）	200~400HV	500~700HV
加热硬化（400℃）	无变化	800~1100HV
耐磨性	相当好	极好
耐蚀性	好（多孔隙）	优良（孔隙少）
相对磁化率（%）	36	4
电阻率/(μΩ/cm)	7	60~100
热导率/[J/(cm·s·℃)]	0.16	0.01~0.02

化学镀镍的脆性较大，在钢上仅能经受2.2%的塑性变形而不出现裂纹。在620℃下退火后，塑性变形能力可提高到6%；当热处理温度达840℃时，其塑性还可进一步改善。

化学镀镍层同钢铁、铜及铜合金、镍和钴等基体金属有良好的结合力。在铁上镀覆10~12μm的化学镀镍层，经反复弯曲180°后未出现任何裂纹和脱落现象。但与高碳钢、不锈钢的结合力比上述金属差，与非金属材料的结合力会更差些，关键是取决于非金属材料镀前预处理质量。

化学镀镍层的化学稳定性在大多数介质中都比电镀镍高，在大气中暴晒试验、盐雾加速试验中，其耐蚀性显著地优于镍；在海水、氨和染料等介质中相当稳定。

（三）化学镀镍的应用

目前化学镀镍已广泛应用于计算机、电子、机械制造、汽车、航空航天、石油、天然气和化学工业中。

（1）计算机工业　主要用于大容量硬盘铝镁合金盘片上的化学镀镍，使其具有足够的硬度，以保护铝合金基体不变形和磨损，同时防止基体氧化腐蚀。

（2）电子工业　除需要耐磨、耐蚀的化学镀层外，还尤其需要低电阻温度系数、较厚扩散阻挡层及良好焊接性能的化学镀层。Ni-Cr-P、Ni-W-P等多元合金化学镀层具有低电阻温度系数，在薄膜电阻器的制造中应用广泛。Ni-B、Ni-P-B、Ni-P等化学镀层的钎焊性接近于金镀层。

（3）机械制造工业　凡需要耐磨或耐蚀的零部件一般都可用化学镀镍来提高其寿命，如液压轴、曲轴、传动链和带、齿轮和离合器、工具、卡具、模具等。如黄铜零件拉深模是由45钢淬火和低温回火制成（50HRC），在使用过程中粘铜现象严重，极易拉伤零件，所以在生产过程中需要频繁地修理模具，有的加工几件或几十件就要进行修理。采用化学沉积Ni-P合金层，厚度为10μm，经热处理后铜模具表面硬度达到1000HV，连续加工500件仍不需要修模，而且零件表面质量明显提高。

（4）石油、天然气和化学工业　化学镍层对含硫化氢的石油和天然气环境以及酸、碱、盐等化工腐蚀介质有优良的耐蚀性，所以在采油设备、输油管道中有广泛用途。如中东某油田生产的原油中H_2S含量高，温度为80℃，压力为20MPa，高含量的H_2S引起严重腐蚀，未加保护层的球阀最多使用三个月就失效。采用英国生产的镀有75μm厚度Ni-P合金镀层的球阀后，使用两年未发现问题，其耐蚀能力超过不锈钢。

（5）汽车工业　化学镀 Ni-P 合金镀层在汽车工业中的应用包括两大类：一类是作为耐磨功能性镀层；另一类是作为塑料制品电镀前的准备。如小齿轮轴是汽车驱动机构的主要部件，基体加工后化学镀 13~18μm 厚度的 Ni-P 合金镀层，并在镀后进行热处理 2h，其硬度可达到 62HRC。

（6）航空航天工业　航空航天工业为化学镀镍的主要应用领域。国外已将化学镀镍列入飞机发动机维修指南，采用化学镀镍技术修复飞机发动机的零部件，最典型的是飞机发动机叶轮。如使用化学镀镍工艺修复普拉特-惠特尼 JT8D 等型号的喷气发动机的叶轮，通过镀覆 25~75μm 的镍磷合金来防止燃气腐蚀。飞机的辅助发电机经化学镀镍后，其寿命可提高 3~4 倍。

航空航天工业中大量使用的铝合金零件经化学镀镍后，其耐蚀性、耐磨性、焊接性大大改善，如冲程发动机的活塞经过镀镍后，可提高其使用寿命。

模块四　热　浸　镀

导入案例

在我国一些城镇现在还有白铁皮铺子，伴随着“叮叮当当”的敲打声，水壶、水桶、蒸笼、排烟罩、通风管等在工匠手里成形。白铁皮是镀锌薄钢板的俗称，在白铁皮的表面，那如冰花一样闪闪发亮的一层就是锌结晶时形成的锌花。人们常说的“铅丝”，其实是镀锌的钢丝。自行车的辐条、五金零件和仪表螺钉等，也是镀锌的制品。它们表面这薄薄的一层镀锌外皮，能抵挡住潮气的侵袭，保护内部的钢铁不受腐蚀。

一、热浸镀概述

（一）热浸镀的原理

热浸镀简称热镀，是指将经过适当预处理的工件浸入熔点较低的熔融金属或合金中，工件与熔融金属发生反应和扩散形成合金层，当工件从熔融金属中取出后，其表面形成一层金属镀层。

热浸镀的被镀材料一般为钢和铸铁，镀层金属一般为一些低熔点金属或合金，如锡（熔点 232℃）、锌（熔点 419.5℃）、铝（熔点 660℃）、铅（熔点 327℃）及锌铝合金等。主要的热浸镀层种类见表 4-8。

表 4-8　主要的热浸镀层种类

镀层金属	熔点/℃	特　点
锡	232	最早用于热浸镀层的金属，由于锡资源日渐紧缺，热镀锡逐渐被电镀锡代替

（续）

镀层金属	熔点/℃	特　点
锌	419.5	在热浸镀层中应用得最广泛的金属。为了提高耐蚀性，近年来开发了多种以锌为基础的合金镀层
铝	660	在热浸镀层中应用较晚的镀层金属
铅	327	在熔融状态下，不能浸润钢材表面，需要在铅液中加入一定数量的锡或锑才能浸润，形成镀层；通常是加入锡，所以也常称为热镀铅锡合金镀层

（二）热浸镀层的性能和应用

形成热镀层的基本前提是被镀金属与熔融金属之间能发生溶解、化学反应和扩散等过程，热浸镀层的成分存在过渡，在基体金属与镀层金属之间有合金层形成，由于合金层较脆，其厚度应严格控制。图 4-10 所示为钢热浸镀铝后镀层结构示意图，外层为富铝层，成分基本与铝液相同；内层是 Fe-Al 合金层，主要成分为 $FeAl_3$ 和少量 Fe_2Al_5 相。

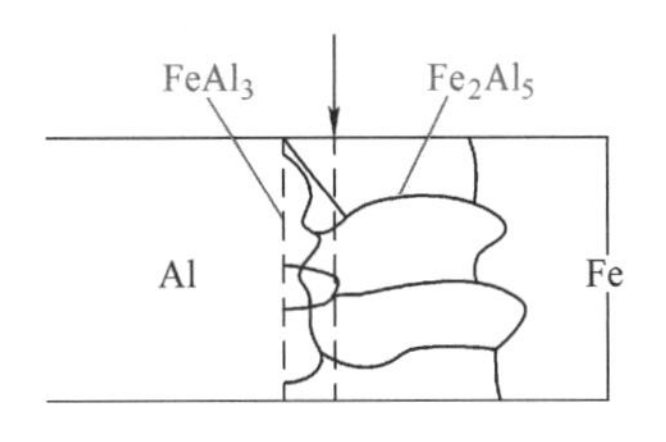

图 4-10　钢热浸镀铝后镀层结构示意图

热浸镀是金属防护的一种经济有效的方法。与常规电镀工艺相比，热浸镀工艺过程及其所用设备的结构简单，能够对钢铁进行大批量的镀层处理，且生产率高；可得到较厚的镀层，能够为在多种环境条件下工作的钢铁基体提供长达 10 年的有效防护；镀层与基体呈冶金结合，附着性好，镀后可以进行适当的成形、焊接、装饰和涂漆等加工处理；生产成本低。

热浸镀一般用于钢铁工件的防腐蚀，如热浸镀锌、热浸镀铝；此外，镀锡、镀铅-锡合金还具有良好的耐汽油性、钎焊性和深冲性。

资　料　卡

马口铁　马口铁是镀锡薄钢板的俗称，英文缩写为 SPTE，是指两面镀有纯锡 0.1~0.5mm 的冷轧低碳薄钢板或钢带（08F、Q195BF、Q215BF 等）。它将钢的强度和成形性与锡的耐蚀性、锡焊性和美观的外表结合于一种材料之中，具有耐腐蚀、无毒、强度高、塑性好的特性，广泛应用于食品、饮料、油脂、化工、涂料、喷雾剂、瓶盖及其他许多日用品的包装。

（三）热浸镀工艺

根据热浸镀工件预处理方法的不同，可将热浸镀工艺分为熔剂法和保护气体还原法。

1. 熔剂法

熔剂法是指工件在浸入熔融金属前，先浸入一定成分的熔融熔剂中进行处理，在已净化的工件表面形成一层熔剂层，目的是去除表面残留的铁盐和酸洗后又氧化生成的少量氧化皮。在浸入熔融的金属后，熔剂受热挥发分解，露出活化的新鲜金属表面，发生反应和扩散，形成镀层。这种方法多用于钢丝及钢制零部件。

2. 保护气体还原法

这是现代热浸镀普遍采用的方法。典型工艺是森吉米尔（波兰人，Sendzimir，1931 年发明）法，多用于带钢连续热浸镀，如图 4-11 所示。钢带通过用煤气或天然气直接加热的微氧化炉，火焰烧掉钢带表面的油污和乳化液，使钢带表面形成氧化膜，然后进入装有氢气和氮气混合保护气的还原炉中，还原表面的氧化皮膜为海绵状铁，并完成再结晶退火，接着在保护气氛下冷却到适当温度后进入镀锅进行热浸镀。因为森吉米尔法产量高，镀锌质量较好，所以获得广泛的应用。

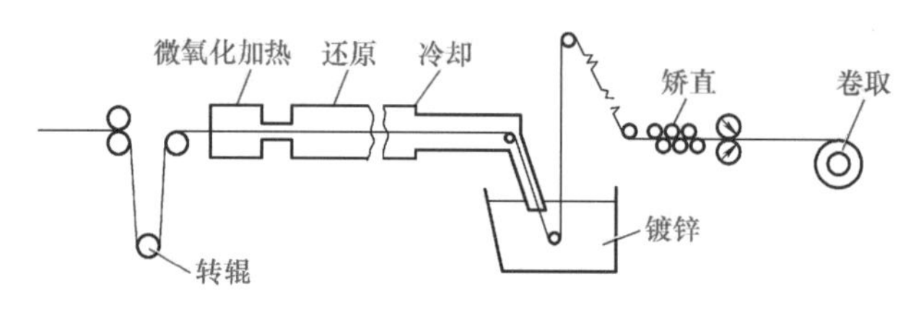

图 4-11　森吉米尔热镀锌示意图

现在这种方法已有很大改进，发展出了改良森吉米尔法和美钢联法。美钢联法与森吉米尔法的工序基本相同，仅是在退火炉前设置清洗段，采用碱性电解脱脂，取代氧化炉的脱脂作用。原板进热浸镀作业线之后，依次进行电解脱脂、水洗、烘干，然后通过充满保护气体的还原炉进行再结晶退火，最后在密封情况下进行热浸镀。

该工艺虽然相对复杂，热效率低，但它可以生产出表面质量更好、厚度更薄的热镀锌钢板，而且可以降低炉内的氢气含量，提高安全性，因而国内新建的热浸镀锌机组大部分采用美钢联法。

二、热浸镀锌

（一）热浸镀锌的特性和用途

热浸镀锌是世界各国公认的一种最经济和最普遍的钢铁材料防腐蚀方法，特别是对在大气中使用的钢材的防腐蚀效果是十分显著的，广泛应用于水暖、电力、建筑材料、钢结构和日用五金中，如镀锌钢丝、镀锌薄钢板（白铁皮）、镀锌钢管、输电铁塔等。

热浸镀锌层与基体结合的牢固性、覆盖性都远比电镀锌好，它对钢铁的保护作用主要体现在以下两个方面。

（1）隔离作用　锌在大气中容易生成一层致密、坚固、耐蚀的保护层，既减少了锌的腐蚀，又将铁与外界隔绝。

（2）阴极保护作用　锌的电极电位比铁低，在电解质的环境中，铁（基体）与锌组成原电池，锌作为牺牲阳极，保护了作为阴极的钢铁工件。

此外，热浸镀锌层的硬度较电镀层高，具有一定耐磨性，可用于在摩擦条件下工作的某些零部件。

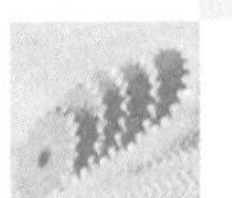

（二）热浸镀锌工艺

热浸镀锌

目前国内应用最多的是熔剂法（干法）热浸镀锌和氧化还原法热浸镀锌。

1. 熔剂法（干法）热浸镀锌

熔剂法（干法）热浸镀锌主要用于钢丝和钢铁零部件的热浸镀锌，其工艺流程为

表面清理 → 脱脂 → 酸洗 → 水洗 → 熔剂处理 → 烘干 → 热浸镀锌 → 钝化 → 收线

表面清理的目的是清除钢铁件表面的型砂粘结层和氧化皮，常采用的方法是滚筒法和喷丸法。脱脂常采用碱洗方法。碱洗液以氢氧化钠为主，再加入适量的碳酸钠、磷酸三钠和水玻璃（硅酸钠）。酸洗是为了彻底清除工件表面的氧化皮，常用浓度为10%～20%（体积分数）的硫酸或20%（体积分数）的盐酸。

将预处理后表面清洁的钢材首先放在单独的熔剂槽内进行熔剂处理，烘干，然后将带有干燥熔剂层的钢材浸入熔融锌液中进行热镀。熔剂处理的目的是去除工件表面上残存的铁盐，将预处理后新生成的锈层溶解，活化钢丝表面，降低熔融金属表面张力，提高锌液的浸润能力，增加镀层的结合力。熔剂一般为600～800g/L 的 $ZnCl_2$ 和 60～100g/L 的 NH_4Cl 的水溶液，密度 1.05～1.07g/cm^3，温度 75～85℃。

热浸镀锌时锌液温度应控制在450～470℃，时间 2～5min，所用锌锭中锌的质量分数应在99.5%以上（4号锌）。根据镀锌层的厚薄可采用垂直引出法或斜向引出法，如图4-12所示。前者适用于镀厚锌层，后者适于镀薄锌层。

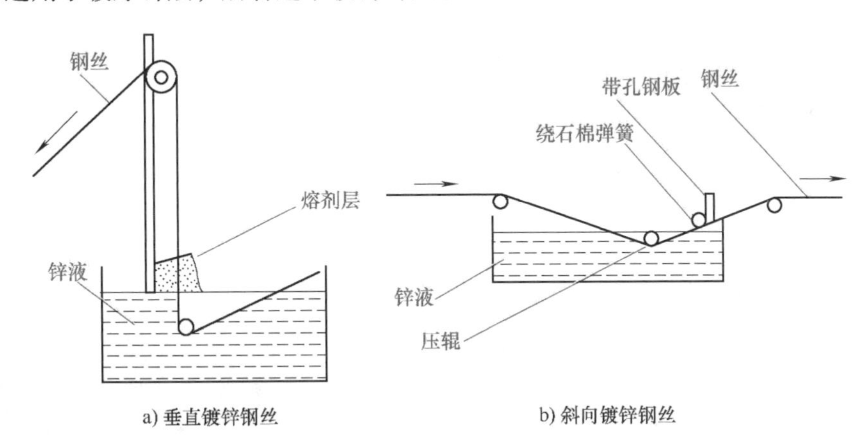

图 4-12 热浸镀锌示意图

干法热镀锌镀液中加入一定量的 Al（质量分数为 0.1%～0.2%），可使镀层表面发亮，同时也可减少锌锅表面锌的氧化，还可改善镀层质量。

钝化处理的目的是防止锌层产生白锈，提高其耐蚀性。常用的钝化剂有低铬型与高铬型两种。虽然铬酸酐的钝化效果很好，但从环保的角度出发，目前大多选择低铬或无铬钝化。

国内的铁塔构件、水暖件等热镀锌件大多采用手工操作的熔剂法，此法适合小批量生产。

2. 氧化还原法热浸镀锌

氧化还原法热浸镀锌，也就是森吉米尔法，主要用于钢板和钢带的热浸镀锌，这种工艺

的工艺流程为

冷轧钢带 → 微氧化炉氧化→ 还原退火 → 冷却至镀锌温度 → 热浸镀锌 → 冷却 → 镀后处理 → 卷取

该法取消了钢板的碱洗、酸洗和溶剂处理等表面预处理，改善了操作环境，而且钢材在镀锌之前就具有一定的温度，减少了锌锅本身的热应力，提高了其使用寿命，而且缩短了镀锌时间，降低了锌的消耗，改善了镀层质量。

但是，随着汽车工业和家电工业对热浸镀锌产品质量要求的不断提高，在现代热浸镀锌生产线上，又普遍采用预清洗，以去除钢板表面的油垢和氧化物，如美钢联法。其工艺流程为

冷轧钢带→碱性电解脱脂→水洗→烘干→还原退火→冷却至镀锌温度→热浸镀锌→冷却→镀后处理→卷取

交流讨论

电镀锌、热镀锌、粉末渗锌性能对比

使用性能	电镀锌	热镀锌	粉末渗锌
渗层厚度/μm	5~30	5~100	20~120
硬度/HV	200 左右	200 左右	400 左右
表面状态	银白、彩虹、军绿、黑色	银白	深灰或银灰
氢脆性	可能	可能	无
耐蚀性	6 个月	8 年左右	26 年以上
镀层特性	机械结合	冶金结合	扩散冶金结合
耐热性	差	较好	很好

视野拓展

达克罗是一种新型的表面处理技术，是 DACROMET 译音和缩写，简称达克罗、达克锈、迪克龙，国内命名为锌铬涂层。达克罗最早诞生于 20 世纪 50 年代末，是将以锌粉、铝粉、铬酸和去离子水为主要成分的防腐涂料沾在金属基体上，经过全闭路循环涂覆烘烤，形成涂层的技术方法。

达克罗产品

达克罗技术可以处理钢、铁、铝及其合金、铸铁件、结构件，广泛应用于车辆、交通设施行业（高速铁路、地铁、电气化铁路的金属件，隧道、高架桥梁、高速公路的金属件）、电器、船舶、航天航空、海洋工程、五金工具、电力、通信、石油化工、建筑、军工、家用电器等行业。

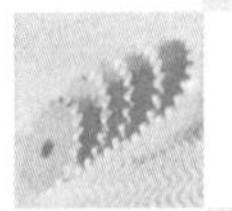

达克罗膜层的厚度仅为4~8μm，但其防锈效果却是传统电镀锌、热镀锌或涂料涂覆法的7~10倍以上，耐热温度可达300℃以上。因无酸洗、电解等环节，达克罗没有氢脆现象，所以达克罗非常适合受力件的涂覆。因无静电屏蔽效应，达克罗则可以进入工件的深孔、狭缝、内壁等部位形成涂层。

达克罗在生产加工及工件涂覆的整个过程中，不会产生对环境有污染的废水、废气，降低了处理成本，是代替对环境污染严重的传统电镀锌、热浸锌类表面处理技术的最佳技术。

【综合训练】

一、理论部分

（一）名词解释

电镀、电流密度、阴极性镀层、阳极性镀层、镀硬铬、电刷镀、化学镀、热浸镀

（二）填空

1. 电镀的五个基本要素是________、________、________、________、________。
2. 影响电镀层质量的因素有________、________、________、________等。
3. 金属电镀层按镀层功能可分为________、________、________三类。
4. 标准镀铬液中铬酸酐的浓度为________，硫酸的浓度为________。
5. 镀铬层对钢铁工件属于________极性镀层，而镀锌层对钢铁工件属于________极性镀层。
6. 电镀锌的主要工艺方法有________、________、________等。
7. 电刷镀又称为__________，主要工艺参数为__________、__________和__________。
8. 化学镀镍的核心是镀液的________，按pH其镀液可分为________、________两种。
9. 常用的热浸镀工艺有________________和________________法。
10. 锌的熔点为________，热镀锌时锌液的适宜温度为________________。

（三）简答

1. 简述电镀的原理，并说明对金属电镀层的基本要求。
2. 电镀必须具备什么条件？
3. 化学镀与普通电镀相比，具有哪些特点？
4. 防护—装饰性镀铬与镀硬铬的主要区别是什么？
5. 镀锌后为什么进行钝化处理？
6. 电刷镀有哪些应用？
7. 举例说明化学镀在工程中的应用。
8. 钢铁工件热浸镀锌的作用是什么？

二、实践部分

调查你所居住的地区，或通过互联网搜索一下，能发现哪些类型的电镀企业？它们采用的是哪种电镀工艺？主要产品是什么？电镀生产中产生的废水是如何处理的？

第五单元　金属表面转化膜技术

知识目标	1. 掌握金属表面转化膜技术的含义、分类及特点。 2. 掌握钢铁发蓝、磷化以及铝合金氧化处理的原理、工艺和应用。 3. 了解阳极氧化膜着色与封闭的作用和工艺方法。
能力目标	1. 会制订常用金属表面转化膜的工艺流程。 2. 能按照工艺文件进行金属表面转化膜的生产操作。 3. 能够对不合格氧化膜进行去除并进行原因分析。

模块一　金属表面转化膜概述

导入案例

春秋时期，越王勾践“卧薪尝胆”，一举击败了吴王夫差，上演了历史上春秋争霸的最后一幕。1965 年冬天在湖北省荆州市附近的望山楚墓群中出土了越王勾践所用青铜宝剑，虽然在地下沉睡 2000 多年，但仍然锋芒毕露，寒气逼人。科研人员测试后发现，剑身表面有一层铬盐化合物，这说明春秋时期中国古代人民就开始应用铬酸盐氧化处理技术了。后来在秦始皇兵马俑二号坑出土的 19 把青铜剑，剑体表面也采用了相同的铬酸盐氧化处理技术，氧化膜厚度为 10μm。

一、表面转化膜的基本原理

许多金属都有在表面生成较稳定氧化膜的倾向，这些膜能在特定条件下对金属起保护作用，这就是金属的钝化。

金属表面转化膜技术就是使金属与特定的腐蚀液相接触，通过化学或电化学手段，使金属表面形成一层稳定、致密、附着良好的化合物膜。这种通过化学或电化学处理所生成的膜层称为化学转化膜。

几乎所有金属都可在选定的介质中通过转化处理得到不同应用目的的化学转化膜。目前应用较多的是钢铁以及铝、锌、铜、镁及其合金。成膜的典型反应式为

$$mM+nA^{z-}\rightarrow M_mA_n+nze$$

式中，M 为与介质反应的金属或镀层金属；A^{z-} 为介质中价态为 z 的阴离子。

化学转化膜由于是基体金属直接参与成膜反应而生成的，因此与基体的结合力比电镀层和化学镀层大得多。

二、表面转化膜的分类

表面转化膜几乎可以在所有的金属表面生成。图 5-1 所示是各种金属的表面转化膜及其分类。按主要组成物的类型，金属表面转化膜分为氧化物膜、磷酸盐膜、铬酸盐膜和草酸盐膜等；按转化过程中是否存在外加电流，金属表面转化膜分为化学转化膜和电化学转化膜两类，后者常称为阳极转化膜。

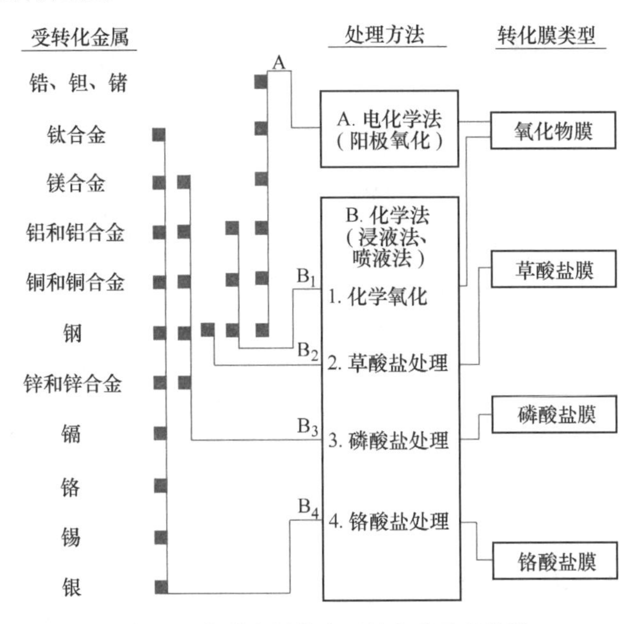

图 5-1　各种金属的表面转化膜及其分类

三、表面转化膜的用途

金属表面转化膜能提高金属表面的耐蚀性、减摩性、耐磨性和装饰性，还能提高有机涂层的附着性和抗老化性，用作涂装底层。此外，有些表面转化膜还可提高金属表面的绝缘性和防爆性。

表面转化膜技术广泛应用于机械、电子、仪表仪器、汽车、船舶、飞机制造及日常用品等领域中。不同用途的转化膜，要求不同。

（1）防锈　对部件有一般的防锈要求，如涂防锈油等，转化膜作为底层很薄时即可应

用；对部件有较高的防锈要求时，工件又不受弯曲、冲击等外力作用，转化膜需均匀致密，且以厚者为佳。

（2）耐磨　耐磨用化学转化膜广泛地应用于金属与金属面互相摩擦的部位。磷酸盐膜层具有很小的摩擦系数和良好的吸油作用，在金属接触面间产生一缓冲层，从化学和机械两个方面保护了基体，从而减小磨损。

（3）涂装底层　化学转化膜在某些情况下也可作为金属镀层的底层。作为涂装底层的化学转化膜要求膜层致密、质地均匀、薄厚适宜、晶粒细小。

（4）塑性加工　金属材料表面形成磷酸盐膜后再进行塑性加工，如进行钢管、钢丝等材料的冷拉伸，是磷酸盐膜层最新的应用领域之一。采用这种方法对钢材进行拉拔时可以减小拉伸力，延长模具寿命，减少拉拔次数。

（5）绝缘等功能性膜　磷酸盐膜层是电的不良导体，耐热性良好，且在冲裁加工时可减少工具的磨损等。

（6）装饰　依靠自身的装饰外观或者多孔性质，能够吸附各种美观的色料，常用于日常用品等的装饰上。

模块二　钢铁的发蓝处理

导入案例

我们在新闻或影视剧中经常能看到各种轻武器，如手枪、冲锋枪等，右图就是在我国战争时期发挥过重大作用的“毛瑟 M1932”手枪，俗称“盒子炮”或“快慢机”。大家注意到枪支上大部分机件表面都呈蓝黑色，这就是通过发蓝处理而生成的 Fe_3O_4 薄膜。这层薄膜耐蚀性、耐磨性和耐热性好，而且不反光，能够满足枪支的使用要求，而用油漆涂装就不行了。

一、钢铁发蓝的实质和应用

发蓝是钢铁的化学氧化过程，也称发黑。它是指将钢铁工件在含有氧化剂的溶液中保持一定时间，在其表面生成一层均匀的、以磁性 Fe_3O_4 为主要成分的氧化膜的过程。

钢铁发蓝后氧化膜的色泽取决于工件表面的状态、材料成分以及发蓝处理时的操作条件，一般为蓝黑到黑色。碳质量分数较高的钢铁氧化膜呈灰褐色或黑褐色。发蓝处理后膜层厚度在 0.5~1.5μm，对工件的尺寸和精度无显著影响。

小试验

将一把表面光洁、银光闪闪的小刀放在水中浸一下，再在火上烤，过一会儿看小刀的表面有什么变化？小刀的表面是否蒙上了一层蓝黑色？

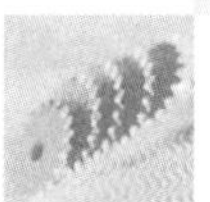

钢铁发蓝处理广泛用于机械零件、精密仪表、气缸、弹簧、武器和日用品的一般防护和装饰，具有成本低、工效高、不影响尺寸精度、无氢脆等特点，但在使用中应定期擦油。图5-2所示是经过发蓝处理的数控机床刀柄（黑色部位）、打包钢带和批头。

图5-2　经过发蓝处理的数控刀柄、打包钢带和批头

二、钢铁发蓝工艺

根据处理温度的高低，钢铁的发蓝可分为高温化学氧化法和常温化学氧化法。这两种方法所用处理液成分不同，膜的组成不同，成膜机理也不同。

（一）钢铁高温化学氧化

1. 高温化学氧化原理

高温化学氧化也称碱性化学氧化，是传统的发蓝方法。一般是在氢氧化钠溶液里添加氧化剂（如硝酸钠和亚硝酸钠），在140℃左右的温度下处理15~90min，生成以Fe_3O_4为主要成分的氧化膜，膜厚一般为0.5~1.5μm，最厚可达2.5μm。氧化膜具有较好的吸附性，通过浸油或其他后处理，氧化膜的耐蚀性可大大提高。

2. 钢铁高温氧化的生产工艺

钢铁高温氧化的生产工艺流程为

有机溶剂脱脂→化学脱脂→热水洗→流动水洗→酸洗（盐酸）→流动冷水洗→化学氧化→回收槽浸洗→流动冷水洗→后处理→干燥→检验→浸油

钢铁高温氧化的溶液组成及工艺条件见表5-1。该工艺有单槽法和双槽法两种工艺。单槽法操作简单，使用广泛，其中配方1为通用氧化液，操作方便，膜层美观光亮，但膜较薄。配方2氧化速度快，膜层致密，但光亮度稍差。双槽法是钢铁在两个质量浓度和工艺条件不同的氧化溶液中进行两次发蓝处理，此法得到的氧化膜较厚，耐蚀性较高，而且还能消除金属表面的红霜。配方3可获得保护性能好的蓝黑色的光亮的氧化膜。配方4可获得较厚的黑色氧化膜。

钢铁高温氧化时，可能会形成一些红色沉淀物附在氧化膜表面，称为红色挂灰，或称“红霜”，这是钢铁氧化过程中常见的缺陷，应尽量避免，关键是要严格控制氢氧化钠的浓度和处理温度，使其不能过高。

不合格氧化膜经脱脂后，在10%~15%（体积分数）盐酸或硫酸中侵蚀数秒或数十秒即可退除，然后可再重新氧化。

表 5-1 钢铁高温氧化的溶液组成及工艺条件

溶液组成、工艺条件和特点		单槽法		双槽法			
		配方 1	配方 2	配方 3		配方 4	
				第一槽	第二槽	第一槽	第二槽
溶液组成/(g/L)	氢氧化钠	550~650	600~700	500~600	700~800	550~650	700~800
	亚硝酸钠	150~250	200~250	100~150	150~200	—	—
	重铬酸钾	—	25~32	—	—	—	—
	硝酸钠	—	—	—	—	100~150	150~200
工艺条件	温度/℃	135~145	130~135	135~140	145~152	130~135	140~150
	时间/min	15~60	15	10~20	45~60	15~20	30~60
特点		通用氧化液	氧化速度快，膜致密，但光亮性差	可获蓝黑色光亮氧化膜		可获得较厚的黑色氧化膜	

钢铁工件通过发蓝处理得到的氧化膜虽然能提高耐蚀性，但其防护性仍然较差，所以氧化后还需进行皂化处理或在铬酸盐溶液里进行填充处理，也就是后处理。后处理后经热水清洗、干燥后，在 105~110℃下的 L-AN32 全损耗系统用油、锭子油或变压器油中浸 3~5min，以提高耐蚀性。也可不经皂化或填充处理，直接浸入含脱水防锈油中。

钢铁的高温化学氧化工序多，质量控制较难。同时，由于工艺温度高，使用的强酸、强碱易挥发造成生产条件较差，对环境污染很大。

钢铁发蓝

（二）钢铁常温化学氧化

常温化学氧化又称酸性化学氧化，是 20 世纪 80 年代以来迅速发展的新技术，与高温氧化工艺相比，这种新工艺具有氧化速度快（通常 2~4min）、膜层耐蚀性好、节能、高效、成本低、操作简单、环境污染小等优点。其缺点是槽液寿命短，不稳定，所以应根据工作量大小随用随配；此外，氧化膜层附着力也稍差。

钢铁常温发蓝处理可得到均匀的黑色或蓝黑色氧化膜，其主要成分是硒化铜（CuSe），功能与 Fe_3O_4 相似。钢铁常温化学氧化的工艺流程也与高温化学氧化基本相同。

目前，常温发蓝溶液在市场有商品供应，品种型号甚多，其主要成分是硫酸铜（$CuSO_4$）、二氧化硒，还含有各种催化剂、缓冲剂、络合剂和辅助材料。表 5-2 给出了三种配方，以供参考。

表 5-2 钢铁常温发蓝溶液的组成

溶液组成及 pH		配方 1	配方 2	配方 3
溶液组成/(g/L)	硫酸铜	1~3	1~3	2~4
	亚硒酸	2~3	3~5	3~5
	磷酸	2~4	—	3~5
	有机酸	1~1.5	—	—
	硝酸	—	34~40mL/L	3~5
	磷酸二氢钾	—	—	5~10
	对苯二酚	2~3	2~4	—
	添加剂	10~15	适量	2~4
pH		2~3	1~3	1.5~2.5

模块三 金属的磷化处理

导入案例

20世纪70年代末，在英国苏格兰山脚下发掘到一箱铁钉，据考证是公元1世纪末时罗马帝国军队的遗物。这些铁钉在地下沉睡了1800多年，竟没有一根生锈。经科学家研究，发现这些铁钉表面有一层致密的磷化层作“外衣”，因而防止了铁钉的生锈。这种技术在工业上称为“磷化处理”，是把钢铁制品放在热磷酸亚铁溶液中处理，就可以在制品表面生成一层磷酸盐薄膜，从而起到防锈的作用。

一、金属的磷化处理概述

金属在含有锰、铁、锌的磷酸盐溶液中进行化学处理，使金属表面生成一层难溶于水的结晶型磷酸盐保护膜的方法，叫作金属的磷酸盐处理，简称磷化。磷化膜的主要成分是$Fe_3(PO_4)_2$、$Mn_3(PO_4)_2$、$Zn_3(PO_4)_2$，厚度一般在1~50μm，具有微孔结构，膜的颜色一般由浅灰到黑灰色，有时也可呈彩虹色。

磷化膜层与基体结合牢固，经钝化或封闭后具有良好的吸附性、润滑性、耐蚀性及较高的绝缘性等，不黏附熔融金属（锡、铝、锌），广泛用于汽车、船舶、航空航天、机械制造及家电等工业生产中，如用作涂料涂装的底层、金属冷加工时的润滑层、金属表面保护层以及硅钢片的绝缘处理、压铸模具的防粘处理等。图5-3所示是经过磷化处理的钢制紧固件。

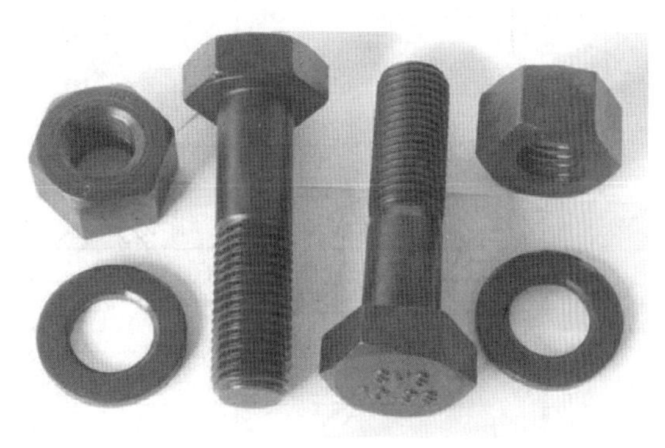

图5-3 经过磷化处理的钢制紧固件

磷化处理所需设备简单，操作方便，成本低，生产率高。磷化技术的发展方向是薄膜化、综合化、降低污染、节省能源。尤其是降低污染是研究的重点方向，包括生物可降解表面活性剂技术、无磷脱脂剂技术、双氧水无污染促进剂技术等。

二、钢铁的磷化处理

（一）钢铁的磷化工艺

钢铁磷化膜主要用于耐蚀防护、油漆涂装的底层和冷变形加工时的润滑层，膜厚度一般在5~20μm。目前用于生产的钢铁磷化工艺按磷化温度可分为高温磷化、中温磷化和常（低）温磷化三种，目前钢铁磷化技术主要朝中低温磷化方向发展。

1. 高温磷化

高温磷化的工作温度为90~98℃，处理时间10~20min。优点是磷化速度快，膜层较厚，膜层的耐蚀性、结合力、硬度和耐热性都比较好；缺点是工作温度高，能耗大，溶液蒸发量大，成分变化快，常需调整，膜层容易夹杂沉淀物且结晶粗细不均匀。

高温磷化主要用于要求防锈、耐磨和减摩的工件，如螺钉、螺母、活塞环、轴承座等。

2. 中温磷化

中温磷化的工作温度为50~70℃，处理时间10~15min。优点是磷化速度较快，生产率高，膜层的耐蚀性接近高温磷化膜，溶液稳定；缺点是溶液成分较复杂，调整麻烦。

中温磷化常用于要求防锈、减摩的零件；中温薄膜磷化常用于涂装底层。

3. 常（低）温磷化

常（低）温磷化一般在15~35℃的温度下进行，处理时间20~60min。其优点是不需要加热，节约能源，成本低，溶液稳定；缺点是对槽液控制要求严格，膜层耐蚀性及耐热性差，结合力欠佳，处理时间较长，效率低等。

以上三种钢铁磷化处理的溶液组成及工艺条件见表5-3。

表5-3 三种钢铁磷化处理的溶液组成及工艺条件

溶液组成及工艺条件		高温		中温		常（低）温	
		配方1	配方2	配方1	配方2	配方1	配方2
溶液组成/(g/L)	磷酸二氢锰铁盐	30~40	—	40	—	40~60	—
	磷酸二氢锌	—	30~40	—	30~40	—	50~70
	硝酸锌	—	55~65	120	80~100	50~100	80~100
	硝酸锰	15~25	—	50	—	—	—
	亚硝酸钠	—	—	—	—	—	0.2~1
	氧化锌	—	—	—	—	4~8	—
	氟化钠	—	—	—	—	3~4.5	—
	乙二胺四乙酸	—	—	1~2	—	—	—
工艺条件	游离酸度/点①	3.5~5	6~9	3~7	5~7.5	3~4	4~6
	总酸度/点①	36~50	40~58	90~120	60~80	50~90	75~95
	温度/℃	94~98	88~95	55~65	60~70	20~30	15~35
	时间/min	15~20	8~15	20	10~15	30~45	20~40

① 点数相当于滴点10mL磷化液，是指示剂在pH3.8（对游离酸度）和pH8.2（对总酸度）变色时所消耗的0.1mol/L氢氧化钠溶液的毫升数。

（二）磷化工艺方法及流程

1. 磷化工艺方法

磷化工艺基本方法有浸渍法和喷淋法两种。

（1）浸渍法　适用于高、中、常（低）温磷化工艺，可处理任何形状的工件。特点是设备简单，仅需要磷化槽和相应的加热设备。最好用不锈钢或橡胶衬里的槽子，不锈钢加热管道应放在槽两侧。

（2）喷淋法　适用于中、常（低）温磷化工艺，可处理大面积工件，如汽车、电冰箱、

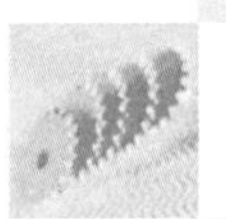

洗衣机壳体，用于油漆涂装底层，也可进行冷变形加工。特点是处理时间短，成膜反应速度快，生产率高。

2. 磷化工艺流程

一般钢铁工件的磷化工艺过程分为预处理、磷化和后处理三个阶段，具体工艺流程为

化学脱脂→热水洗→冷水洗→酸洗→冷水洗→磷化→冷水洗→磷化后处理→冷水洗→去离子水洗→干燥

钢铁的
常(低)温磷化

工件在磷化前若经喷砂处理，则磷化膜质量会更好。喷砂过的工件为防止重新锈蚀，应在6h内进行磷化处理。

为使磷化膜结晶细化致密，在常温磷化处理前应增加表面调整工序。常用表面调整剂为胶体磷酸钛［$Ti_3(PO_4)_3$］溶液和草酸，其作用是增加表面结晶核心，加速磷化过程。

视野拓展

钢铁磷化膜呈灰色或黑灰色，色泽不如发蓝处理生成的氧化膜，但其耐蚀性又优于氧化膜，致使其防护性能和装饰性能难以兼顾。采用黑色磷化工艺，可使磷化膜层既黑亮又牢固，耐蚀性又比氧化膜高数十倍。黑色磷化工艺的核心是在磷化工序前用黑色表面调整剂对钢铁工件进行处理，促使黑色磷化膜的形成。

3. 磷化后处理

钢铁工件磷化后应根据工件用途进行后处理，以提高磷化膜的防护能力。一般情况下，磷化后应对磷化膜进行填充和封闭处理。磷化膜填充处理工艺规范见表5-4。

表5-4　磷化膜填充处理工艺规范

溶液组成及工艺条件		配方1	配方2	配方3	配方4
溶液组成/(g/L)	重铬酸酐钾	30~50	60~100	—	—
	碳酸钠	2~4	—	—	—
	铬酸酐	—	—	—	1~3
	肥皂	—	—	30~50	—
工艺条件	温度/℃	80~95	80~95	80~95	70~90
	时间/min	5~15	3~10	3~5	3~5

填充后，可以根据需要在锭子油、防锈油或润滑油中进行封闭。如需涂装，应在钝化处理干燥后进行，工序间隔不超过24h。

三、非铁金属的磷化处理

除钢铁外，非铁金属铝、锌、铜、钛、镁及其合金都可进行磷化处理，但其表面获得的

磷化膜远不及钢铁表面的磷化膜，故非铁金属的磷化膜仅用作涂漆前的打底层。由于非铁金属磷化膜应用的局限性，因此对非铁金属磷化处理的研究和应用远远少于钢铁。非铁金属及其合金的磷化处理工艺与钢铁的磷化处理工艺基本相同，大多采用磷酸锌基的磷化液，并且在磷化液中常添加适量的氟化物。铝及铝合金磷化液的组成见表5-5。

表5-5 铝及铝合金磷化液的组成

溶液组成名称	配方/(g/L)
铬酸酐（CrO_3）	12~78
磷酸（H_3PO_4）	58~67
氟化钠（NaF）	3~5

为了获得良好的膜层，溶液中 F^- 与 CrO_3 的质量浓度之比应控制在0.10~0.40，pH为1.5~2.0。

视野拓展

普通圆钉、水泥钢钉的对比

项目	普通圆钉	水泥钢钉
材料	Q195、Q235	40~45钢
热处理工艺	热轧空冷	淬火
硬度	冷拔态	≥50HRC
形状	细、长	粗、短
表面处理	镀锌或磷化	镀锌或磷化

模块四 铝及铝合金的氧化处理

导入案例

2008年北京奥运会火炬以一朵朵流连婉转、旖旎飘逸的祥云将中国的传统文化元素与现代设计理念完美结合，并传递到世界各地。“祥云”火炬云纹外壳和把手采用纯度为99.7%的1070铝材，经过73道工序加工而成。其中需要经过两次阳极氧化处理，第一次阳极氧化形成银色基底，然后采用腐蚀雕刻技术在基底上加工出云纹，最后再经过第二次阳极氧化处理使云纹为红色。

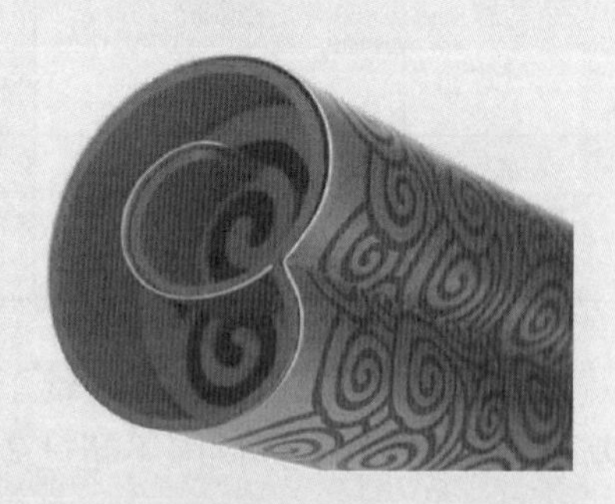

铝及铝合金虽然在空气中能自然形成一层厚度为0.01～0.015μm的氧化膜，但是这层氧化膜是非晶态的，薄而多孔，不均匀，硬度也不高，虽然在大气中有一定的耐蚀性，但是在碱性和酸性溶液中易被腐蚀，不能作为可靠的防护-装饰性膜层。目前，在工业上广泛地采用阳极氧化或化学氧化的方法，在铝及铝合金制件表面生成一层氧化膜，以达到防护和装饰的目的。

铝及铝合金氧化处理的方法主要有两种。

（1）化学氧化　氧化膜较薄，厚度为0.5～4μm，多孔而质软，具有良好的吸附性，可作为有机涂层的底层，但其耐磨性和耐蚀性能均不如阳极氧化膜。

（2）电化学氧化（阳极氧化）　氧化膜厚度为5～20μm（硬质阳极氧化膜厚度可达60～200μm），有较高硬度、良好的耐热性和绝缘性，耐蚀能力高于化学氧化膜，多孔，有很好的吸附能力。

一、铝及铝合金的化学氧化处理

铝及铝合金的化学氧化处理设备简单，操作方便，生产率高，不消耗电能，适用范围广，不受零件大小和形状的限制。故大型铝件或难以用阳极氧化法获得完整膜层的复杂铝件（如管件、定位焊件或铆接件等）通常会采用化学氧化法处理。

目前铝及铝合金化学氧化液大多以铬酸盐法为主，按其溶液性质可分为碱性氧化法和酸性氧化法两大类，按膜层性质可分为氧化物膜、磷酸盐膜、铬酸盐膜、铬酸酐-磷酸盐膜。

（一）铝及铝合金碱性氧化法

铝及铝合金碱性铬酸盐化学氧化溶液的配方及工艺条件见表5-6。铝及铝合金在碱性氧化液中得到的氧化膜层较软，耐蚀性较差，孔隙率较高，吸附性好，适于作为涂装底层。

表5-6　铝及铝合金碱性铬酸盐化学氧化溶液的配方及工艺条件

溶液组成及工艺条件		配方1	配方2	配方3
溶液组成/(g/L)	碳酸钠	40～60	50～60	40～50
	铬酸钠	10～20	15～20	10～20
	氢氧化钠	2～5	—	—
	磷酸三钠	—	1.5～2	—
	硅酸钠	—	—	0.6～1.0
工艺条件	温度/℃	80～100	95～100	90～95
	时间/min	5～10	8～10	8～10

配方1、2适用于纯铝、铝镁合金、铝锰合金和铝硅合金。膜层颜色为金黄色，但在后两种合金上得到的氧化膜颜色较暗。

配方3适用于含重金属的铝合金。加入硅酸钠，起缓蚀作用，膜层颜色为无色，硬度及耐蚀性略高，孔隙率及吸附性略低，在质量分数为2%的硅酸钠溶液中封闭处理后可单独作为防护层用。

（二）铝及铝合金酸性氧化法

铝及铝合金酸性铬酸盐化学氧化溶液配方及工艺条件见表5-7。

表 5-7 铝及铝合金酸性铬酸盐化学氧化溶液的配方及工艺条件

溶液组成及工艺条件		配方 1	配方 2	配方 3	配方 4
溶液组成/(g/L)	磷酸（密度 d=1.7g/cm^3）	10~15	85~102	22	—
	铬酸酐（CrO_3）	1~2	20~25	2~4	4~5
	氟化钠	3~5	—	5	1.0~1.2
	氟化氢氨	—	3~3.5	—	—
	磷酸氢二氨	—	2~2.5	—	—
	硼酸	—	0.6~1.2	2	—
	铁氰化钾［$K_2Fe(CN)_6$］	—	—	—	0.5~0.7
	重铬酸钾	—	—	—	—
工艺条件	温度/℃	20~25	30~40	室温	25~35
	时间/min	10~15	2~8	0.25~1	0.5~1.0

配方 1 得到的氧化膜较薄，韧性好，耐蚀性好，适用于氧化后需变形的铝及铝合金，也可用于铸铝件的表面防护，氧化后不需要钝化或填充处理。

配方 2 溶液的 pH 为 1.5~2.2，得到的氧化膜较厚，为 1~3μm，致密性及耐蚀性都较好，氧化后零件尺寸无变化，氧化膜颜色为无色至浅蓝色，适用于各种铝及铝合金氧化处理。在配方溶液中氧化处理后的零件应立即用冷水清洗干净，然后用 40~50g/L 重铬酸钾溶液填充处理（pH=4.5~6.5 时用碳酸钠调整），温度 90~95℃，时间 5~10min，清洗后在 70℃温度下烘干。

配方 3 溶液中得到的氧化膜为无色透明的，厚度为 0.3~0.5μm，膜层导电性好，主要用于易变形的铝制电器零件。

配方 4 适用于纯铝、防锈铝及铸铝等合金。氧化膜为彩虹色，很薄，导电性及耐蚀性好，硬度低，不耐磨，可以定位焊或氩弧焊，但不能锡钎焊；主要用于要求有一定导电性能的铝合金零件。

（三）铝及铝合金化学氧化工艺流程

铝及铝合金化学氧化的工艺流程为

机械抛光→化学脱脂→清洗→中和→清洗→化学氧化→清洗→

- 热水（50℃）→压缩空气吹干→烘烤（70℃）
- 压缩空气吹干→涂有机保护层→烘干

铝及铝合金经化学氧化处理后，为提高耐蚀性应立即清洗，并作填充或钝化处理，工艺规范见表 5-8。

表 5-8 化学氧化处理后工艺规范

工艺名称	溶液组成/(g/L)	工艺参数	备注
填充处理	重铬酸钾 30~50	90~95℃，5~10min	用于酸性氧化法
钝化处理	铬酸酐（CrO_3）20	室温，5~15s	用于碱性氧化法

二、铝及铝合金的阳极氧化

（一）铝及铝合金阳极氧化原理

将铝及铝合金工件放入适当的电解液中，以工件为阳极，其他材料为阴极，在外加电流作用下，使其表面生成氧化膜，这种方法称为阳极氧化，如图 5-4 所示。

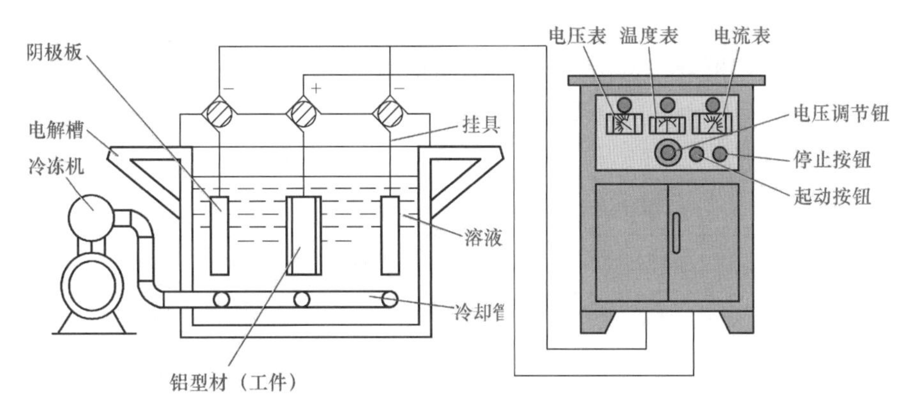

图 5-4　阳极氧化装置示意图

通过选用不同类型、不同浓度的电解液以及控制氧化时的工艺条件，可以获得具有不同性质、厚度为几十至几百微米的阳极氧化膜，其耐蚀性、耐磨性和装饰性等都较化学氧化膜有明显改善和提高。

铝及铝合金阳极氧化所用的电解液一般为中等溶解能力的酸性溶液，铅作为阴极，仅起导电作用。铝及其合金进行阳极氧化的过程中，一方面是阳极（铝工件）在水解出的氧原子作用下生成氧化膜（Al_2O_3），这是电化学作用，反应式为

$$H_2O-2e \rightarrow [O]+2H^+$$

$$2[Al]+3[O] \rightarrow Al_2O_3$$

另一方面，电解液又在不断溶解刚刚生成的氧化膜 Al_2O_3，其反应式为

$$Al_2O_3+6H^+ \rightarrow 2Al^{3+}+3H_2O$$

氧化膜的生长过程就是氧化膜不断生成和不断溶解的过程，当生成速度大于溶解速度时，才能获得较厚的氧化膜。

铝及铝合金的阳极氧化膜表面是多孔蜂窝状的，具有两层结构，靠近基体的是一层厚度为 0.01～0.05μm、致密的纯 Al_2O_3 膜，硬度高，此层为阻挡层；外层为多孔氧化膜层，由带结晶水的 Al_2O_3 组成，硬度较低，但有良好的吸附能力，如图 5-5 所示。

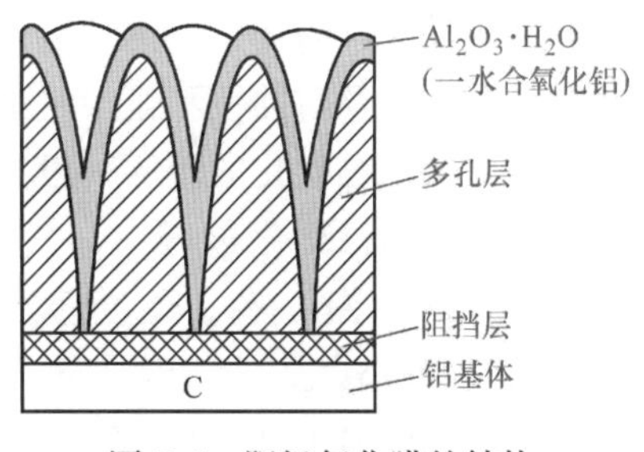

图 5-5　阳极氧化膜的结构

（二）铝及铝合金阳极氧化工艺

铝及铝合金阳极氧化的方法很多，按电解液的种类可分为硫酸阳极氧化、草酸阳极氧化和铬酸阳极氧化；按氧化膜的性能可分为普通阳极氧化、硬质阳极氧化和瓷质阳极氧化。

1. 硫酸阳极氧化

硫酸阳极氧化的工艺是在10%~20%（质量分数）的 H_2SO_4 电解液中通以直流或交流电对铝及其合金进行阳极氧化处理，得到膜层厚度为5~20μm、吸附性较好的无色透明氧化膜；而且氧化膜易染色，硬度高，耐蚀性和耐磨性好。

硫酸阳极氧化溶液稳定，允许杂质含量范围较宽；电解电压低，电能消耗少；操作方便，成本低；几乎可以适用于各种铝及铝合金的氧化处理，但不适于铸件、定位焊件和铆接件。

目前95%以上的阳极氧化是在硫酸中进行的，阳极氧化如果没有特别指明，通常是指硫酸阳极氧化。铝及铝合金硫酸阳极氧化的溶液配方及工艺条件见表5-9。为了降低氧化膜的二次溶解，可加入一定量的醋酸、铬酸、甘油、草酸等形成改性膜。

表 5-9 铝及铝合金硫酸阳极氧化的溶液配方及工艺条件

溶液组成和工艺条件		直流法		交流法
		配方 1	配方 2	配方 3
溶液组成/(g/L)	硫酸	150~200	160~200	100~110
	铝离子（Al^{3+}）	<20	<20	<20
工艺条件	温度/℃	13~26	0~7	13~26
	阳极电流密度/(A/dm^2)	0.8~1.5	0.5~2.5	1~2
	电压/V	12~22	12~22	16~24
	时间/min	20~60	30~60	30~60
	搅拌	压缩空气	压缩空气	压缩空气
	阴极面积：阳极面积	1.5：1	1.5：1	1：1

注：配方1和配方3适用于一般要求的铝及铝合金；配方2适用于对硬度、耐磨性要求较高的铝及铝合金。

2. 草酸阳极氧化

草酸阳极氧化是指用2%~10%（质量分数）的草酸电解液对铝及铝合金进行电化学氧化的工艺。

草酸是一种弱酸，对铝及铝合金的腐蚀性小，可得到比使用硫酸溶液更厚的氧化膜层，所得膜层硬度及耐蚀性不亚于硫酸阳极氧化膜；若用交流电进行氧化，可得较软、弹性好的膜层。草酸阳极氧化的膜层一般为8~20μm，最厚可达60μm。

在草酸阳极氧化过程中，只要改变工艺条件（如草酸浓度、温度、电流密度、波形等），便可得到银白色、金黄色至棕色等的装饰性膜层，不需要再进行染色处理。

草酸阳极氧化电解液对氯离子非常敏感，其质量浓度超过0.04g/L，膜层就会出现腐蚀斑点。三价铝离子（Al^{3+}）的质量浓度也不允许超过3g/L。

草酸阳极氧化成本较高，一般是硫酸阳极氧化的3~5倍，耗能多（因为草酸电解液的电阻比硫酸和铬酸酐大），溶液有毒性，且电解液稳定性差。目前，草酸阳极氧化工艺主要用于电气绝缘保护层、日用品及建材等表面装饰。草酸阳极氧化的几种工艺见表5-10。

表 5-10　草酸阳极氧化的几种工艺

溶液组成及工艺条件		配方 1	配方 2	配方 3
溶液组成/(g/L)	草酸	50~70	30~50	40~50
工艺条件	温度/℃	25~32	15~18	20~30
	电流密度/(A/dm^2)	1 2	2~2.5	1.5~4.5
	电压/V	40~60	100~120	40~60
	氧化时间/min	30~40	90~150	30~40
	电源	直流	直流	直流或交流
	阴极材料	铅、铝或石墨		

注：配方 1 得到的氧化膜呈金黄色，常用于表面装饰；配方 2 常用于电气绝缘；配方 3 为一般应用。

3. 铬酸阳极氧化

铬酸阳极氧化是指用 3%~10%（质量分数）的铬酸酐（CrO_3）电解液对铝及铝合金进行阳极氧化的工艺方法。

铬酸阳极氧化膜不透明，具有乳白色、浅灰色至深灰色的外观，膜层较薄，仅有 2~5μm，可保持工件原有的精度和表面质量，适用于精密零件氧化。膜层致密性好，孔隙率低，不封闭即可使用，耐蚀性优于同样厚度未经封闭的硫酸阳极氧化膜。另外，铬酸阳极氧化膜层与油漆结合力好，所以是油漆的良好底层，并广泛用于橡胶粘结件。

与硫酸阳极氧化相比，铝及铝合金的铬酸阳极氧化成本较高，耗电多，使用受到一定限制。表 5-11 是铬酸阳极氧化的配方及工艺条件。

表 5-11　铬酸阳极氧化的配方及工艺条件

溶液组成及工艺条件		配方 1	配方 2	配方 3
溶液组成/(g/L)	铬酸酐	30~35	50~55	95~100
工艺条件	温度/℃	38~42	37~47	35~39
	电流密度/(A/dm^2)	0.2~0.6	0.3~0.7	0.3~0.5
	电压/V	0~40	0~40	0~40
	氧化时间/min	60	60	35
	pH	0.6~0.8	<0.8	<0.8
	阴极材料	铅板或石墨		

注：配方 1 适用于尺寸公差小的抛光件；配方 2 适用于一般机械加工件和钣金件；配方 3 适用于一般纯铝及包铝焊接件或涂装底层。

4. 硬质阳极氧化

硬质阳极氧化又称厚膜氧化，氧化膜一般要求厚度为 25~150μm，通常为 50~80μm，外观呈灰色、褐色至黑色。氧化膜的硬度很高，一般为 350~600HV，在纯铝上可达 1500HV。

获得硬质阳极氧化膜的条件为高电流密度（一般为普通阳极氧化的 2~3 倍）、低温（是为了控制溶液对膜的溶解，当采用硫酸硬质阳极氧化法时，温度应小于 10℃）和搅拌（目的是为了降温）。

获得硬质阳极氧化膜的电解液种类较多，常用的是硫酸和混合酸电解液，其他还有草酸、丙二酸、苹果酸、磺基水杨酸等。常用直流电，也可用交流电、交直流叠加和各种脉冲电源。

硬质阳极氧化膜硬度高、耐磨性好、耐热性好、电绝缘性好、耐蚀性好和结合强度高，但抗疲劳性能有所下降。硬质阳极氧化在工业上主要用于要求高硬度的耐磨零件，如活塞、气缸、轴承、导轨等；也用于要求绝缘的零件，耐气流冲刷的零件和瞬时经受高温的零件。

5. 瓷质阳极氧化

在电解液中加入某些物质，使其在形成氧化膜的同时被吸附在膜层中，从而获得光滑、有光泽、均匀、不透明的类似瓷釉和搪瓷色泽的氧化膜，称瓷质阳极氧化法（Ematal 法）。

瓷质阳极氧化膜致密，膜厚 6~25μm，有较高的硬度和耐磨性，有良好的绝热和绝缘性，并有一定的韧性，机械加工时不会脆裂；染色以后可得到具有塑料质感的外观。瓷质阳极氧化工艺广泛应用于各种仪表、电子仪器、高精度零件、日用品、食品用具以及家用电器的表面防护和装饰，如铝制炊具、打火机、金笔等产品。目前正在开发用聚四氟乙烯、二硫化钼等固体润滑剂封闭，使瓷质阳极氧化膜具有自润滑性能，应用前景更加广泛。

瓷质阳极氧化工艺的电解液主要有以下两类。

（1）以某些稀有金属元素（如钛、锆等）的盐类为基础的溶液　其中应用最为广泛的是以草酸钛钾为基础的草酸或硫酸溶液。在这种电解质溶液中获得的氧化膜硬度高，质量好，可以保持零件的高精度和高光洁程度；但成本昂贵，溶液使用周期短，工艺条件要求严格，主要用于精密仪器、仪表零件。

（2）以铬酸酐和硼酸的混合液为阳极氧化液　这种电解液成分简单，成本低；氧化膜弹性好，但硬度较前一种低，一般用于日用品的装饰性瓷质氧化表面处理。

（三）铝及铝合金阳极氧化的工艺流程

铝及铝合金阳极氧化的工艺流程为

表面整平→上挂架→化学脱脂→清洗→中和→清洗→碱蚀→清洗→阳极氧化→清洗→染色或电解着色→清洗→封闭→机械光亮→检验

生产中可根据制品的具体要求和所采用的阳极氧化工艺方法进行取舍和调整。表 5-12 所列为硫酸阳极氧化工序的主要参数。

表 5-12　硫酸阳极氧化工序的主要参数

顺序	工序	溶液成分	工艺参数		
			温度/℃	时间/min	其他
1	脱脂	Na_3PO_4 2%，Na_2CO_3 1%，NaOH 0.5%	45~60	3~5	—
2	热水洗	自来水	40~60	洗净为止	—
3	碱蚀	NaOH 40~50g/L	50~60	1~5	—
4	冷水洗	自来水	室温	洗净为止	—
5	中和	HNO_3 10%~30%	室温	3~8	—
6	阳极氧化	见表 5-9	见表 5-9		
7	封孔	纯水	90℃以上	>20	pH 4~6

注：成分中的百分数为质量分数。

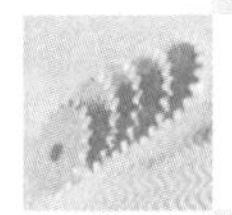

模块五　阳极氧化膜的着色与封闭

导入案例

随着科学的发展和人们生活水平的提高，手机已成为日常工作和生活的必需品，许多手机以其靓丽的金属外壳博得了年轻人的喜爱，就连一贯保持黑、白两种产品颜色的某世界知名企业，在发布新一代手机时也增加了金色外壳，被网民称为“土豪金”。手机金属外壳材料一般为铝镁合金，成形加工后经过阳极氧化处理，再经着色处理，即可获得绚丽多彩的防护—装饰效果，使手机不仅满足了通信、娱乐等功能需求，而且成为点缀生活的时尚风景。

铝及铝合金经阳极氧化处理后，在其表面生成了一层多孔的阳极氧化膜，阳极氧化膜是最理想的着色载体，经过着色和封闭后，可以获得各种不同的颜色，并能提高膜层的耐蚀性、耐磨性。

一、阳极氧化膜的着色

阳极氧化及着色

阳极氧化膜的着色按着色体处于膜层的部位分为自然着色、吸附着色和电解着色三种方法。不同的着色方法，发色体处于氧化膜的不同部位，如图 5-6 所示。自然着色的发色体或发色体中的胶体粒子分布在多孔层的夹壁中，如图 5-6a 所示；吸附着色的发色体沉积在氧化膜孔隙的上部，如图 5-6b 所示；电解着色的金属发色体沉积在多孔层的底部，如图 5-6c 所示。

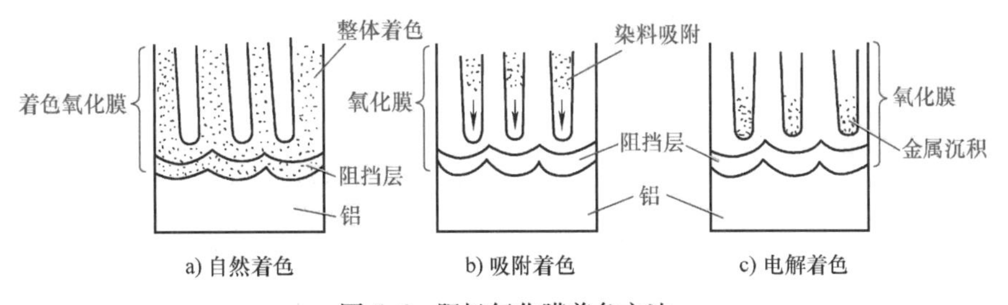

图 5-6　阳极氧化膜着色方法

（一）自然着色

自然着色又称整体着色，其主要特点是成膜带色，即在一定的电解液和电解条件下，将金属进行阳极氧化处理时，由于电解质溶液、合金材料的成分及合金组织结构状态不同，直接产生有颜色的氧化膜，如图 5-6a 所示。自然着色是由于光线被膜层选择吸收了某些特定波长，剩余波长部分被反射并产生干涉所引起的。不同合金元素、不同合金组织以及不同的电解质溶液和电解条件都会引起颜色的改变。

自然着色工艺需要大约 60V 的操作电压，它的电解能源消耗和冷冻能源消耗，都远远大于普通的硫酸阳极氧化工艺，槽液中铝盐的不断增加，也容易导致槽液的报废。但自然着色所生成膜的耐蚀性、耐候性和耐磨性都高于电解着色和吸附着色氧化膜。20 世纪 70 年代能源危机后，自然着色工艺逐步被能耗更少的硫酸阳极氧化加电解着色工艺替代。

（二）吸附着色

吸附着色是将生成了氧化膜层的工件浸入加有无机盐或有机染料的溶液中，无机盐或有机染料首先被多孔膜吸附在表面上，然后向微孔内部扩散、渗透，最后堆积在微孔中，使膜层染上颜色，如图 5-6b 所示。

许多种类的阳极氧化膜，都可以被染料染色，但只有硫酸和草酸阳极氧化膜的染色有工业价值，硫酸阳极氧化膜的染色是其中的绝大部分。吸附着色可以分为无机颜料着色和有机染料着色。

1. 无机颜料着色

无机颜料着色机理主要是物理吸附作用，即无机颜料分子吸附于膜层微孔的表面进行填充。该法着色的色调不鲜艳，与基体结合力差，但耐晒性较好。表 5-13 是无机颜料着色的工艺规范。从表中可见，无机颜料着色所用的染料分为两种，经过阳极氧化的金属要在两种溶液中交替浸渍，直至两种盐在氧化膜中的反应生成物颜料（数量）满足所需的色调为止。

表 5-13　无机颜料着色的工艺规范

颜色	组成	质量浓度/(g/L)	温度/℃	时间/min	生成的有色盐
红色	醋酸钴 铁氰化钾	50~100 10~50	室温	5~10	铁氰化钾
蓝色	亚铁氰化钾 氯化铁	10~50 10~100	室温	5~10	普鲁士蓝
黄色	铬酸钾 醋酸铅	50~100 100~200	室温	5~10	铬酸铅
黑色	醋酸钴 高锰酸钾	50~100 12~25	室温	5~10	氧化钴

无机颜料着色所获得的颜色稳定性高，不易褪色，能经受阳光的长期暴晒。用高锰酸钾溶液可以染出棕色，用铁盐溶液可以染出金黄色。但无机颜料着色颜色的种类较少，均匀性较差，目前正逐步被电解着色工艺替代。

2. 有机染料着色

有机染料着色机理比较复杂，一般认为有物理吸附和化学反应。有机染料着色色泽鲜艳，颜色范围广，但耐晒性差。表 5-14 是有机染料着色的工艺规范。配制染色液的水最好

是蒸馏水或去离子水，不能用自来水，因为自来水中的钙、镁等离子会与染料分子结合形成配合物，使染色液报废。

表 5-14　有机染料着色的工艺规范

颜色	染料名称	质量浓度/(g/L)	温度/℃	时间/min	pH
红色	1. 茜素红（R） 2. 酸性大红（GR） 3. 活性艳红 4. 铝红（GLW）	5~10 6~8 2~5 3~5	60~70 室温 70~80 室温	10~20 2~15 5~10	 4.5~5.5 5~6
蓝色	1. 直接耐晒蓝 2. 活性艳蓝 3. 酸性蓝	3~5 5 2~5	15~30 室温 60~70	15~20 1~5 2~15	4.5~5.5 4.5~5.5 4.5~5.5
金黄色	1. 茜素黄（S）、 茜素红（R） 2. 活性艳橙 3. 铝黄（GLW）	0.3 0.5 0.5 2.5	70~80 70~80 室温	1~3 5~15 2~5	5~6 5~5.5
黑色	1. 酸性黑（ATT） 2. 酸性元青 3. 苯胺黑	10 10~12 5~10	室温 60~70 60~70	3~10 10~15 15~30	4.5~5.5 5~5.5

有机染料染色工艺操作简便，染色均匀，几乎可以染出任意颜色，可以采用印刷和多重染色技术，在同一铝合金表面染出多种颜色和花纹，颜色鲜艳，装饰性极强。但由于有机染料存在分解褪色、耐晒性差的问题，所以多用于室内装饰。

（三）电解着色

电解着色是把经阳极氧化的铝及铝合金放入含金属盐的电解液中进行电解，通过电化学反应，使进入氧化膜微孔中的重金属离子还原为金属原子，沉积于孔底无孔层上而着色，如图 5-6c 所示。电解着色的一般方法是用直流电在硫酸溶液中生成无色的硫酸氧化膜，然后浸入金属盐的酸性溶液中进行交流电解，使氧化膜着色。

吸附着色时，染料吸附在阳极氧化膜多孔层的最外 1/3 或 1/2 处；而电解着色是金属微粒沉积在阳极氧化膜多孔层的底部而着色。

电解着色工艺得到的彩色氧化膜具有良好的耐磨性、耐晒性、耐热性、耐蚀性和色泽稳定持久等优点，而且成本低，是目前应用最广泛的着色方法，在建筑装饰用铝型材上得到了广泛的应用。表 5-15 是电解着色的工艺规范，所用电压越高，电解时间越长，得到的颜色越深。其中，硫酸亚锡加硫酸的锡盐电解着色工艺应用最广泛，锡盐电解着色溶液主要含硫酸亚锡、硫酸、锡盐稳定剂、着色分散剂等，着色美观，重现性好，溶液抗杂质能力强，易于维护管理。

表 5-15 电解着色的工艺规范

颜色	组成	质量浓度/(g/L)	温度/℃	时间/min	交流电压/V
金黄色	硝酸银 硫酸	0.4~10 5~30	20~25	0.5~1.5	8~20
青铜色 →褐色 →黑色	硫酸亚锡 硫酸 硼酸	20 10 10	15~25	5~20	13~20
紫色 →红褐色	硫酸铜 硫酸镁 硫酸	35 20 8	20	5~20	10
黑色	硫酸钴 硫酸铵 硼酸	25 15 25	20	13	17

交流讨论

三种氧化膜着色方法比较

	自然着色	吸附着色	电解着色
氧化膜性能	致密，耐磨性、耐光性、耐蚀性好	较致密，耐磨性差，耐光性、耐蚀性好	较致密，耐磨性、耐光性、耐蚀性好
色彩	和谐，但色谱范围小	鲜艳，色谱范围广	鲜艳，色谱范围较广
电解液	较稳定	稳定	较稳定
合金成分	对着色有影响	对着色无影响	对着色影响不大
耗电量	大	小	小
成本	高	低	较高
应用	室外装饰	室内装饰	室外装饰

二、阳极氧化膜的封闭

由于阳极氧化膜的多孔结构和强吸附性能，表面易被污染，特别是腐蚀介质进入孔内易引起腐蚀。因此阳极氧化膜形成后，无论是否着色都需及时进行封闭处理，封闭氧化膜的孔隙，提高耐蚀性、绝缘性和耐磨性等性能，减弱对杂质或油污的吸附，如图 5-7 所示。封闭的方法有热水封闭法、水蒸气封闭法、重铬酸盐封闭法、水解封闭法和填充封闭法。

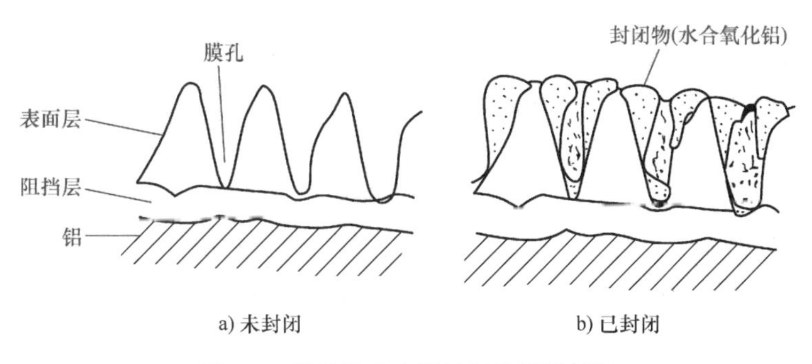

图 5-7 铝及铝合金阳极氧化膜的封闭

（一）热水封闭法

新鲜的阳极氧化膜在沸水或接近沸点的热水中处理一定的时间后，失去活性，不再吸附染料，已染上的颜色不易褪去，这一过程就是热水封闭，也称封孔。

热水封闭法的原理是利用无定形的 Al_2O_3 的水化作用：

$$Al_2O_3+nH_2O=Al_2O_3 \cdot nH_2O$$

式中，n 为 1 或 3。当 Al_2O_3 水化为一水合氧化铝（$Al_2O_3 \cdot H_2O$）时，其体积可增加约 33%；生成三水合氧化铝（$Al_2O_3 \cdot 3H_2O$）时，其体积增大几乎 100%。由于氧化膜表面及孔壁的 Al_2O_3 水化的结果，致体积增大而使膜孔封闭。

热水封闭工艺为：热水温度 90~110℃，pH6~7.5，时间 15~30min。封闭用水必须是蒸馏水或去离子水，而不能用自来水，否则会降低氧化膜的透明度和色泽。

水蒸气封闭法的原理与热水封闭法相同，但效果要好得多，只是成本较高。

（二）重铬酸盐封闭法

此法是在具有强氧化性的重铬酸钾溶液中，并在较高的温度下进行的。当经过阳极氧化的铝工件进入溶液时，氧化膜和孔壁的 Al_2O_3 与水溶液中的重铬酸钾（$K_2Cr_2O_7$）发生下列化学反应：

$$2Al_2O_3+3K_2Cr_2O_7+5H_2O= 2AlOHCrO_4+2AlOHCr_2O_7+6KOH$$

生成的碱式铬酸铝及碱式重铬酸铝和热水分子与氧化铝生成的一水合氧化铝及三水合氧化铝一起封闭了氧化膜的微孔。

封闭液的配方和工艺条件见表 5-16。

表 5-16 重铬酸盐封闭法其封闭液的配方和工艺条件

封闭液组成	重铬酸钾	50~70g/L
工艺规范	温度	90~95℃
	时间	15~25min
	pH	6~7

此法处理过的氧化膜呈黄色，耐蚀性较好，适用于以防护为目的的铝合金阳极氧化后的封闭，不适用于以装饰为目的的着色氧化膜的封闭。

（三）水解封闭法

水解封闭法目前在国内应用较广泛，主要应用在染色后氧化膜的封闭，此法克服了热水封闭法的许多缺点。

水解封闭的原理是易水解的钴盐与镍盐被氧化膜吸附后，在阳极氧化膜微细孔内发生水解，生成氢氧化物沉淀将孔封闭。在封闭处理过程中，发生如下反应：

$$Ni^{2+}+2H_2O \rightarrow Ni(OH)_2\downarrow+2H^+$$

$$Co^{2+}+2H_2O \rightarrow Co(OH)_2\downarrow+2H^+$$

生成的氢氧化钴和氢氧化镍沉积在氧化膜的微孔中，将孔封闭。由于少量的氢氧化镍和氢氧化钴几乎是无色透明的，因此它不会影响制品的原有色泽，故此法可用于着色氧化膜的封闭。

（四）填充封闭法

除上面所述的封闭方法外，阳极氧化膜还可以采用有机物质，如透明清漆、熔融石蜡、各种树脂和干性油进行封闭。如用硅油封闭硬质阳极氧化膜，可以提高阳极氧化膜的绝缘性；用硅脂封闭用于制造无尘表面；用脂肪酸和高温油脂封闭，用于制造红外线反射器，防止波长为4~6μm的红外线吸收损失。此外，还有许多有机封闭剂已被开发出来，在特定的条件下可以选用。

【综合训练】

（一）名词解释

化学转化膜、发蓝、磷化、阳极氧化、电解着色、封闭

（二）填空

1. 按其中主要组成物的类型，化学转化膜可分为__________、__________、__________和__________。

2. 枪、炮等武器外壳采用的表面转化膜技术是________。

3. 钢铁高温化学氧化工艺的温度一般为__________，转化膜的主要成分是________。

4. 钢铁磷化膜的颜色为________，厚度一般为________。

5. 磷化技术的发展方向是________、________、________和________。

6. 按照磷化工艺温度不同，磷化工艺分为________、________和________。

7. 钢铁磷化的后处理一般常用________和________。

8. 铝及铝合金发蓝处理的方法主要有________和________。

9. 按照溶液性质不同，铝及铝合金化学氧化工艺可分为____________和____________。

10. 按照电解液的种类，铝及铝合金阳极氧化可分为__________、__________和________等。

11. 铝合金阳极氧化膜具有两层结构，靠近基体的一层较致密，称为________，表面层为________结构，硬度较低。

12. 阳极氧化膜的着色按着色体处于膜层的部位分为________、________、________三种方法。

13. 阳极氧化膜的封闭方法有________、________、________、________和________。

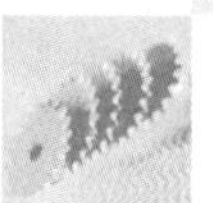

（三）简答

1. 金属表面转化膜有哪些主要用途？
2. 在钢铁发蓝中如何避免表面“红霜”的出现？
3. 简述钢铁磷化膜的性质和用途。
4. 简述铝合金化学氧化的工艺流程。
5. 简述铝及铝合金阳极氧化膜的结构。
6. 为什么不论铝合金氧化膜染色与否都必须进行封闭处理？

第六单元 堆焊技术

学习目标

知识目标	1. 了解堆焊技术的特点、分类和应用。 2. 熟悉堆焊合金及材料的类型、特点和选用。 3. 掌握常用堆焊方法的原理、工艺、装置、特点和应用。
能力目标	1. 能够根据工件的材质、服役条件和性能要求选择合理的堆焊工艺方法，并按工艺卡进行操作。 2. 正确使用焊机，会简单的焊机故障识别与排除。

模块一 堆焊技术概述

导入案例

轧辊作为轧钢机的关键部件，在轧钢过程中消耗量大。我国年产钢材已达 10 亿 t，所消耗轧辊的价值在 170 亿元以上。因此，采用堆焊方法修复旧轧辊，提高轧辊的使用寿命已成为我国轧钢企业降低生产成本、提高经济效益的重要举措。当轧辊使用到报废极限时，可以进行堆焊修复。经过堆焊修复的轧辊具有成本低、寿命长、使用效果好等特点，受到轧钢企业普遍欢迎，也符合我国节能降耗、清洁生产、循环经济的基本国策。

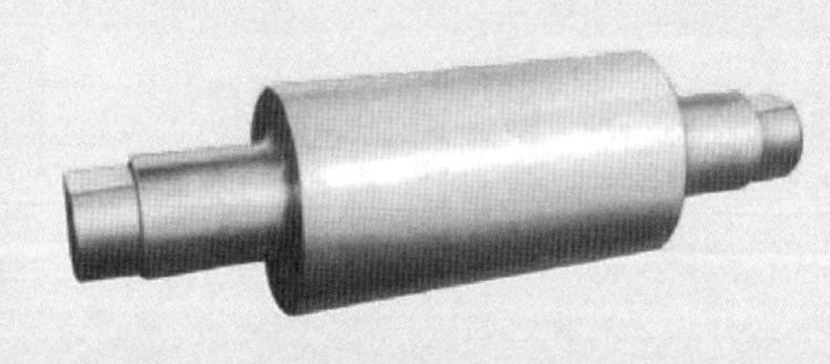

一、堆焊技术的特点及分类

（一）堆焊技术的特点

堆焊是采用焊接方法将具有一定性能的材料熔敷在工件表面的一种工艺过程。堆焊的目的与一般焊接方法不同，不是为了连接工件，而是对工件表面进行改性，以获得所需的耐磨、耐热、耐蚀等特殊性能的熔敷层，或恢复工件因磨损或加工失误造成的尺寸不足，这两

方面的应用在表面工程学中称为修复与强化。

堆焊方法较其他表面处理方法具有如下优点。

1）堆焊层与基体金属的结合是冶金结合，结合强度高，抗冲击性能好。

2）堆焊层金属的成分和性能调整方便，一般常用的焊条电弧堆焊其焊芯及药皮调节配方很方便，可以设计出各种合金体系，以适应不同的工况要求。

3）堆焊层厚度大，一般堆焊层厚度可在2~30mm内调节，更适合于严重磨损的工况。

4）节省成本，经济性好。当工件的基体采用普通材料制造，表面用高合金堆焊层时，不仅降低了制造成本，而且可节约大量贵重金属。在工件维修过程中，合理选用堆焊合金，对受损工件的表面加以堆焊修补，可以大大延长工件寿命，延长维修周期，降低生产成本。

5）由于堆焊技术就是通过焊接的方法增加或恢复零部件尺寸，或使零部件表面获得具有特殊性能的合金层，因此对于能够熟练掌握焊接技术的人员而言，其难度不大，可操作性强。

（二）堆焊技术的分类

堆焊技术是熔焊技术的一种，因此凡是属于熔焊的方法都可用于堆焊。堆焊方法的发展也随着生产需要和科技进步而发展，目前已有很多种。按实现堆焊的条件，常用堆焊方法的分类如图6-1所示，常用的几种堆焊方法的特点见表6-1。

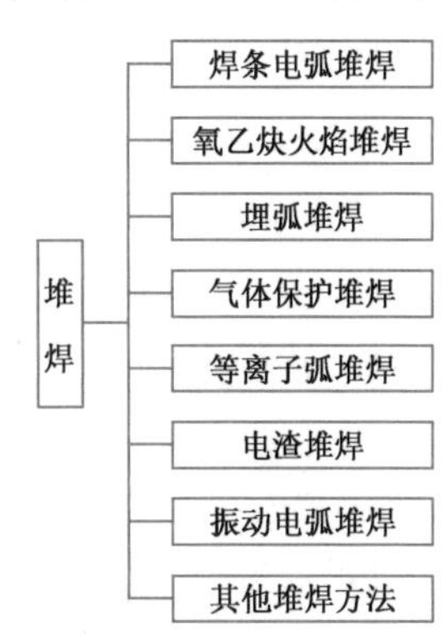

图6-1　堆焊方法的分类

表6-1　几种堆焊方法的特点比较

堆焊方法		稀释率（%）	熔敷速度/（kg/h）	最小堆焊厚度/mm	熔敷效率（%）
氧乙炔火焰堆焊	手工送丝	1~10	0.5~1.8	0.8	100
	自动送丝	1~10	0.5~6.8	0.8	100
	粉末堆焊	1~10	0.5~1.8	0.2	85~95
焊条电弧堆焊		10~20	0.5~5.4	3.2	65
钨极氩弧堆焊		10~20	0.5~4.5	2.4	98~100
熔化极气体保护电弧堆焊		10~40	0.9~5.4	3.2	90~95
其中：自保护电弧堆焊		15~40	2.3~11.3	3.2	80~85
埋弧堆焊	单丝	30~60	4.5~11.3	3.2	95
	多丝	15~25	11.3~27.2	4.8	95
	串联电弧	10~25	11.3~15.9	4.8	95
	单带极	10~20	12~36	3.0	95
	多带极	8~15	22~68	4.0	95
等离子弧堆焊	自动送粉	5~15	0.5~6.8	0.25	85~95
	手工送粉	5~15	1.5~3.6	2.4	98~100
	自动送丝	5~15	0.5~3.6	2.4	98~100
	双热丝	5~15	13~27	2.4	98~100
电渣堆焊		10~14	15~75	15	95~100

目前应用最为广泛的是焊条电弧堆焊和氧乙炔火焰堆焊。随着焊接材料的发展和工艺方法的改进，焊条电弧堆焊应用范围更加广泛。如应用加入铁粉的焊条使生产率显著提高；采用酸性药皮的焊条可以大大改善堆焊的工艺性能，降低粉尘含量，有利于改善焊工的工作条件；应用焊接电弧熔化自熔性合金粉末，可获得熔深浅、表面光整、性能优异的堆焊层。

氧乙炔火焰堆焊火焰温度低，堆焊后可保持复合材料中硬质合金的原有性能，是目前耐磨场合机械零件堆焊常采用的工艺方法。如堆焊炼铁高炉料钟工件可使寿命提高 5 倍。

为了最大限度地发挥堆焊技术的优越性，优质、高效、低稀释率的堆焊工艺一直是国内外堆焊技术的重要研究方向。

资 料 卡

稀释率

$$\theta=\frac{A_m}{A_H+A_m}$$

式中 θ——熔合比，稀释率；

A_m——焊缝截面中母材所占的面积；

A_H——焊缝截面中填充金属所占的面积。

堆焊金属被基材稀释的程度称为稀释率或熔合比。稀释率高，基体金属混入堆焊层中的量多，改变了堆焊合金的化学成分，将直接影响堆焊层的固有性能。因此，堆焊时，常希望获得较低的稀释率，以充分发挥堆焊合金性能，达到预期目的。

二、堆焊技术的应用领域

作为焊接领域中的一个分支，堆焊技术的应用范围非常广泛，几乎遍及所有的制造业，如矿山机械、输送机械、冶金机械、动力机械、农业机械、汽车、石油设备、化工设备、建筑、工具模具及金属结构件的制造与维修中都大量应用堆焊技术。通过堆焊可以修复外形不合格的金属零部件及产品，或制造双金属零部件。采用堆焊可以延长零部件的使用寿命，降低成本，改进产品设计，尤其对合理使用材料（特别是贵重金属）具有重要意义。因此，堆焊作为一种经济有效的表面处理方法，是现代材料加工与制造业不可缺少的工艺手段。

按用途和工件的工况条件，堆焊技术的应用主要表现在以下两个方面。

（一）恢复工件尺寸堆焊

由于磨损或加工失误造成工件尺寸不足，是厂矿企业经常遇到的问题。用堆焊方法修复上述工件是一种很常用的工艺方法，修复后的工件不仅能正常使用，很多情况下还能超过原工件的使用寿命，因为将新工艺、新材料用于堆焊修复，可以大幅度提高原有零部件的性能。如冷轧辊、热轧辊及异型轧辊的表面堆焊修复，农用机械（拖拉机、农用车、插秧机、

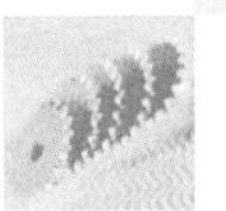

收割机等）磨损件的堆焊修复等。据统计，用于修复旧工件的堆焊合金量占堆焊合金总量的 72.2%。图 6-2 是利用堆焊技术修复的冷轧辊和水泥生料磨盘。

图 6-2　利用堆焊技术修复的冷轧辊和水泥生料磨盘

（二）耐磨损、耐腐蚀堆焊

磨损和腐蚀是造成金属材料失效的主要因素，为了提高金属工件表面的耐磨性和耐蚀性，以满足工作条件的要求，延长工件使用寿命，可以在工件表面堆焊一层或几层耐磨层或耐蚀层。就是将工件的基体与表面堆焊层选用具有不同性能的材料，制造出双金属工件。由于只是工件表面层具有合乎要求的耐磨、耐蚀等方面的特殊性能，因此充分发挥了材料的作用与工作潜力，而且节约了大量的贵重金属。

耐磨堆焊复合钢板是一种新型的复合耐磨材料，其最大特点是耐磨性高、抗冲击，可以用冷弯方法成形，也可以用焊接方法拼接，因此在工矿领域得到了广泛应用。耐磨堆焊复合钢板以 Q235 钢板或 Q355 钢板为基材，在其表面堆焊一层或两层耐磨合金，堆焊层单层厚度为 3~6mm，堆焊合金一般为高铬合金或马氏体合金铸铁。图 6-3 为高铬合金耐磨堆焊复合钢板。

图 6-3　高铬合金耐磨堆焊复合钢板

如水轮机的叶片，基体材料为碳素钢，在可能发生气蚀的部位（多在叶片背面下半段）堆焊一层不锈钢，使之成为耐气蚀的双金属叶片；在金属模具的制造中，基体要求强韧，可选用价格相对便宜的碳素钢、低合金钢制造，而刃模要求硬度高、耐磨，采用耐磨合金堆焊在模具刃模部位，可以节约大量贵重合金的消耗，大幅度提高模具的使用寿命。

耐磨损、耐腐蚀堆焊的应用范围十分广泛，如阀门密封面、装载机铲刀刃、推土机刃板、水泥磨盘、岩石钻机、破碎机、螺旋输送机、搅拌机叶片、传动齿轮的轮缘、各种模具、碎渣机、机床等，一些典型应用见表 6-2。

表 6-2　耐磨损、耐腐蚀堆焊技术的应用领域

领　域	零部件	堆焊合金	堆焊层性能
机械制造	阀门密封面	镍基、铁基合金	耐腐蚀、耐磨损
	犁铧	高铬铸铁合金	耐磨损
	混砂机刮板	镍基合金	耐磨损
	离合器推板	镍基合金	耐磨损
	齿轮、凸轮	铁基合金	耐磨损
	热切边模具	钴基合金	耐高温、耐磨损
	水压机工作缸塞柱	铁基合金	耐腐蚀、耐磨损
石油、煤炭	裂化装置泵	高铬铸铁合金	耐磨损
	钻杆接头	高铬铸铁合金	耐磨损
	刮板输煤机中部槽板	高铬铸铁合金	耐磨损
	固液泵机轮	高铬铸铁合金	耐磨损
交通运输	内燃机排气阀	钴基合金	耐磨损
轻工	玻璃模具	镍基合金	耐磨损
纺织	细纱机成形凸轮	镍基合金	耐磨损

模块二　堆焊材料

导入案例

河北省唐山某水泥厂，使用南京生产的 2.9m×10m 盘塔式机立窑。其卸料器上有 12 块动齿板和 12 块静齿板，功能是完成熟料破碎。一般情况下，新齿板使用一年后（大约破碎熟料 7 万 t 左右），因齿板严重磨损，严重影响破碎质量和产量而不再使用。后经采用 D667 焊条将旧齿板磨损的齿牙堆焊到原有尺寸后，可再继续使用两年，使用寿命比新齿板延长一倍，节约开支 36720 元。

在实施堆焊前，有两个问题需要解决：一是堆焊材料的选择，二是堆焊工艺的制订。

堆焊材料是堆焊时形成或参与形成堆焊合金层的材料，如所用的焊条、焊丝、焊剂和气体等。每一种材料只有在特定的工作环境下，针对特定的焊接工艺才会表现出较高的使用性能，了解和正确选用堆焊材料，对于能否达到堆焊的预期效果具有极其重要的意义。

一、堆焊合金的类型

（一）根据堆焊合金的形状划分

根据堆焊合金的形状可划分为丝状、带状、铸条状、粉粒状和块状堆焊合金等。

1. 丝状和带状堆焊合金

丝状和带状堆焊合金可由轧制和拉拔的堆焊材料制成，可做成实心和药芯堆焊材料，有利于实现堆焊的机械化和自动化。丝状堆焊合金可用于氧乙炔火焰堆焊、埋弧堆焊、气体保护堆焊和电渣堆焊等。带状堆焊合金尺寸较大，主要用于埋弧堆焊等，熔敷效率高。

2. 铸条状堆焊合金

如果材料的轧制和拉拔加工性较差，如钴基、镍基合金和合金铸铁等，则一般做成铸条状，可直接供氧乙炔火焰堆焊、气体保护堆焊和等离子弧堆焊时用做熔敷金属材料。铸条和光焊丝等外涂药皮可制成堆焊焊条，供焊条电弧堆焊使用，其适应性强，灵活方便，可以全位置施焊，应用较为广泛。

3. 粉粒状堆焊合金

将堆焊材料中所需的各种合金制成粉末，按一定配比混合成合金粉末，供等离子弧或氧乙炔火焰堆焊和喷熔使用。其最大的优点是方便了对堆焊层成分的调整，拓宽了堆焊材料的使用范围。

4. 块状堆焊合金

块状堆焊合金是用粉料加黏结剂压制而成，可用于碳弧或其他热源进行熔化堆焊。堆焊层成分调整也比较方便。

（二）根据堆焊目的分类

堆焊材料分别具有耐磨损、耐腐蚀、耐高温和耐冲击等性能，根据堆焊合金层的使用目的划分，常用堆焊合金包括下列类型。

1. 耐蚀堆焊

耐蚀堆焊也叫作包层堆焊，是为了防止工件在运行过程中发生腐蚀而在其工作表面上熔敷一层具有一定厚度和耐蚀性能的合金层的堆焊方法。

2. 耐磨堆焊

耐磨堆焊是指为了防止在工作过程中工件表面发生磨损，使工件表面获得具有特殊性能的合金层，延长工件使用寿命的堆焊。

3. 隔离层堆焊

焊接异种材料时，为了防止母材成分对焊缝金属化学成分的不利影响，以保证接头性能和质量，而预先在母材表面（或接头的坡口面上）熔敷一定成分的金属层（称隔离层）。熔敷隔离层的工艺过程，称为隔离层堆焊。

（三）根据堆焊合金的主要成分划分

根据堆焊合金的主要成分可划分为铁基堆焊合金、碳化钨堆焊合金、铜基堆焊合金、钴基堆焊合金和镍基堆焊合金五类。

1. 铁基堆焊合金

铁基堆焊合金的性能变化范围广，韧性和耐磨性配合好，并且成本低，品种也多，所以应用十分广泛。铁基堆焊由于碳的质量分数、合金元素的含量和冷却速度不同，堆焊层的金相组织可以是珠光体、奥氏体、马氏体和合金铸铁组织等基本类型。

（1）珠光体钢堆焊合金　珠光体钢堆焊合金中碳的质量分数一般小于 0.5%，合金元素以 Mn、Mo、Si、Cr 为主，总的质量分数也比较低，在 5%以下。在堆焊后自然冷却（空冷）时，堆焊层的组织以珠光体为主（包括索氏体和托氏体）。这类合金的特点是焊接性好，抗冲击能力强，堆焊层硬度为 20~28HRC。虽有利于机械加工，但耐磨性较差，主要用来修复被磨损的工件，如轴类及车轮磨损面，有时也在堆焊高耐磨材料时作打底焊，起恢复尺寸和过渡层的作用。

（2）奥氏体钢堆焊合金　这类堆焊合金主要包括奥氏体高锰钢、铬锰奥氏体钢和铬镍奥氏体不锈钢三种。

奥氏体高锰钢堆焊合金中碳的质量分数在 0.7%~1.2%之间，锰的质量分数在 10%~14%之间，强度高，韧性好，但易产生热裂纹。焊后硬度约 170HBW，经加工硬化后硬度可达 450~500HBW。一般用作 ZGMn13 工件，如矿山料车、铁道道岔等的修复堆焊。

铬锰奥氏体钢堆焊合金又分为低铬和高铬两类。低铬锰奥氏体钢通常铬的质量分数不超过 4%，锰的质量分数在 12%~15%之间，还含有少量镍和钼，其性能和奥氏体高锰钢相似，但焊接性好，适合严重冲击条件下磨料磨损的场合，如用来堆焊冲击轧碎机、铲斗等机器或工件。高铬锰奥氏体钢堆焊合金中铬的质量分数在 12%~17%之间，锰的质量分数约 15%。它除兼有奥氏体高锰钢的优点外，还有较好的耐蚀性、耐热性和抗热裂性，主要用来修复受到严重冲击的金属间磨损的锰钢和碳素钢工件，如堆焊热剪切机等，也可用于水轮机耐气蚀堆焊。

铬镍奥氏体不锈钢堆焊合金以 18-8 型奥氏体不锈钢的成分为基础，可加入 Mo、V、Si、Mn、W 等元素提高性能，其突出特点是其耐蚀、耐高温氧化，热强性好，但耐磨性较差。主要用于化工容器及阀门密封面的堆焊。为了提高耐晶间腐蚀能力，这类合金碳的质量分数较低（<0.2%），堆焊合金硬度不高。但加入 Mn 元素可显著提高其加工硬化效果和力学性能，可用于水轮机叶片抗气蚀层、开坯轧辊等的堆焊。在合金中加入适量的 Si、W、Mo、V 等可提高其高温硬度，用于高中压阀门密封面的堆焊。

（3）马氏体钢堆焊合金　这类堆焊合金中碳的质量分数一般在 0.1%~1.0%之间，个别高达 1.5%，合金元素质量分数为 5%~15%，堆焊层组织为马氏体，有时也有少量珠光体、托氏体、贝氏体和残留奥氏体。加入 Mo、Mn、Ni 等合金元素能提高淬透性，促使马氏体形成。加入 Cr、Mo、W、V 有助于形成细小、稳定的碳化物，提高耐磨性。加入 Mn 和 Si 可改善焊接性。

根据碳质量分数的多少，可分为低碳马氏体钢、中碳马氏体钢和高碳马氏体钢。碳的质量分数小于 0.3%的低碳马氏体钢堆焊层，硬度小于 45HRC，有一定的耐磨性，并能用于碳化钨刀具加工，抗裂性好，主要用来修复工件的磨损区。中碳马氏体钢堆焊层中碳的质量分数在 0.3%~0.6%之间，堆焊层组织为片状马氏体和板条状马氏体的混合组织，硬度为 38~53HRC，具有较好的耐磨性和中等抗冲击能力，但开裂倾向比低碳马氏体钢堆焊层大，因此焊前应预热到 250~350℃。而高碳马氏体钢堆焊合金碳的质量分数大于 0.6%，堆焊层组织为片状马氏体和残留奥氏体，硬度为 60HRC 左右，具有较好的耐磨性，但抗冲击能力较差，开裂倾向也比较大，因此焊前应预热到 350~400℃，并只能用磨削加工。

此外，高铬马氏体不锈钢、工具钢、模具钢堆焊合金也属于马氏体堆焊合金的范畴。

（4）合金铸铁堆焊合金　可分为马氏体合金铸铁、奥氏体合金铸铁和高铬合金铸铁三大类。

1）马氏体合金铸铁中碳的质量分数为2%～5%，常加入的合金元素有Cr、W、Ni和B等，其总质量分数量不超过25%，属于亚共晶合金铸铁，堆焊层组织是马氏体+残留奥氏体+含有合金碳化物的莱氏体。堆焊层硬度50～66HRC，有很高的抗磨料磨损的能力，耐热、耐蚀和抗氧化性能也较好，还能耐轻度冲击。但堆焊时易出现裂纹，主要用于农业机械、矿山设备等工件的堆焊。

2）奥氏体合金铸铁堆焊合金中碳的质量分数为2%～4%，铬的质量分数为12%～28%，还含有Mn、Ni、Mo、Si等合金元素，金相组织是奥氏体+网状莱氏体共晶组织，堆焊层硬度45～55HRC，耐低应力擦伤式磨料磨损性能高，但耐高应力磨料磨损性比马氏体合金铸铁堆焊层低。耐蚀性和抗氧化性较好，有一定的韧性，能承受中度冲击，对开裂和剥离的敏感性比马氏体合金铸铁和高铬合金铸铁堆焊层都小，主要用于有中度冲击和中等磨料磨损的场合，如粉碎机辊、挖掘机斗齿等工件的堆焊。

3）高铬合金铸铁堆焊合金中碳的质量分数为1.5%～6%，铬的质量分数为15%～35%，为进一步提高耐磨性、耐热性、耐蚀性和抗氧化性，加入一些其他元素，如W、Mo、Ni、Si、B等。这种合金可分为三种类型，即奥氏体型、可热处理硬化型（马氏体型）和多元合金强化型。它们的共同特点是含有大量初生的针状Cr_7C_3，其硬度为1750HV，这种极硬的碳化物分布在基体中大大提高了堆焊层耐低应力磨料磨损的能力。但耐高应力磨料磨损的性能还取决于基体对Cr_7C_3的支撑作用。所以，抗高应力磨料磨损的性能，奥氏体型的最差，多元合金强化型的最好。

2. 碳化钨堆焊合金

碳化钨堆焊合金属于金属基复合材料，由大量碳化钨颗粒分布于金属基体（如碳素钢、低合金钢、镍基合金、钴基合金和青铜等）上构成，堆焊层中钨的质量分数在45%以上、碳的质量分数为1.5%～2%。碳化钨由WC和W_2C组成，有很高的硬度和熔点。碳的质量分数为3.8%的碳化钨硬度达2500HV，熔点接近2600℃。但为了防止碳化钨颗粒的氧化，限制使用的最高温度为600℃。

堆焊用的碳化钨有铸造碳化钨和烧结碳化钨（黏结剂为钴）两类，见表6-3。铸造碳化钨中碳的质量分数为4%，粉碎成8～100目的WC+W_2C混合颗粒，装在钢管中供堆焊用。烧结碳化钨是将碳化钨和钴粉混合后烧结而成的，钴的质量分数在3%～5%之间，粉碎成粉末状后供等离子弧堆焊或氧乙炔火焰喷熔用。铸造碳化钨比烧结的脆，只能耐轻度冲击。碳化钨颗粒易氧化，工作温度不能超过650℃，主要用于油井钻头、钻杆接头、挖掘机械等工件的堆焊。

表6-3　碳化钨堆焊合金

碳化钨种类	组织和性能	制造方法
铸造碳化钨	WC+W_2C共晶，呈不规则粒状和球状。硬度高，耐磨性好，但脆性大，抗高温氧化性差	熔炼→浇注后破碎（呈不规则粒状）或熔炼→离心法分离（呈球状）

（续）

碳化钨种类	组织和性能	制造方法
烧结碳化钨	呈不规则粒状和球状。硬度高，耐磨性好，脆性大小取决于黏结剂钴的多少：高钴型韧性好；低钴型脆性大，但抗高温氧化性好	混合→压块→烧结→破碎（呈不规则粒状）或混合→制球→烧结（呈球状）

3. 铜基堆焊合金

堆焊用的铜基合金主要有青铜、纯铜、黄铜和白铜四大类。其中应用比较多的是青铜类的铝青铜和锡青铜。铝青铜强度高，耐腐蚀，耐金属间磨损，常用于堆焊轴承、齿轮、蜗轮及耐海水腐蚀工件，如水泵、阀门、船舶螺旋桨等。锡青铜有一定强度，塑性好，能承受较大的冲击载荷，减摩性优良，常用于堆焊轴承、轴瓦、蜗轮、低压阀门及船舶螺旋桨等。

铜基堆焊合金耐腐蚀，耐气蚀，耐金属间磨损，但铜合金易受硫化物腐蚀，耐磨料磨损性和抗高温蠕变能力较差，硬度低，同时不容易施焊，只适于200℃以下环境中工作。铜基堆焊合金常用于在钢和铸铁上堆焊制造双金属工件，或用于修复工件，主要用于滑动轴承的轴瓦、低压阀门密封面、水泵活塞、海水管道等工件的堆焊。

4. 钴基堆焊合金

钴基堆焊合金又称司太立（Stellite）合金，以Co为主要成分，加入Cr、W、C等元素。主要成分的含量为：$w_C=0.7\%\sim3.3\%$，$w_W=3\%\sim21\%$，$w_{Cr}=26\%\sim32\%$，其余为Co，堆焊层的金相组织是奥氏体+共晶组织。碳的质量分数低时，堆焊层由呈树枝状晶的Co-Cr-W固溶体（奥氏体）和共晶体组成，随着碳质量分数的增加，奥氏体数量减少，共晶体增多，因此，改变碳和钨的含量可改变堆焊合金的硬度和韧性。

钴基堆焊合金的主要特点是在650℃以上温度仍保持较高的强度和硬度，同时在540~650℃时的高温蠕变强度比任何其他堆焊合金都高。此外，该合金还具有一定的耐蚀性、优良的抗粘着磨损性能，随着碳质量分数的提高，还具有高的硬度和优良的抗磨料磨损性能。

C、W含量较低的钴基堆焊合金，主要用于受冲击、高温腐蚀、磨料磨损的零件堆焊，如高温高压阀门、热锻模等。C、W含量较高的钴基堆焊合金，硬度高，耐磨性好，但抗冲击性能低，且不易加工，主要用于受冲击较小，但承受强烈的磨料磨损、在高温及腐蚀介质下工作的零件。

钴基堆焊合金的缺点是价格昂贵，应采用低稀释率的氧乙炔焰堆焊或粉末等离子堆焊，焊前预热200~500℃，以防止产生冷裂纹和结晶裂纹。

钴基堆焊合金可用于高温腐蚀和高温磨损工况条件下工件的堆焊，如高温高压阀门、燃气涡轮机叶片、热剪机切削刃等零件表面堆焊。因此，须采用具有足够脱氧元素的焊丝。

常用的钴基堆焊合金有四种，见表6-4。

表6-4 钴基堆焊合金的种类

堆焊合金种类	碳的质量分数	组织
钴基1号	较低	树枝状结晶的Co-Cr-W合金固溶体（奥氏体）初晶+该固溶体与Cr-W复合碳化物的共晶体
钴基2号		
钴基4号		
钴基3号	较高	过共晶组织，即粗大的一次Cr-W复合碳化物+该碳化物与固溶体的共晶体

5. 镍基堆焊合金

镍基堆焊合金主要有含硼化物合金、含碳化物合金和含金属间化合物合金。这类堆焊合金具有优良的耐低应力磨料磨损和耐金属间磨损性能，并具有很高的抗氧化性、耐蚀性和耐热性。此外，由于镍基合金易熔化，有较好的润湿性和流动性，所以尽管比较贵，但应用仍很广泛，常用于高温高压蒸汽阀门、化工阀门、泵柱塞的堆焊。

镍基堆焊合金可取代某些类型的钴基堆焊合金，这样可以降低堆焊材料成本。镍具有比铁更好的高温基体强度，因此与钴基合金有相似的应用范围，而镍基堆焊合金可作为钴基合金在耐高温磨损应用中的低价替代品。

（四）堆焊合金的选用

正确地选择堆焊合金是一项很复杂的工作。首先，要考虑满足工件的工作条件和要求；其次，还要考虑经济性、母材的成分、工件的批量以及拟采用的堆焊方法。但在满足工作要求与堆焊合金性能之间并不存在简单的关系，如堆焊合金的硬度并不能直接反映堆焊金属的耐磨性，所以堆焊合金的选择在很大程度上要靠经验和试验来决定。对一般金属间磨损件的表面强化与修复，可遵循等硬度原则来选择堆焊合金；对承受冲击负荷的磨损表面，应综合分析确定堆焊合金；对腐蚀磨损、高温磨损件的表面强化或修复，应根据其工作条件与失效特点确定合适的堆焊合金。堆焊合金选择的一般原则见表 6-5。

表 6-5 堆焊合金选择的一般原则

工作条件	堆焊合金
高应力金属间磨损	钴基合金
低应力金属间磨损	低合金钢
金属间磨损+腐蚀或氧化	钴基、镍基合金
低应力磨料磨损、冲击侵蚀、磨料侵蚀	高合金铸铁
低应力严重磨料磨损，切割刃	碳化钨
严重冲击	高合金锰钢
严重冲击+腐蚀+氧化	钴基合金
高温下金属间磨损	钴基合金
热稳定性，高温（540℃）蠕变强度	钴基、镍基合金

二、常用的堆焊材料

（一）堆焊焊条

1. 堆焊焊条分类和牌号的表示方法

堆焊焊条大部分采用 H08A 冷拔焊芯、药皮添加合金的形式，也有采用管状芯、铸芯或合金冷拔焊芯的。我国堆焊焊条的牌号由“D+三位数字”组成，其中“D”为“堆”字汉语拼音第一个字母，表示堆焊焊条；牌号中的第一位数字，表示该焊条的用途、组织或熔敷金属主要成分；牌号中的第二个数字，表示同一用途、组织或熔敷金属主要成分中的不同编号，按0、1、2、3、4、…、9顺序编排；牌号中的第三位数字，表示药皮类型和焊接电流种类，如2为钛钙型，6为低氢钾型，7为低氢钠型、直流反接，8为石墨型。如D256表示：

D 25 6
低氢钾型药皮，交、直流两用（6）
常温高锰钢堆焊焊条（25）
堆焊焊条（D）

根据用途或成分，我国堆焊焊条共分为9种，见表6-6。

表6-6 我国堆焊焊条的牌号

序号	用途或成分	牌号
1	不规定用途的堆焊焊条	D00X～D09X
2	不同硬度常温堆焊焊条	D10X～D24X
3	常温高锰钢堆焊焊条	D25X～D29X
4	刀具工具堆焊焊条	D30X～D49X
5	阀门堆焊焊条	D50X～D59X
6	合金铸铁堆焊焊条	D60X～D69X
7	碳化钨堆焊焊条	D70X～D79X
8	钴基合金堆焊焊条	D80X～D89X
9	尚待发展的堆焊焊条	D90X～D99X

2. 堆焊焊条型号的编制方法

根据GB/T 984—2001《堆焊焊条》标准规定，堆焊焊条型号按熔敷金属化学成分、药皮类型和焊接电流种类划分，仅有碳化钨管状焊条型号根据芯部碳化钨粉的化学成分和粒度划分，其编制方法如下。

1）型号最前列为英文字母“E”，表示焊条。

2）型号第二个字母为“D”，表示用于表面耐磨堆焊。

3）字母“D”后面用一或两个字母、元素符号表示焊条熔敷金属化学成分分类代号，还可附加一些主要成分的元素符号；在基本型号内可用数字、字母进行细分类，细分类代号也可用短划“-”与前面分开，见表6-7。

表6-7 堆焊焊条型号对照表

型号分类	熔敷金属化学组成类型	型号分类	熔敷金属化学组成类型
EDPXX-××	普通低中合金钢	EDDXX-××	高速钢
EDRXX-××	热强合金钢	EDZXX-××	合金铸钢
EDCrXX-××	高铬钢	EDZCrXX-××	高铬铸铁
EDMnXX-××	高锰钢	EDCoCrXX-××	钴基合金
EDCrMnXX-××	高铬锰钢	EDWXX-××	碳化钨
EDCrNiXX-××	高铬镍钢	EDTXX-××	特殊型
EDNiXX-××	镍基合金		

4）型号中最后两位数字表示药皮类型和焊接电流种类，用短划“-”与前面分开，见表6-8。当药皮类型和焊接电流种类不要求限定时，型号可以简化，如EDPCrMo-A1-03可简化为EDPCr-Mo-A1。

表6-8 堆焊焊条药皮类型与焊接电流种类

型号	药皮类型	焊接电流种类
EDXX-00	特殊型	交流或直流
EDXX-03	钛钙型	
EDXX-15	低氢钠型	直流
EDXX-16	低氢钾型	交流或直流
EDXX-08	石墨型	

堆焊焊条型号举例：

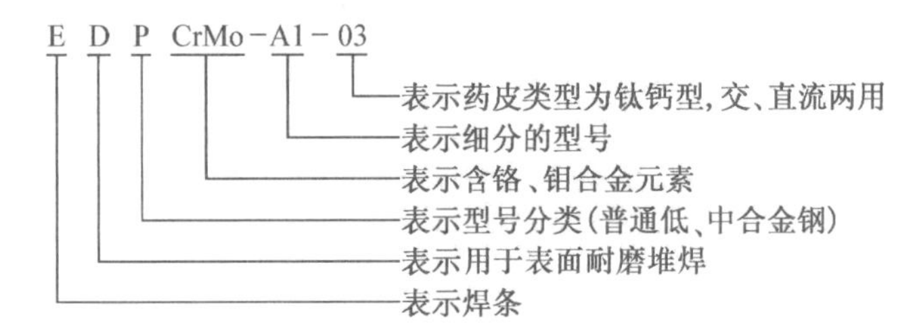

常用堆焊焊条的特性和应用可查阅相关手册。

（二）堆焊焊丝

根据焊丝的结构形状，堆焊用焊丝可分为实心焊丝和药芯焊丝两大类，其中药芯焊丝又可分为有缝焊丝和无缝焊丝两种。按采用的堆焊工艺方法，可分为气体保护焊焊丝、埋弧焊焊丝、火焰堆焊焊丝、等离子弧堆焊焊丝。按其化学成分类别，可分为铁基堆焊焊丝和非铁基堆焊焊丝。铁基堆焊焊丝又分为马氏体钢堆焊焊丝、奥氏体钢堆焊焊丝、高铬合金铸铁堆焊焊丝、碳化钨类堆焊焊丝等；非铁基堆焊焊丝又分为钴基合金堆焊焊丝、镍基合金堆焊焊丝。

碳素钢、低合金钢、不锈钢实心焊丝牌号、型号的表示方法与一般焊接用焊丝基本相同，如牌号H08Mn2SiA表示碳的质量分数约为0.08%、锰的质量分数约为2%、硅的质量分数≤1%的高级优质实心焊丝。

非铁金属及铸铁焊丝牌号由“HS+三位数字”组成。牌号前两个字母“HS”表示非铁金属及铸铁焊丝；牌号中第一位数字表示焊丝的化学组成类型，牌号中第二、三位数字表示同一类型焊丝的不同牌号。如HS221表示第21号铜及铜合金焊丝。

药芯焊丝牌号由“Y+字母+数字”表示，字母“Y”表示药芯焊丝，第二个字母及其后的第一、第二、第三位数字与焊条编制方法相同，牌号中“-”后面的数字表示焊接时的保护方法。药芯焊丝有特殊性能和用途时，在牌号后面加注起主要作用的元素或主要用途的字母（一般不超过两个）。例如：

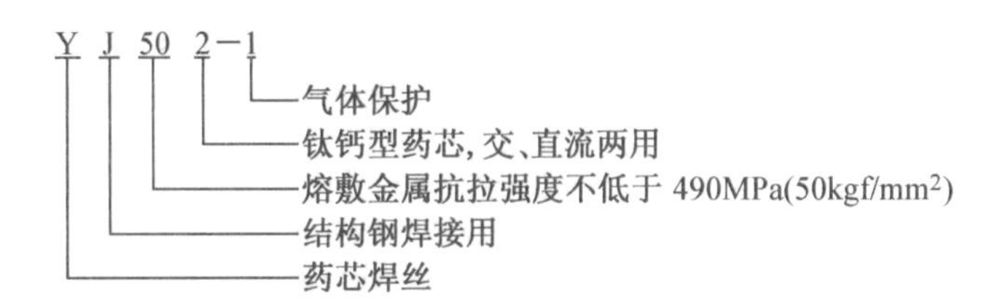

为了增加耐磨性或使金属表面获得某些特殊性能，需要从焊丝中过渡一定量的合金元素。低合金钢实心焊丝可以通过自身的合金，再配合以合金焊剂来达到所需要的堆焊成分及耐磨性能。一些不锈钢焊丝可以同时作为堆焊用焊丝，如 H00Cr21Ni10（ER308L）、H12Cr24Ni13（ER309）、H12Cr13（ER410）等。如果焊丝因含碳量和合金元素较多，难于加工制造，应采用药芯焊丝，合金元素可加入药芯中，且加工制造方便。采用药芯焊丝进行埋弧堆焊耐磨表面已是常用的方法，并得到广泛应用。

为了提高冷作模具的耐磨性，可以在模具表面堆焊钢结硬质合金。目前生产的堆焊用硬质合金焊丝主要有两类：即高铬合金铸铁（索尔玛依特）和钴基（司太立）合金。高铬合金铸铁具有良好的抗氧化性和耐气蚀性能，硬度高，耐磨性好。而钴基合金则在 650℃ 的高温下亦能保持高的硬度和良好的耐蚀性能。其中低碳、低钨的韧性好；高碳、高钨的硬度高，但抗冲击能力差。

硬质合金堆焊焊丝可采用氧乙炔火焰、焊条电弧焊等方法堆焊，其中氧乙炔火焰堆焊虽然生产率低，但设备简单，堆焊时熔深浅，母材熔化量少，堆焊质量高，因此应用较广泛。

（三）堆焊焊剂

堆焊焊剂在堆焊过程中起隔离空气、保护堆焊层合金不受空气侵害和参与堆焊层合金冶金反应的作用。按制造方法可分为熔炼焊剂和烧结焊剂两大类。

1. 熔炼焊剂

熔炼焊剂是将各种矿物性原料和化工产品按配方比例混合配成炉料，然后在电炉内加热到 1300℃ 以上，熔炼成流动性很好的红色熔渣，然后出炉，经过水冷粒化、烘干、筛选而制作成的。其采用的主要原料有锰矿、硅砂、铝矾土、镁砂、氟石、生石灰、钛铁矿等矿物性原料和冰晶石、硼砂等化工产品。由于熔炼焊剂制造中要经过高温熔化原料，因此焊剂中不能加碳酸盐、脱氧剂和合金剂，制造高碱度焊剂也很难。而且，熔炼焊剂经熔炼后不可能保持原料的原组分不变，所以，熔炼焊剂实质是各种化合物的组合体。熔炼焊剂多用于埋弧堆焊低碳钢、低合金钢。配用合金钢焊丝，也可用于低合金钢、高合金钢埋弧自动堆焊。熔炼焊剂在埋弧堆焊过程中对熔化金属只有保护作用，几乎没有过渡合金的作用。

熔炼焊剂的牌号由“HJ+三位数字”表示，如 HJ230。其中，“HJ”表示埋弧焊用熔炼焊剂；牌号中第一位数字表示焊剂中氧化锰的含量，见表 6-9；牌号中第二位数字表示二氧化硅、氟化钙的含量，见表 6-10；牌号中第三位数字表示同一类型焊剂的不同牌号，按 0、1、2、…、9 顺序编排。

表 6-9 熔炼焊剂牌号中第一位数字的含义

焊剂牌号	焊剂类型	MnO（质量分数,%）
HJ1XX	无锰	<2

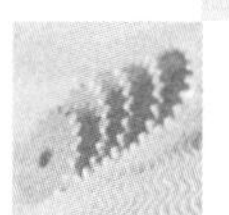

（续）

焊剂牌号	焊剂类型	MnO（质量分数,%）
HJ2XX	低锰	2~15
HJ3XX	中锰	15~30
HJ4XX	高锰	>30

表 6-10　熔炼焊剂牌号中第二位数字的含义

焊剂牌号	焊剂类型	SiO_2（质量分数,%）	CaF_2（质量分数,%）
HJX1X	低硅低氟	<10	<10
HJX2X	中硅低氟	10~30	<10
HJX3X	高硅低氟	>30	<10
HJX4X	低硅中氟	<10	10~30
HJX5X	中硅中氟	10~30	10~30
HJX6X	高硅中氟	>30	10~30
HJX7X	低硅高氟	<10	>30
HJX8X	中硅高氟	10~30	>30

2. 烧结焊剂

烧结焊剂是将原料混合后加入黏结剂，混合均匀后送入造粒机，造粒后干燥，再送入烧结炉中烧结。400℃以下为低温烧结，600~1000℃为高温烧结，烧结后过筛、包装出厂。与熔炼焊剂相比，烧结焊剂熔点较高，故这类焊剂适合大热输入焊接。烧结焊剂的碱度可以在较大范围内调节而仍能保持良好的工艺性能，可以根据施焊钢种的需要通过焊剂向焊缝过渡合金元素，特别适用于自动埋弧堆焊。而且，烧结焊剂适用性强，制造简便，故近年来发展很快。

烧结焊剂的牌号由“SJ+三位数字”表示，如 SJ105。其中，“SJ”表示烧结焊剂；牌号中第一位数字表示焊剂熔渣渣系的类型，见表 6-11；牌号中第二位、第三位数字表示同一渣系类型焊剂中的不同牌号焊剂，按 01、02、…、09 顺序编排。

表 6-11　烧结焊剂熔渣渣系的类型

焊剂牌号	熔渣渣系类型	主要组成范围（质量分数,%）
SJ1XX	氟碱型	$CaF_2 \geqslant 15$，$CaO+MgO+MnO+CaF_2>50$，$SiO_2 \leqslant 20$
SJ2XX	高铝型	$Al_2O_3 \geqslant 20$，$Al_2O_3+CaO+MgO>45$
SJ3XX	硅钙型	$CaO+MgO+SiO_2>60$
SJ4XX	硅锰型	$MgO+SiO_2>50$
SJ5XX	铝钛型	$Al_2O_3+TiO_2>45$
SJ6XX	其他型	

以上两种焊剂与焊丝的配合读者可查阅相关手册，本书不再叙述。

模块三　焊条电弧堆焊

导入案例

某厂在3t模锻锤上锻造发动机连杆。锻模材质为5Cr06NiMo，外形尺寸为600mm×600mm×400mm，模面硬度为38~42HRC。在使用过程中，模膛受到强烈的冲击及盐水反复急剧冷却，因此模膛很容易产生变形、塌陷和龟裂，若直接报废，经济损失巨大。故采用焊条电弧堆焊方法进行修复，选用ϕ4mm的D397焊条，焊前锻模整体预热至450~500℃，焊后入炉进行550~570℃、保温4h回火。堆焊修复锻模的使用寿命是新模具的80%~90%，修复省时且费用低，故节约了大量成本。

焊条电弧堆焊是目前应用最广泛的堆焊方法，它使用的设备简单，成本低，对形状不规则的工件表面及狭窄部位进行堆焊的适应性好，方便灵活。焊条电弧堆焊在我国有一定的应用基础，我国生产的堆焊焊条有完整的产品系列，仅标准定型产品就有百余个品种，还有很多专用及非标准的堆焊焊条产品。焊条电弧堆焊在冶金机械、矿山机械、石油化工、交通运输、模具及金属构件的制造和维修中得到了广泛应用。

一、焊条电弧堆焊的特点和应用

（一）焊条电弧堆焊的特点

焊条电弧堆焊是将焊条和工件分别接电源的两极，通过电弧使焊条和工件表面熔化形成熔池，冷却后形成堆焊层的一种堆焊方法，如图6-4所示。

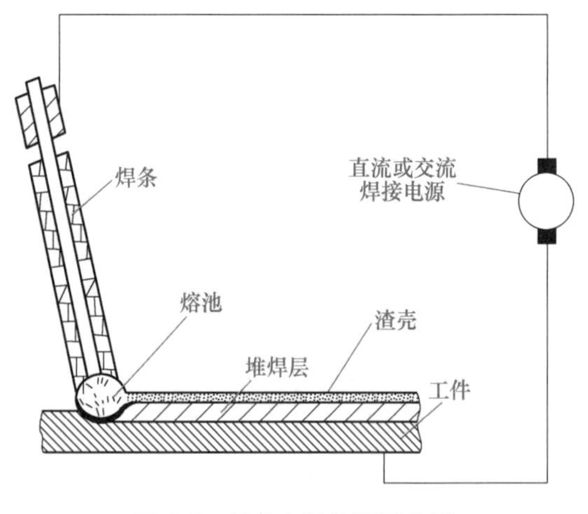

图6-4　焊条电弧堆焊示意图

焊条电弧堆焊与一般焊条电弧焊的特点基本相同，设备简单，使用可靠，操作方便灵活，成本低，适宜于现场或野外堆焊，可以在任何位置焊接，特别是能通过堆焊焊条获得几乎所有的堆焊合金层。因此，焊条电弧堆焊是目前主要的堆焊方法之一。

焊条电弧堆焊的缺点是生产率低，劳动条件差，稀释率高。当工艺参数不稳定时，易造成堆焊层合金的化学成分和性能发生波动，同时不易获得薄而均匀的堆焊层。焊条电弧堆焊主要用于堆焊形状不规则或机械化堆焊可达性差的工件。

（二）焊条电弧堆焊的应用

由于焊条电弧堆焊成本低，灵活性强，就其堆焊基体的材料种类而言，焊条电弧堆焊既可以在碳素钢工件上进行，又可以在低合金钢、不锈钢、铸铁、镍及镍合金、铜及铜合金等

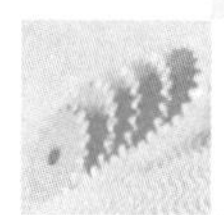

工件上进行。

就其应用范围而言，焊条电弧堆焊的应用遍及各种机械工程和制造部门，广泛应用于车辆、工程机械、矿山机械、动力机械、石油化工设备、电力、建筑、运输设备以及模具的制造与修复中。如载重汽车发动机曲轴、推土机刃板、矿山料车、铲斗齿、铸造炉底盘、泥浆泵、热锻模、热拉伸模、热冲头、热剪刀及高速钢刀具的制造和修复，都可以使用焊条电弧堆焊技术。

二、焊条电弧堆焊工艺

焊条电弧堆焊的堆焊规范对堆焊质量和生产率有重要影响，其中包括堆焊前工件表面是否需要清理及清理程度；焊条的选择及烘干、堆焊工艺参数的选择及必要的预热保温和层间温度的控制等。

（一）焊前准备

堆焊前工件表面应进行粗车加工，并留出加工余量，以保证堆焊层加工后有 3mm 以上的高度。工件上待修复部位表面上的铁锈、水分、油污、氧化皮等在堆焊修复时容易引起气孔、夹杂等缺陷，所以在焊接修复前必须清理干净。堆焊工件表面不得有气孔、夹渣、砂眼、裂纹等缺陷，如有上述缺陷须经补焊清除再粗车后方可实施堆焊。

多层焊接修复时，必须使用钢丝刷等工具把每一层修复熔敷金属的焊渣清理干净。如果待修复部位表面有油和水分，可用气焊焊炬进行烘烤，并用钢丝刷清除。

（二）焊条选择及烘干

根据对工件的技术要求，如工作温度、压力等级、工件介质以及对堆焊层的使用要求，选择合适的焊条。按堆焊焊条分类可用于某一产品的焊条，有时也可用于其他产品，如 D507 是阀门密封面焊条，除了用于中温高压阀门密封面的堆焊外，还可用于堆焊工作温度在 450℃以下的碳素钢或合金钢轴类零件。

有些焊条虽不属于堆焊焊条，但有时也可用作堆焊焊条，如碳素钢焊条、低合金焊条、不锈钢焊条和铜合金焊条等。

为确保焊条电弧堆焊的质量，所用焊条在堆焊前应进行烘干，去除焊条药皮吸附的水分。焊条烘干一般不能超过 2 次，以免药皮变质或开裂影响堆焊质量。

（三）焊条直径和焊接电流

为提高生产率，堆焊时总希望采用较大直径的焊条和较大的焊接电流。但是由于堆焊层厚度和堆焊质量的限制，必须把焊条直径和焊接电流控制在一定范围内。

堆焊焊条的直径主要取决于工件的尺寸和堆焊层的厚度。

增大焊接电流可提高生产率，但电流过大，则稀释率增大，易造成堆焊合金成分偏析和堆焊过程中液态金属流失等缺陷。而焊接电流过小，则容易产生未焊透、夹渣等缺陷，且电弧的稳定性差，生产率低。一般来说，在保证堆焊合金成分合格的条件下，应尽量选用大的焊接电流；但不应在焊接过程中由于电流过大而使焊条发红，药皮开裂、脱落。

（四）堆焊层数

堆焊层数是以保证堆焊层厚度、满足设计要求为前提。对于较大构件需要堆焊多层。堆焊第一层时，为减小熔深，一般采用小电流；或者堆焊电流不变，提高堆焊速度，同样可以达到减少熔深的目的。

焊条直径、堆焊电流、堆焊层数与所需堆焊层厚度的关系见表 6-12。

表 6-12 堆焊规范与堆焊层厚度的关系

堆焊层厚度/mm	<1.5	<5	≥5
焊条直径/mm	3.2	4~5	5~6
堆焊层数	1	1~2	>2
堆焊电流/A	80~100	140~200	180~240

（五）堆焊预热和缓冷

堆焊中最常碰到的问题是开裂，为了防止堆焊层和热影响区产生裂纹，减少零件变形，通常要对堆焊区域进行焊前预热和焊后缓冷。

预热是焊接修复开始前对被堆焊部位局部进行适当加热的工艺措施，一般只对刚性大或焊接性差、容易开裂的结构件采用。预热可以减小修复后的冷却速度，避免产生淬硬组织，减小焊接应力及变形，防止产生裂纹。工件堆焊前的预热温度可视工件材料的碳当量而定，见表 6-13。当某些大型工件不便在设备中预热时，可用氧乙炔火焰在修复部位预热；高锰钢及奥氏体型不锈钢可不预热；高合金钢预热温度应大于 400℃。

表 6-13 不同碳当量时钢材堆焊的最低预热温度

碳当量 C_{ep}(质量分数，%)	0.4	0.5	0.6	0.7	0.8
最低预热温度/℃	100	150	200	250	300

堆焊后的缓冷一般可在石棉灰坑中进行，也可适当补充加热，使其缓慢冷却。

三、焊条电弧堆焊应用实例

（一）阀门密封面堆焊

阀门经常处于高温、高压条件下工作，基体一般为 ZG230-450、ZG270-500、20CrMo 和 15CrMoV 材料。密封面是阀门的关键部位，工作条件差，极易损坏。阀门密封面焊条电弧堆焊采用的焊条主要有马氏体高铬钢堆焊焊条（如 D502、D507、D512、D517）、高铬镍钢堆焊焊条（如 D547Mo）和钴基合金堆焊焊条（如 D802、D812）等。常温低压阀门密封面也可堆焊铜基合金，中温低压阀门密封面可堆焊高铬不锈钢，低于 650℃高温高压阀门多堆焊钴基（司太立）合金。下面仅以马氏体高铬钢焊条堆焊工艺为例进行说明，堆焊后的平板阀阀门密封面如图 6-5 所示。

图 6-5 平板阀阀门密封面堆焊马氏体高铬钢

1. 焊前准备

1）焊前工件表面进行粗车或喷砂清除氧

化皮，工件表面不允许有任何缺陷（如裂纹、气孔、砂眼、疏松）及油污、铁锈等。

2）焊条使用前必须烘干。D502、D512 等钛钙型药皮焊条，需经 150~200℃ 预热，保温 1h 烘焙；D507、D517 等低氢型药皮焊条，需经 300~350℃ 预热，保温 1h 烘焙。

3）使用 D502、D507 等 1Cr13 型焊条时，焊前一般不需将工件预热；而使用 D512、D517 等 2Cr13 型焊条时，堆焊前一般要对工件预热 300℃ 左右。

4）使用 D507、D517 焊条需要采用直流弧焊机或硅整流弧焊机，并采用反接法；使用 D502、D512 焊条可采用交流或直流弧焊机。

2. 操作要点

1）堆焊应尽量采用小电流、短弧焊，以减少熔深和合金元素的烧损。堆焊工件应保持在水平位置，尽量做到堆焊过程不中断，连续堆焊 3~5 层。

2）根据工件的材质、大小和不同的要求，可采用油冷、空冷或缓冷来获得不同的硬度。

3）焊后一般都需要进行 680~750℃ 高温回火或 750~800℃ 退火处理，以使淬火组织得到改善，降低热影响区硬度。

4）工件堆焊后如发现焊层有气孔、裂纹等缺陷或堆焊层高度不够加工，而此时工件已冷却到室温，在这种情况下不能进行局部补焊。因为马氏体高铬钢淬透性较高，局部补焊后会发生堆焊层硬度不均匀的现象，不能满足技术条件的要求。此种情况下应采用重新堆焊的方法进行返修。

（二）合金件的修复

变速器齿轮由于齿面表层局部损坏，堆焊后用手砂轮和油石进行修整，无须进行复杂的热处理，可基本达到原力学性能。工艺和要求如下。

1. 焊前准备

1）选择山东“齐鲁”Fe-Cr-C 系列耐磨焊条中的 EDZCr55-10 高铬合金耐磨堆焊焊条，堆焊层硬度可达 55HRC，并有较高的冲击韧度，焊条直径为 3.2mm。

2）用油洗或火焰将齿轮表面的油污处理干净。

2. 施焊

将齿轮预热至 200~250℃，电弧长度与焊条直径相当，焊接电流 110~150A，焊条与齿轮堆焊表面接近垂直，焊后缓冷。

模块四　氧乙炔火焰堆焊

导入案例

泥沙磨损是疏浚船舶过流易损件（如泥泵泵壳、绞刀片、叶轮等）主要的磨损形式，如 ZG35SiMn 材质的绞刀片，在恶劣条件下其使用寿命仅有 6~7 天，而更换绞刀片的工作就需 3 天以上，严重影响了挖泥船的工作效率及施工进度。为了提高过流易损件的抗泥沙磨损性能和使用寿命，通常采用氧乙炔火焰堆焊方法在工件表面堆焊金属基碳化钨耐磨层，这种堆焊层是金属基陶瓷复合材料，该复合材料由低非合金钢金属基体和分布在基体中的碳化物陶瓷颗粒组成，具有优异的抗泥沙磨损性能。

一、氧乙炔火焰堆焊及其设备和材料

（一）氧乙炔火焰堆焊概述

氧乙炔火焰堆焊是用氧气和乙炔混合燃烧产生的火焰作热源的堆焊方法。氧乙炔火焰是一种多用途的堆焊热源，火焰温度较低（3000~3300℃），而且可调整火焰能率，焊时熔深浅，母材熔化量少，能获得非常小的稀释率（1%~10%）。获得的堆焊层薄，表面平滑美观，质量良好。氧乙炔火焰堆焊所用的设备简单，可随时移动，操作工艺简便灵活，成本低，所以得到较为广泛的应用，尤其是堆焊需要较少热容量的中、小工件时，具有明显的优越性。

由于是手工操作，氧乙炔火焰堆焊劳动强度大，熔敷速度低。当要求得到高质量的堆焊焊层时，对焊工的操作技能要求高，因此氧乙炔火焰堆焊主要用于要求表面光洁、质量高、精密的工件的堆焊，以及在批量不大的中、小型工件上进行小面积的堆焊。氧乙炔火焰堆焊在阀门、带锯杆、犁铧及各种农用机械中得到了广泛应用。

（二）氧乙炔火焰堆焊的设备和材料

氧乙炔火焰堆焊所用的装置主要有焊炬、氧气瓶、乙炔气瓶或乙炔发生器、减压器、回火防止器、胶管等，与普通氧乙炔火焰焊接基本相同，如图6-6所示，本书不再重复叙述。

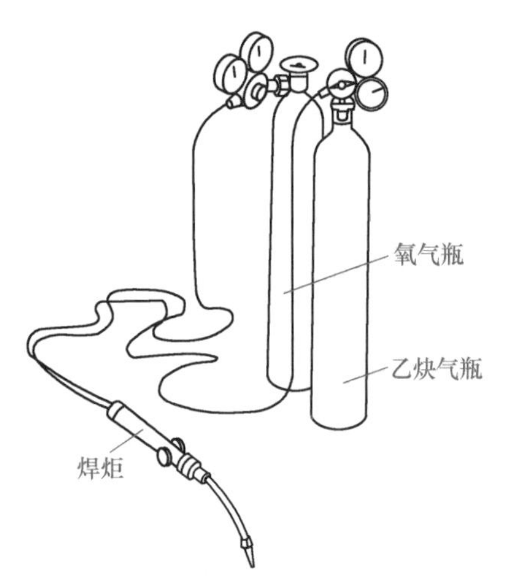

图6-6　氧乙炔火焰堆焊的装置

氧乙炔火焰堆焊一般采用实心焊丝，几乎所有堆焊材料都可使用，如硬质合金焊丝、铜及铜合金焊丝等，具体选择可查阅相关手册。

此外，氧乙炔火焰堆焊也可采用合金粉末，利用氧乙炔火焰将合金粉末加热后，喷洒、沉积并熔化在零件表面上形成堆焊层，这种方法也称为氧乙炔火焰粉末喷焊。

堆焊熔剂是用氧乙炔火焰进行堆焊时的助熔剂，目的在于去除堆焊过程中形成的氧化物，改善润湿性能，促使工件表面获得致密的堆焊层组织。堆焊熔剂的选择见表6-14。

表6-14　堆焊熔剂的选择

牌　号	名　称	熔剂化学组成（质量分数，%）	用　　途
CJ101	不锈钢及耐热钢用熔剂	瓷土粉30，大理石28，钛白粉20，低碳锰铁10，硅铁6，钛铁6	用于不锈钢及耐热钢气焊时的助熔剂
CJ201	铸铁用熔剂	H_3BO_3 18，Na_2CO_3 40，MnO_2 7，$NaHCO_3$ 20，$NaNO_3$ 15	用于铸铁件气焊时的助溶剂
CJ301	铜气焊熔剂	H_3BO_3 76~79，$Na_2B_4O_7$ 16.5~18.5，$AlPO_4$ 4~4.5	用于纯铜及黄铜气焊时的助熔剂
CJ401	铝气焊熔剂	KCl 49.5~52，NaCl 27~30、LiCl 13.5~15、NaF 7.5~9	用于铝及铝合金气焊时的助熔剂，并起精炼作用，也可用作气焊铝青铜时的熔剂

二、氧乙炔火焰堆焊工艺

（一）焊前准备

为保证堆焊层质量，堆焊前应将焊丝及焊件表面的氧化物、铁锈、油污等污物清除干净，以免堆焊层产生夹渣、气孔等缺陷。如堆焊表面出现磨损或腐蚀沟槽，应采用机械加工方法进行清除。机械加工切除的厚度超过堆焊层厚度时，要先用与基体金属相同的材料堆焊打底层。

为防止堆焊合金或基体金属产生裂纹和减小变形，焊件焊前还需要预热，具体的预热温度根据被焊基体材料和焊件大小而定。

（二）氧乙炔火焰堆焊的工艺参数

氧乙炔火焰堆焊的工艺参数主要包括火焰的性质、焊丝直径、火焰能率、堆焊速度以及焊嘴与工件间的倾斜角度等。合理选择氧乙炔堆焊工艺参数是保证堆焊质量的重要条件。

1. 火焰的性质

根据氧和乙炔混合比的不同，氧乙炔火焰可分为中性焰、碳化焰和氧化焰三种。

（1）中性焰　在焊炬的混合室内，氧与乙炔的体积比为 1：（1.1~1.2）时，被完全燃烧，无过剩的游离碳或氧，这种火焰称为中性焰。中性焰由于内焰温度高，最高温度可达 3050~3150℃，且具有还原性，能改善焊缝的力学性能，是堆焊中常用的火焰，一般低碳钢、低合金钢和非铁合金材料的堆焊基本上采用中性焰。

（2）碳化焰　氧与乙炔的混合比小于 1.2 时，火焰变成碳化焰。乙炔过剩，火焰中有游离状态的碳及过多的氢，焊接时会增加焊缝含氢量，焊低碳钢时有渗碳现象，最高温度 2700~3000℃。碳化焰具有较强的还原作用，但容易形成气孔和裂纹。碳化焰不能用于堆焊低碳钢和合金钢，只适用于堆焊高碳钢、高速钢、铸铁、硬质合金、蒙乃尔合金、碳化钨和铝青铜等。

（3）氧化焰　氧与乙炔的混合比大于 1.1 时，火焰变成氧化焰。氧化焰的最高温度高于中性焰，可达 3100~3300℃，并具有氧化性，如用来焊接钢，焊缝将产生大量的氧化物和气孔，同时可使焊缝变脆。所以氧化焰不能用于焊接钢件，只适用于堆焊黄铜、锰黄铜、镀锌薄钢板等。

2. 焊丝直径

氧乙炔火焰堆焊时，焊丝直径的选择主要依据焊件的厚度以及堆焊的面积。如果焊丝过细，则焊丝熔化太快，熔滴滴到焊缝上，容易造成熔合不良和表面焊层高低不平，降低焊缝质量；如果焊丝过粗，焊丝的加热时间就会增加而使热影响区增大，容易造成过热组织，降低堆焊层的质量，焊丝过粗还可能使焊缝产生未焊透的现象。

3. 火焰能率

火焰能率是以每小时混合气体的消耗量来表示的，单位是 L/h。火焰能率的大小主要是根据被堆焊件的厚度、金属材料的性质（如熔点、导热性能等）以及焊件的空间位置来选择的。

堆焊较厚的焊件时，火焰能率应选择大一些；相反，在堆焊薄件时，为了避免焊件被烧穿以及堆焊层组织过热，火焰能率应选小一些。堆焊熔点较高且导热性好的金属材料（如纯铜等）时要选用较大的火焰能率；堆焊熔点较低且导热性较差的金属材料（如铅等），则要选用较小的火焰能率。

火焰能率是由焊炬型号和焊嘴号码的大小来决定的。焊嘴孔径越大，火焰能率也越大；相反，焊嘴孔径越小，火焰能率也越小。

在堆焊过程中，焊件所需要的热量实际上是随时变化的。如刚开始堆焊时，整个焊件是冷的，需要的热量多一些。堆焊过程中，焊件本身的温度升高，需要的热量也就相应地减少，此时可采用调小火焰的办法或其他办法（如调整焊嘴和焊件的倾斜角度以及焊嘴和焊件的距离等）来达到调整热量的目的。

4. 堆焊速度

堆焊速度直接影响到生产率的高低和产品质量的好坏。因此，必须根据不同的产品来正确选择堆焊速度。通常情况下，对厚度大、熔点较高的焊件，堆焊速度要慢些，以免产生未熔合等缺陷；对厚度较薄、熔点低的焊件，堆焊速度要快一些，以免焊件产生烧穿、过热等缺陷，降低产品质量。

除了考虑到上述因素以外，还要根据操作者的技术水平、堆焊层的位置以及其他具体条件来选择。在保证堆焊质量的前提下，应尽量加快堆焊速度，来提高堆焊生产率，缩小热影响区，避免过热、过烧、产生大的变形。

5. 焊嘴的倾斜角度

焊嘴的倾斜角度是指焊嘴与焊件间的夹角，如图 6-7 所示。焊嘴倾斜角度的大小，要根据焊件的厚度、焊嘴大小、金属材料的熔点和导热性以及空间位置等因素来决定。焊嘴倾斜角度大，则火焰集中，热量损失较小，焊件得到的热量多，升温就快；焊嘴倾斜角度小，火焰分散，热量损失较大，焊件得到的热量少，升温就慢。

堆焊厚度较大、熔点较高、导热性较好的焊件时，倾斜角度应大一些，如堆焊导热性较好的纯铜时，焊嘴倾斜角为 60°~80°；堆焊厚度较小、熔点较低、导热性较差的焊件时，倾斜角度要相应地减小。在实际焊接过程中，焊嘴倾斜角度并非是不变的，而是应根据情况随时调整。

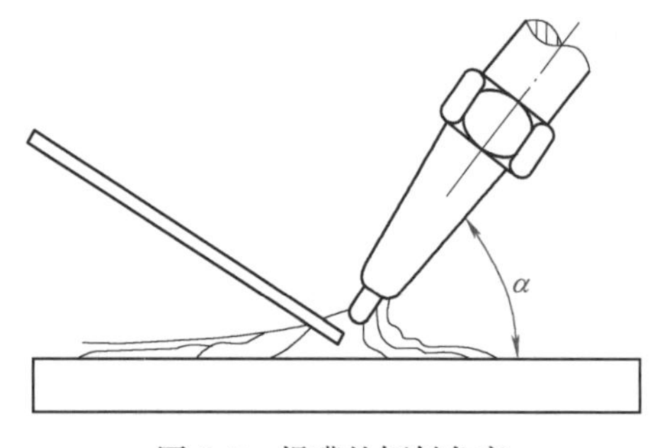

图 6-7 焊嘴的倾斜角度

三、氧乙炔火焰堆焊应用实例

（一）氧乙炔火焰堆焊滑动轴承合金

1. 焊前准备

1）清理焊件，用汽油及丙酮洗去轴瓦表面的油污，并用砂布轻擦表面，使之露出金属光泽。

2）制作焊丝，将合金锭熔铸成三角形金属细条，厚度以 5mm 为宜。

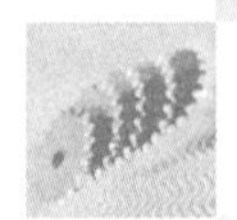

3）采用三号焊炬和焊嘴，氧气压力为0.05~0.15MPa，乙炔压力为0.03~0.05MPa。由于轴承合金大多是锡基和铅基的低熔点合金，因此必须严格控制火焰能率的强弱。外焰不可过大，不可使用过剩的碳化焰，以免大面积地增加砂眼。

2. 堆焊工艺

1）在水平位置堆焊，才能获得外观整齐的焊波和质量良好的堆焊层。

2）为避免原合金层过热与轴瓦体脱离，宜将轴瓦背放在水中，露出合金层进行堆焊。

3）焊炬焰心以距底层合金面5~6mm为宜，焊炬角度与水平面呈30°，焊丝与水平面呈45°左右；采用左焊法为好，堆焊速度应稍快。

4）从焊件始端向里3mm处开始施焊，合金表面若发现起皱、发亮即可熔化焊丝。堆焊过程中，如发现熔池表面产生气泡，必须立即处理。

焊至终端时要调转焊炬方向往回施焊，以防金属溢流，若能采用金属靠模更好。要不断翻转轴瓦，使每道焊波都压住前一道焊波的1/2，以求整个焊波平整一致。

（二）不锈钢阀座的堆焊

由06Cr18Ni12Mo2Ti及06Cr18Ni11Ti铬镍奥氏体型不锈钢制成的阀座，是发动机上重要的工件之一，其工作条件十分复杂苛刻。为此，要求制成阀座的材料在常温和高温下都具有足够的硬度、耐磨性和耐蚀性能。采用单一材料制成所谓的整体阀座，不可能满足上述各项性能要求。因此，在设计和维修中，均规定须在阀座面上用氧乙炔火焰堆焊司太立合金，如图6-8所示。

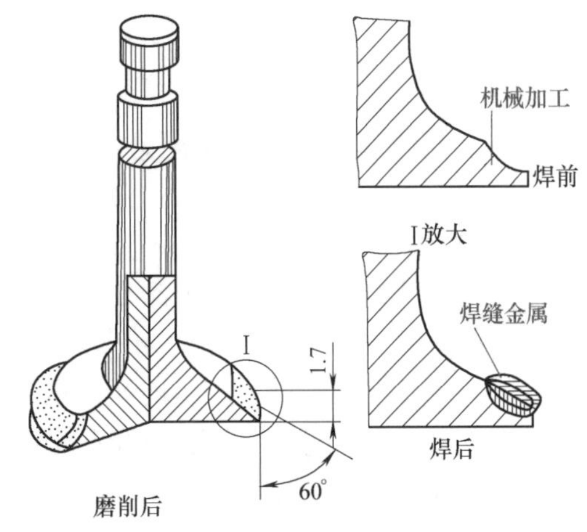

图6-8 不锈钢阀座堆焊

阀座面氧乙炔火焰堆焊工艺方法的操作要点如下：

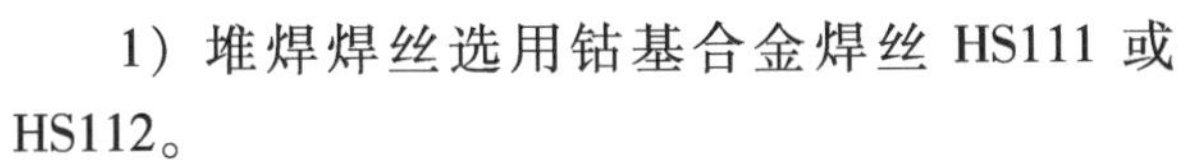

1）堆焊焊丝选用钴基合金焊丝HS111或HS112。

2）堆焊前，彻底消除母材表面的污物及焊丝表面的脏物，然后在车床上加工出需要堆焊的阀座表面。

3）采用焊炬将阀座表面预热至600~650℃，然后在表面撒敷上一层CJ101堆焊熔剂。

4）必要时先用07Cr19Ni9Nb焊丝堆焊过渡层。堆焊时焊丝做上下运动，一边划破熔池，一边填充焊丝，并使焊丝端头和焊接熔池均置于碳化焰的保护之中，如图6-9所示。焊接速度要快些，以使过渡层尽量薄。过渡层堆焊好后，用火焰重熔一遍，若发现存在气孔，可适当加大氧气流量重熔，待气孔消除后，再调回碳化焰施焊。

5）堆焊HS111钴基（司太立）合金焊丝时，采用2~2.5倍的碳化焰施焊，操作方法同钴基硬质合金焊丝的堆焊。

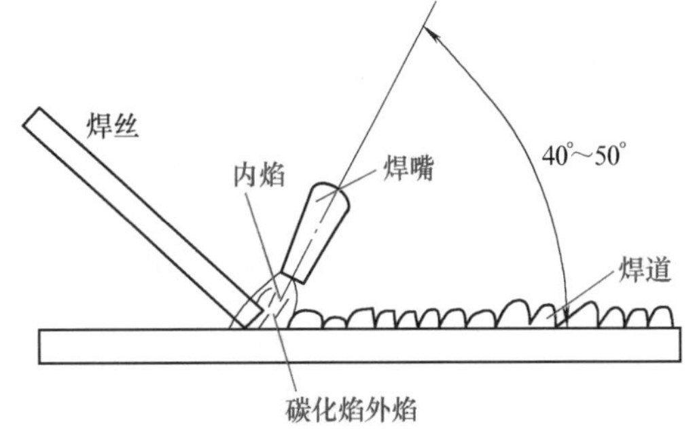

图6-9 阀座堆焊操作示意图

模块五 埋弧堆焊

导入案例

大型水轮发电机主部件转轮室常年处于水下，叶轮在转轮室中高速运转，要求转轮室的内球面必须具有较强的耐磨性和耐蚀性。在以往的生产中，转轮室的内球面大多使用镶焊不锈钢板来完成，尽管能够保证质量，但是加工周期较长，使得生产任务较忙时生产计划的安排和实施有一定的难度，而使用埋弧焊堆焊不锈钢层，在保证产品质量的同时，又大大提高了生产率。

一、埋弧堆焊的原理和分类

（一）埋弧堆焊的原理

利用埋弧焊的方法在零件表面堆敷一层具有特殊性能的金属材料的工艺过程称为埋弧堆焊，如图6-10所示。埋弧堆焊与一般埋弧焊没有本质区别，二者的工作原理大致相同，焊丝（或焊带）与焊件间所产生的高温电弧使焊剂熔化，形成覆盖在熔池上面的熔渣层，隔绝大气对堆焊金属的作用，熔化的金属与熔剂蒸气在熔渣层下形成一个密封的空腔，电弧在空腔内燃烧，使焊丝熔化，即电弧埋在熔剂层下面进行堆焊，所以称为埋弧堆焊。

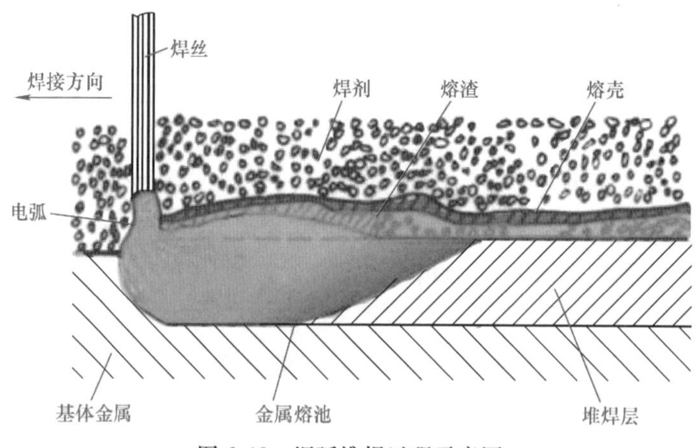

图6-10 埋弧堆焊过程示意图

埋弧堆焊有以下一些特点。

1）由于熔渣层对电弧空间的保护，减少了堆焊层中的氮、氢、氧气的含量；同时由于熔渣层的保温作用，熔化金属与熔渣、气体的冶金反应比较充分，使堆焊层的化学成分和性能比较均匀，堆焊层表面光洁平整；又由于焊剂中的合金元素对堆焊金属的过渡作用，则能

够根据焊件工作条件的需要，选用相应的焊丝和焊剂，获得满意的堆焊层。

2）埋弧堆焊层存在残留压应力，有利于提高修复焊件的疲劳强度。

3）埋弧堆焊在熔渣层下面进行，减少了金属飞溅，消除了弧光对工人的伤害，产生的有害气体少，从而改善了劳动条件。

4）埋弧堆焊都是机械化、自动化生产，可采用比焊条电弧堆焊、振动电弧堆焊高得多的电流，因而生产率高，比焊条电弧焊或氧乙炔火焰堆焊的效率高 3~6 倍，特别是针对较大尺寸的焊件，埋弧堆焊的优越性更加明显。这种方法在冶金、矿山机械、电力、核工业等领域中的应用日趋广泛并越来越受到重视。

（二）埋弧堆焊的分类

为了降低稀释率、提高熔敷速度，埋弧堆焊有多种形式，具体有单丝埋弧堆焊、多丝埋弧堆焊、串联电弧埋弧堆焊、带极埋弧堆焊、合金粉末埋弧堆焊等，如图 6-11 所示。

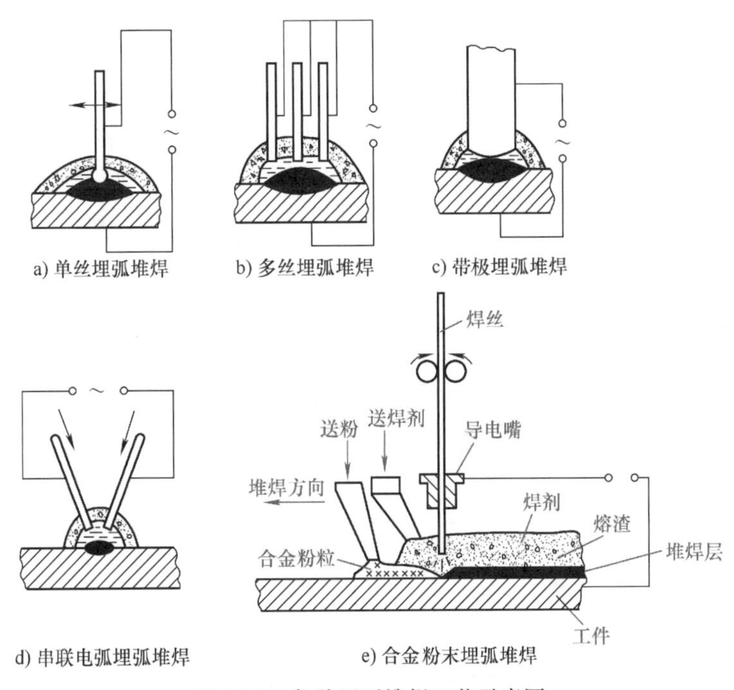

图 6-11　各种埋弧堆焊工艺示意图

1. 单丝埋弧堆焊

单丝埋弧堆焊的应用比较广泛，主要是用合金焊丝、药芯焊丝或低碳钢焊丝配合烧结焊剂，靠焊丝或焊剂过渡合金。单丝埋弧堆焊修复的缺点是熔深大、稀释率高达 30%~60%，需堆焊 2~3 层以上才能满足对表面堆焊层性能的要求。为了减少稀释率，可采用下坡埋弧堆焊工艺、增大焊接电弧长度（即增加焊接电压）、降低焊接电流和增大焊丝直径等措施，还可以摆动焊丝使焊道加宽、稀释率下降。

2. 多丝埋弧堆焊

采用两根或两根以上的焊丝同时向焊接区送进，电弧周期性地从一根焊丝转移到另一根焊丝。每一次起弧的焊丝都有很高的电流密度，可获得较大的熔敷效率，使多丝埋弧堆焊的电弧位置不断变动，可以获得较浅的熔深和较宽的堆焊焊道。

3. 串联电弧埋弧堆焊

串联电弧埋弧堆焊的电弧是在自动送进的两根焊丝间燃烧，两根焊丝大多成45°角，焊丝垂直于堆焊方向，分别连接交流电源两极，空载电压100V左右。由于电弧间接加热母材，大部分热量用于熔化焊丝，所以稀释率低，熔敷量大。

4. 带极埋弧堆焊

常规的埋弧堆焊热量输入大，堆焊后冷却速度较慢，堆敷金属和热影响区晶粒粗大，易造成在高温高压腐蚀介质中使用的压力容器出现裂纹。为了提高堆焊层的性能，可用金属带代替焊丝，配合烧结焊剂进行堆焊。电弧在带极端部局部引燃，沿带极端部迅速移动，类似于不断摆动的焊丝，因此熔深浅而均匀，稀释率低，焊道宽而平整，既可以提高堆焊层性能，同时也提高了熔敷效率。

目前，带极埋弧堆焊的一般带极厚度为0.4~0.8mm，宽度60~150mm，电压25~27V，电流790~860A，堆焊速度9~12cm/min，每小时堆焊面积达0.3~0.4m^2。为了获得更高的生产率，还可增加带极宽度。

5. 合金粉末埋弧堆焊

合金粉末填充金属埋弧堆焊先将合金粉粒堆在焊件上，填加合金粉末埋弧堆焊时，电弧在左右摆动的焊丝与焊件之间燃烧，电弧热将焊丝和电弧区附近的合金粉粒、焊件和焊剂熔化，熔池凝固后形成堆焊层。对于不能加工成丝极或带极的堆焊合金，可采用这种方法堆焊。

二、埋弧堆焊工艺参数

埋弧堆焊最主要的工艺参数是电源性质和极性、焊接电流、电弧电压、堆焊速度和焊丝直径，其次是焊丝伸出长度、焊剂粒度和焊剂层厚度等。

（一）电源性质和极性

埋弧堆焊时可用直流电源，也可采用交流电源。采用直流正接时，形成熔深大、熔宽较小的焊缝；直流反接时，形成扁平的焊缝，而且熔深小。从堆焊过程的稳定性和提高生产率考虑，多采用直流反接。

（二）焊丝直径和焊接电流

焊丝直径主要影响熔深。直径较小时，焊丝的电流密度较大，电弧的吹力大，熔深大，易于引弧；焊丝越粗，允许采用的焊接电流就越大，生产率也越高。焊丝直径的选择应取决于焊件厚度和焊接电流值。

对于同一直径的焊丝来说，熔深与工作电流成正比，工作电流对熔池宽度的影响较小。若电流过大，容易产生咬边和成形不良，使热影响区增大，甚至造成烧穿；若电流过小，使熔深减小，容易产生未焊透，而且电弧的稳定性也差。

埋弧堆焊的工作电流与焊丝直径的经验关系为

$$I=(85 \sim 110)d$$

式中 I——工作电流（A）；

d——焊丝直径（mm）。

（三）电弧电压

工作电压过低，起弧困难，堆焊中易熄弧，堆焊层结合强度不高；电压过高，起弧容

易，但易造成堆焊层高低不平，脱渣困难，影响堆焊层质量。随着焊接电流的增加，电弧电压也要适当增加，二者之间存在一定的配合关系，以得到比较满意的堆焊焊缝形状。当焊丝直径为2.0~5.0mm时，电弧电压的变化范围在26~44V之间。

（四）焊剂粒度和堆高

一般焊件厚度较薄、焊接电流较小时，可采用较小颗粒度的焊剂。埋弧焊时焊剂的堆积高度称为堆高。当堆高合适时，电弧被完全埋在焊剂层下，不会长时间出现电弧闪光，保护良好。若堆高过厚，电弧受到焊剂层的压迫，透气性变差，使焊缝表面变得粗糙，容易造成成形不良。

（五）堆焊速度

堆焊速度一般为0.4~0.6m/min。堆焊轴类零件时，焊件转速与焊件直径之间的关系可按下列经验公式计算：

$$n = (400 \sim 600)/\pi D$$

式中　n——焊件转速（r/min）；

D——焊件直径（mm）。

（六）送丝速度

埋弧堆焊的工作电流是由送丝速度来控制的，所以工作电流确定之后，送丝速度就确定了。通常，送丝速度以调节到使堆焊时的工作电流达到预定值为宜。当焊丝直径为1.6~2.2mm时，送丝速度为1~3m/min。

（七）焊丝伸出长度

焊丝伸出焊嘴的长度称为焊丝伸出长度，它影响熔深和成形。焊丝伸出过大，其电阻热增大，熔化速度快，使熔深减小，另外，焊丝伸出长度过大，焊丝易发生抖动，堆焊成形差；若焊丝伸出太短，焊嘴离工件太近，会干扰焊剂的埋弧，且易烧坏焊嘴，根据经验焊丝伸出长度约为焊丝直径的6~10倍，一般为15~40mm。

（八）预热温度

预热的主要目的是降低堆焊过程中堆焊金属及热影响区的冷却速度，降低淬硬倾向并减少焊接应力，防止母材和堆焊金属在堆焊过程中发生相变导致裂纹产生。预热温度的确定需依据母材以及堆焊材料中碳的质量分数和合金含量而定，碳和合金元素的质量分数越高，预热温度应越高。图6-12给出了预热温度与材料中碳质量分数的关系，可作参考。

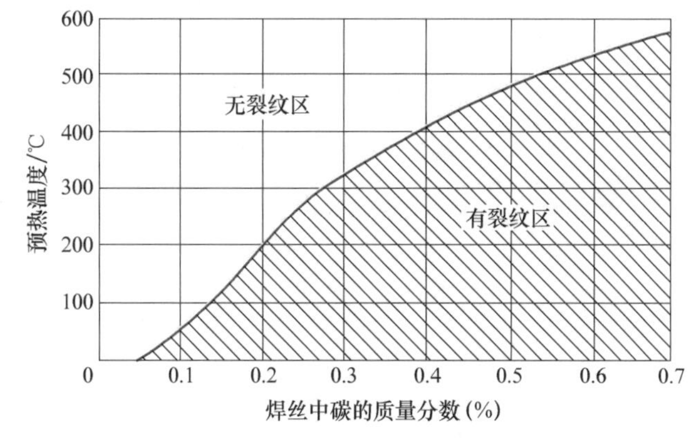

图6-12　预热温度与碳质量分数的关系

三、埋弧堆焊应用实例

埋弧堆焊主要应用于中大型零件表面的强化和修复，如轧辊、车轮轮缘、曲轴、化工容器和核反应堆压力容器衬里等。其中，应用最多的是轧辊表面堆焊，如图6-13所示。

图6-13 轧辊的埋弧堆焊

轧辊是轧钢厂消耗量很大的关键备件，轧辊的质量和使用寿命不仅影响到钢坯（材）的产量和质量，还会影响到钢材的生产成本。一个轧辊小者几十公斤，大者几十吨。目前，已从修复轧辊的磨损表面发展到堆焊各种耐磨合金，以提高使用寿命；也有用堆焊技术制造复合轧辊的，大大延长了使用寿命。

钢轧辊的埋弧堆焊工艺过程如下。

1）钢轧辊堆焊前必须进行表面清理。

2）经过表面清理的轧辊，放入轧辊预热炉中进行预热。

3）在轧辊达到一定的温度后，进行钢轧辊的埋弧堆焊。

4）对轧辊进行缓冷。

5）对堆焊完成的轧辊进行堆焊层的外观质量检验。

6）轧辊在使用前进行车削加工。

轧辊表面的强化和修复一般都是采用单丝、多丝埋弧堆焊，针对大型轧辊的不同材质（50CrMo、70Cr3Mo、75CrMo）以及轧制的特性要求，可选用马氏体不锈钢或耐磨性、强韧性和热稳定性好的Cr-Mo-V（或Cr-Mo-W-V-Nb）合金工具钢成分的埋弧堆焊用药芯焊丝材料进行堆焊修复，如H30Cr13、H3Cr2W8VA、H30CrMnSiA等。所应用的焊剂有熔炼型焊剂，如HJ431、HJ150、HJ260等；也可应用烧结焊剂，如SJ304、SJ102。

轧辊的埋弧堆焊

在堆焊过程中，当堆焊合金与轧辊基体金属相变温度差别较大时，会产生较大的应力，堆焊层容易产生裂纹。所以轧辊堆焊前应预热，堆焊后应缓冷。

合理确定轧辊堆焊参数的基本要求是电弧燃烧稳定，堆焊焊缝成形良好，电能消耗最少，生产率较高，总的原则是“小电流、低电压、薄层多次”。钢轧辊埋弧堆焊的焊接参数见表6-15。

表6-15 钢轧辊埋弧堆焊的焊接参数

焊丝（直径3mm）	焊剂	预热温度/℃	堆焊电流/A	电弧电压/V	送丝速度/(m/min)	堆焊速度/(mm/min)	单层堆焊厚度/mm
H30CrMnSiA	HJ430	250~300	300~350	32~35	1.4~1.6	500~550	4~6
H20Cr13 H30Cr13	HJ150	250~300	280~300	28~30	1.5~1.8	600~650	4~6
H3Cr2W8V	HJ260	300~350	280~320	30~32	1.5~1.8	600~650	4~6

模块六　CO_2 气体保护堆焊

导入案例

甘蔗糖业是广西经济的一大支柱，糖业的发展，每年都要消耗大量的甘蔗压榨机的榨辊轴。榨辊轴的轴颈部位承受负荷大、工作环境恶劣，跟随蔗汁一起溅入轴瓦和轴颈之间的泥沙等杂物，大大加剧了轴颈的磨损，使轴颈直径受损变小，并出现深浅不一的环形伤痕，造成整个榨辊轴不能使用，只能更换新辊。但这些旧辊除轴颈严重磨损外，整体质量尚好，具备修复价值。榨辊轴的材质多为40Cr钢，通过对其焊接性进行分析，采用 CO_2 气体保护堆焊进行修复，焊丝选用H08Mn2SiA，直径0.8mm，焊接电流100A，共堆焊两层，焊后保温2h空冷。修复后榨辊轴运行正常，满足压榨工艺要求，节约了大量资金。

气体保护电弧堆焊主要有熔化极气体保护电弧堆焊和钨极氩弧堆焊两种，熔化极气体保护电弧堆焊的保护气体有 CO_2、Ar及混合气体等。本模块仅介绍 CO_2 气体保护堆焊。

一、CO_2 气体保护堆焊的原理和特点

（一）CO_2 气体保护堆焊的原理

CO_2 气体保护堆焊是以 CO_2 作为保护气体，依靠焊丝与焊件之间产生的电弧熔化金属形成堆焊层的，图6-14是 CO_2 气体自动保护堆焊原理图。

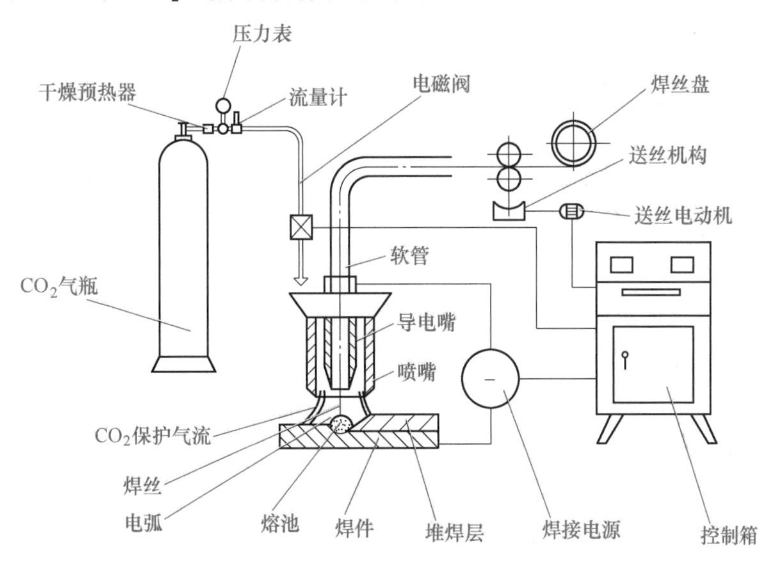

图6-14　CO_2 气体自动保护堆焊原理图

在堆焊过程中，CO_2 气体从喷嘴中吹向电弧区，把电弧、熔池与空气隔开，形成一个气

体保护层，防止空气对熔化金属的有害作用，从而获得高质量的堆焊层。

CO_2 是一种活性气体，在高温下会发生分解，产生 CO 和 O。其中 O 与熔化金属中的 C、Si、Mn 等元素起氧化作用，生成的氧化物熔渣浮在焊层表面，在堆焊层冷却收缩时裂掉，因此，须采用具有足够脱氧元素的焊丝。

（二）CO_2 气体保护堆焊的特点

1. CO_2 气体保护堆焊的优点

1）堆焊层质量好，抗腐蚀、抗裂能力强。其主要原因是 CO_2 可靠地保护了电弧区和熔池，有效地防止了空气中有害气体的侵入；由于 CO_2 气体的氧化作用，能抑制氢的有害作用，使堆焊层含氢量低，并对油、锈不敏感，焊前对焊件及焊丝的清理要求低。

2）堆焊层变形小。这是由于电流密度高，电弧热量集中，焊件受热少，同时 CO_2 气流有冷却作用，减小了堆焊层的内应力。

3）堆焊层硬度均匀。

4）生产率高。因为焊接时电流密度高，不消耗熔化焊条药皮和焊剂的能量，电能利用率高，熔敷系数高；另外，堆焊过程中不需要清渣，减少了辅助工时。

5）成本低，适应性强。这是由于生产率高，CO_2 气体来源容易，电能消耗低。同时，CO_2 气体保护堆焊采用短路过渡，可进行全位置焊接。

2. CO_2 气体保护堆焊的缺点

1）不便调整堆焊层成分。CO_2 气体保护堆焊时，合金元素主要是由焊丝过渡，不便于灵活调整堆焊层的化学成分。同时，焊丝的化学成分对产生气孔与飞溅等影响都比较敏感。

2）稀释率高。CO_2 气体保护堆焊的电弧吹力比较强，使堆焊层的稀释率较高，因此难于控制堆焊层的合金成分。

3）飞溅大、合金元素易烧损。由于 CO_2 气体的氧化作用，合金元素烧损严重，并可导致产生气孔。

二、CO_2 气体保护堆焊工艺

CO_2 气体保护堆焊的焊接参数有：电源极性、焊丝及焊丝直径、焊接电流、电弧电压、堆焊速度、堆焊螺距、电感、CO_2 气体流量以及焊丝伸出长度等。

（一）电源极性

CO_2 气体保护堆焊的电源一般采用直流反接，电弧稳定，飞溅小，熔深大。但是对焊件进行修复堆焊时可以采用直流正接，这时电弧热量比较高，焊丝熔化速度快，生产率高，但熔深浅，焊道高度大。

（二）焊丝与电流

为了解决 CO_2 气体的氧化性造成的合金元素烧损、气孔飞溅等，CO_2 气体保护堆焊用的焊丝需有足够的脱氧能力，常含有与氧结合力大的 Si、Mn 等元素。常用的焊丝有 H10MnSi、H08MnSi、H04MnSiA、H08Mn2SiA、H04Mn2SiTiA、H10MnSiMo、H08MnSiCrMo 及 H08Cr3Mn2MoA 等。目前堆焊使用的焊丝直径有 ϕ0.8mm、ϕ1.2mm、ϕ1.6mm 和 ϕ2.0mm 等。而使用 ϕ1.2mm 和 ϕ1.6mm 的最多。

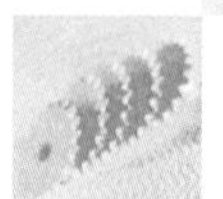

生产实践表明，使用 ϕ1.6mm 焊丝时，堆焊电流为 140~180A，适宜的电压为 20V；使用 ϕ2.0mm 焊丝时，堆焊电流为 190~210A，选用电压为 21V，能获得较满意的堆焊结果。为了提高生产率，用 ϕ1.6mm 焊丝时，电流可增加到 200~210A，电压相应地提高到 21V，并配以较大的堆焊速度。

（三）堆焊速度

堆焊速度对焊道宽度及堆焊层形成影响较大，对焊道高度影响不大。堆焊速度越大，焊道越窄，在相邻焊道之间的实际厚度越小。因此，选择堆焊速度时，应以能消除焊道间的明显沟纹为合适。堆焊层要求较厚时，应选用较小的堆焊速度。

（四）堆焊螺距

堆焊螺距增大，会使相邻焊道间距离增加，相互搭接部位尺寸减小，焊道间沟纹明显，焊后机械加工量大。堆焊螺距太小，会使母材熔深变小，焊层与母材结合不牢，甚至出现虚焊现象。

（五）电感

电感是影响焊接过程稳定性和飞溅的重要参数。电感值太大时，短路电流增长速度慢，短路次数减小，会引起大颗粒的金属飞溅和熄弧，并使起弧困难，易产生焊丝成段炸断。反之，电感值太小时，短路电流增长速度太快，会造成很细的颗粒飞溅，焊缝边缘不齐，成形不良。所以焊接回路中必须串联合适的电感值，这样不但可调节短路电流的增长速度，控制飞溅大小，而且可以调节短路频率、电弧燃烧时间，控制电弧热量，以适应不同厚度焊件的堆焊。使用 ϕ0.6~ϕ1.2mm 焊丝时，电感量则取 0.30~0.70mH。

三、C50 型铁路货车下心盘 CO_2 气体保护堆焊

铁道车辆的上、下心盘是台车和车架的配合部位，整个车辆载荷就是通过上、下心盘传递给台车的。由于上、下心盘间存在很大的压力并在行车过程中不断互相摩擦，因而其接触部分很容易被磨损。图 6-15 所示为 C50 型铁路货车下心盘，其材质为 ZG230-450，当其直径磨耗过限时，必须进行堆焊修复。

（一）堆焊技术要求

采用 CO_2 气体保护堆焊进行修复下心盘的技术要求是：恢复原形尺寸并留出 2mm 加工余量，堆焊层不允许有裂纹、气孔及其他缺陷，焊后不致产生过大的翘曲变形，以免增加矫正工时；堆焊层应具有一定的耐磨性能，但其硬度不影响焊后切削加工，堆焊层厚度应尽可能均匀一致，以减少焊后的切削加工量。

图 6-15　C50 型铁路货车下心盘

（二）堆焊材料

焊丝采用 ϕ1.6~ϕ2.5mm 的 H08Mn2Si，保护气体采用纯度不低于 99.5%的 CO_2，使用前经放水处理。

（三）堆焊工艺参数

选择堆焊工艺参数时，除应考虑采用直流反接、电压和电流合理匹配、输出电抗和气体

流量以及焊丝伸出度大小适当外，还应根据零件的修复尺寸，即所需堆焊层厚度决定堆焊层数，再根据每一层的堆高确定合适的堆焊速度。此外，堆焊螺距也是一个十分重要的规范参数，一般取焊道熔宽的一半。

下心盘的堆焊工艺参数见表 6-16。

表 6-16 C50 型铁路货车下心盘 CO_2 气体保护堆焊工艺参数

焊丝直径/mm	焊接电流/A	电弧电压/V	堆焊速度/(m/h)	气体流量/(L/min)	焊丝伸出长度/mm	堆焊螺距/mm
1.6	180	23	19	15	24	4
2.0	210	24	20	18	25	4

(四) 操作技术

堆焊顺序在工艺上虽无严格要求，但通常都是先焊圆平面，再焊外缘内侧面，最后焊中心销孔外圆面。堆焊时，一般采用由焊件内向焊件外的堆焊方向。

在堆焊过程中，若焊枪至焊件的距离发生变化，导致气体保护不良、堆焊过程不稳定、金属飞溅加剧，应及时通过焊枪位手柄对焊枪位置进行微调。

CO_2 气体保护堆焊的生产率比焊条电弧堆焊提高 3.1 倍，焊后翘曲变形小，只有 2~3mm。H08Mn2Si 焊丝的焊层耐磨性较好，因此提高了下心盘的使用寿命。

视野拓展

2006 年，西安交通大学焊接研究所研究出了基于机器人 CO_2 气体保护堆焊的直接堆焊成型，这种技术是一种利用熔焊堆积实现金属零件直接成型的技术，具有成型速度快、成型零件尺寸范围大、能直接成型组织致密的金属零件等特点，并且可以成型多种合金成分、具有冶金结合的零件，满足高效率低成本的要求，在多金属零件及模具的快速制造领域具有广阔的使用前景。

模块七 其他堆焊方法

导入案例

我国是煤炭大国，采煤机截齿是落煤及碎煤的主要工具，也是采煤及巷道掘进机械中的易损件之一。为了解决截齿在采煤过程中的快速磨损失效问题，采用等离子弧自动堆焊方式在 20CrMnTi 或 20CrMnMo 钢截齿锥顶（硬质合金刀头）以下齿体部位沿圆周方向堆焊一个宽度约 20~30mm、厚 2~3mm 的环形 Cr-Mo-V-Ti 耐磨堆焊层，然后进行硬质合金刀头钎焊工艺，利用钎焊热

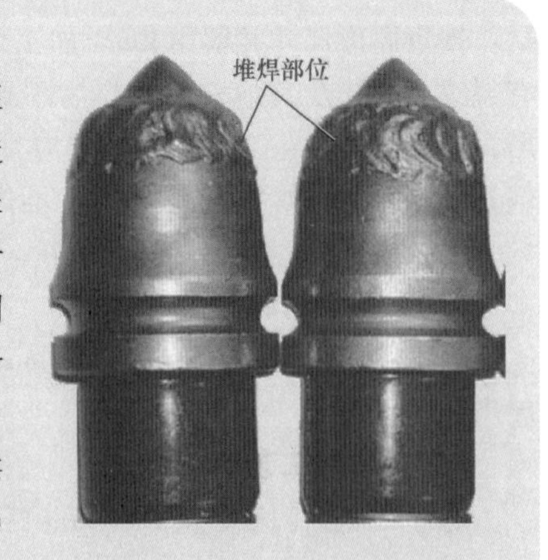

循环对等离子弧堆焊层进行二次硬化处理，彻底解决了钎焊过程对齿头造成的退火软化难题，延长了硬质合金刀头的服役期。新工艺生产截齿的总体寿命，达到传统工艺生产同类截齿的两倍以上，制造成本降低20%，在机械化综合采煤生产作业中获得了推广应用。

一、等离子弧堆焊

（一）等离子弧堆焊的原理和特点

等离子弧堆焊是利用联合型或转移型等离子弧为热源，将焊丝或合金粉末送入等离子弧区进行堆焊的工艺方法，图6-16是双热丝等离子弧堆焊示意图。

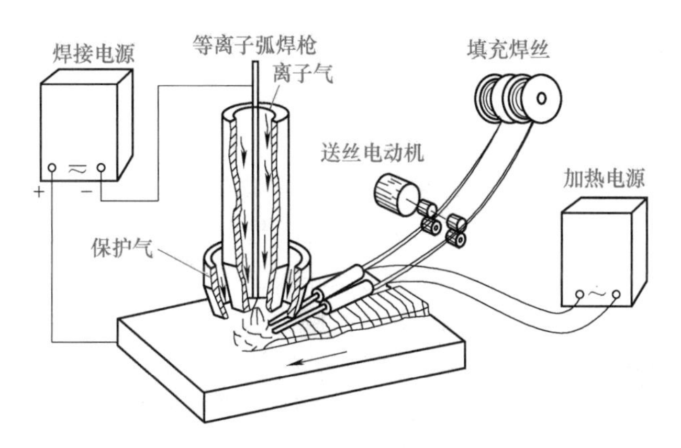

图6-16　双热丝等离子弧堆焊的典型装置

堆焊用等离子弧一般用N_2、Ar、He、H_2作为离子气，也可使用95%Ar+5%H_2、75%He+25%Ar、50%He+50%Ar（均为体积分数）等混合气体，其中Ar最为理想。

资　料　卡

等离子体（Plasma）　等离子体被称为除气、液、固态外的第四态，即在高温下电离了的"气体"，在这种"气体"中正离子和电子的密度大致相等，故称为等离子体。

在自然界里，等离子体现象普遍存在。炽热的火焰、光辉夺目的闪电以及绚烂壮丽的极光等都是等离子体作用的结果。

等离子体可分为高温等离子体和低温等离子体两种。等离子电视应用的是低温等离子体，焊接中应用的是高温等离子体。

与其他堆焊热源相比，等离子弧温度高，能量集中，燃烧稳定，能迅速而顺利地堆焊难熔材料，生产率高。由于堆焊材料的送进和等离子弧的调节是独立进行的，因此等离子弧堆焊熔深可调节，稀释率很低，堆焊层的结合强度和质量高。因此，等离子弧堆焊是一种低稀释率和高熔敷率的堆焊方法。等离子弧堆焊的主要缺点是设备复杂，堆焊成本高，堆焊时会产生噪声、辐射和臭氧污染等。等离子弧堆焊主要适用于质量要求高、批量大的零件的表面堆焊。

（二）等离子弧堆焊工艺

等离子弧堆焊按堆焊材料的形状，可分为填丝等离子弧堆焊和粉末等离子堆焊两种。

1. 填丝等离子弧堆焊

填丝等离子弧堆焊又分为冷丝、热丝、单丝、双丝等离子弧堆焊。

（1）冷丝等离子弧堆焊　以等离子弧作为热源，填充丝直接被送入焊接区进行堆焊。拔制的焊丝借机械送入，铸造的填充棒用手工送入。这种方法比较简单，堆焊层质量也较稳定，但效率较低，目前已很少使用。

（2）热丝等离子弧堆焊　采用单独预热电源，利用电流通过焊丝产生的电阻热预热焊丝，再将其送入等离子弧区进行堆焊。焊丝利用机械送入，既可以是单热丝，也可以是双热丝，如图6-16所示。

由于填充丝预热，使熔敷率大大提高，而稀释率则降低很多，且可除去填充丝中的氢，大大减少了堆焊层中的气孔。

2. 粉末等离子弧堆焊

粉末等离子弧堆焊是将合金粉末自动送入等离子弧区实现堆焊的方法，也称为喷焊。粉末等离子弧堆焊采用Ar作电离气体，通过调节各种工艺参数的规范，控制过渡到焊件的热量，可获得熔深浅、稀释率低、成形平整光滑的优质涂层。

等离子弧堆焊一般采用两台具有陡降外特性的直流弧焊机作电源，将两台焊机的负极并联在一起接至高频振荡器，再由电缆接至喷枪的铈钨极，其中一台焊机的正极接喷枪的喷嘴，用于产生非转移弧，另一台焊机的正极接焊件，用于产生转移弧，Ar作离子气，通过电磁阀和转子流量计进入喷焊枪。接通电源后，借助高频火花引燃非转移弧，进而利用非转移弧射流在电极与焊件间造成的导电通道，引燃转移弧。在建立转移弧的同时或之前，由送粉器向喷枪供粉，吹入电弧中，并喷射到焊件上。转移弧一旦建立，就在焊件上形成合金熔池，使合金粉末在焊件上“熔融”，随喷枪或焊件的移动，液态合金逐渐凝固，最终形成合金堆焊层，如图6-17所示。

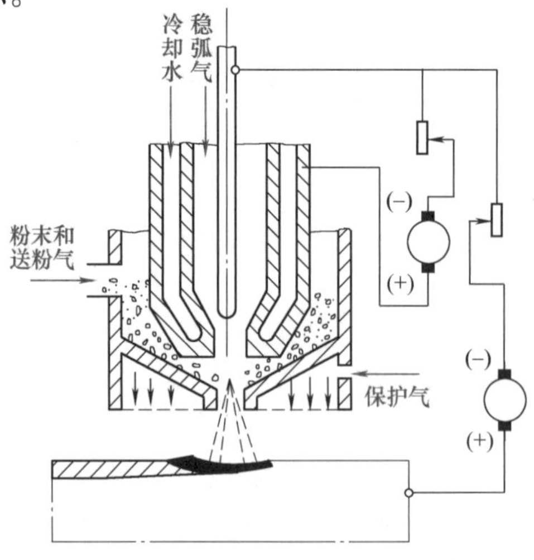

图6-17　粉末等离子弧堆焊示意图

阀门阀体的等离子弧堆焊

等离子弧粉末堆焊的特点是稀释率低，一般控制在5%～15%之间，有利于充分保证合金材料的性能，如手工电弧堆焊需堆焊5mm厚，而等离子弧堆焊则只需2mm厚。等离子弧温度高，且能量集中，工艺稳定性好，指向性强，外界因素的干扰小，合金粉末熔化充分，飞溅少，熔池中熔渣和气体易于排除，从而使获得的熔敷层质量优异，熔敷层平整光滑，尺寸范围宽，且可精确控制，一次堆焊层宽度可控制在1～150mm，厚度0.25～8mm，这是其他堆焊方法难以达到的。此外，等离子弧粉末堆焊生产率高，易于实现机械化和自动化操作，能减轻劳动强度。

等离子弧粉末堆焊主要用于阀门密封面、模具刃口、轴承、涡轮叶片等耐磨零部件的表面堆焊，以提高这些零件或工件的表面强度和耐磨性，是目前应用最广泛的一种等离子弧堆焊方法。

二、电渣堆焊

电渣堆焊是利用电流通过液态熔渣所产生的电阻热作为热源，将电极（焊丝或焊带）和焊件表面熔化，冷却后形成堆焊层的工艺方法。

电渣堆焊可以采用实心焊丝、管状焊丝，也可以是带极和板极。堆焊材料的数量可以是一根、两根、三根或多根。由于堆焊用渣池比电渣焊渣池薄很多，因此，为了得到必要的电阻、黏性等性能，焊剂中氟化物的含量比电渣焊高得多。

电渣堆焊一般采用平特性的交流电源，最合适的堆焊位置是与垂线呈45°～60°，利用成形模具可进行水平位置的堆焊，采用固定式结晶器后水冷滑块可进行垂直位置的堆焊。

电渣堆焊的熔敷率很高（可达100kg/h），而稀释率低，节约焊剂，堆焊层气体含量低，质量好，且一次可堆焊很大厚度，但不能太薄（一般应大于15mm）。电渣焊的缺点是热输入大，加热和冷却速度慢，高温停留时间长，接头严重过热，所以堆焊后必须进行正火热处理。因此，电渣堆焊主要用于需要较厚堆焊层、堆焊表面形状简单（如平面、圆柱面以及其他类似表面等）的大、中型堆焊件。

三、碳弧堆焊

将需要堆焊的材料用黏结剂制成合适的形状，放于工件表面，然后用碳弧熔化堆焊材料得到堆焊层的方法称为碳弧堆焊。碳弧堆焊是一种工艺成本低廉的非熔化极电弧堆焊方法，具有容易得到高硬度、高耐磨性堆焊层的特点，但堆焊效率低，劳动条件差。

碳弧堆焊的堆焊材料有粉膏和粉块，我国大量推广应用的是耐磨合金粉块，如牌号为Fe-Cr-B的耐磨合金粉块，主要合金元素为碳、铬、硼、硅及镍，合金元素总的质量分数为60%左右，其余为铁。

碳弧堆焊一般选用石墨或炭精棒、板状电极，它们具有良好的导电性、较高的熔点。由于炭精含有一定灰粉，较石墨电阻大2～3倍，因此采用石墨电极更好些。电源采用陡降特性的直流弧焊机，采用正接法，电极接负，高强度石墨棒电极的规格有ϕ10mm、ϕ12mm、ϕ13mm和ϕ15mm，长250mm、300mm，使用时端头削成锥形，锥高约为2倍直径的大小。石墨电极与钢板面垂直，电弧以接触法引燃。

交流讨论

几种堆焊方法的比较

堆焊方法	稀释率（%）	熔覆速度/(kg/h)	最小堆焊层厚度/mm	特 点
焊条电弧堆焊	30~50	0.5~5.4	3.2	设备简单，成本低，是一种主要的堆焊方法。常用于小型或复杂形状零件的全位置堆焊修复
氧乙炔火焰堆焊	1~10	0.5~1.8	0.8	设备简单，成本低。火焰温度较低，稀释率小，堆焊层表面光滑。用于堆焊批量不大的零件
埋弧堆焊（单丝）	30~60	4.5~12	3.2	质量稳定，熔覆率高，劳动条件好，稀释率大
CO_2 气体保护堆焊	10~40	0.5~5.4	3.2	成本低，熔覆率高
等离子弧堆焊	5~15	0.5~3.6	2.4	稀释率低，外观美观，堆焊零件变形小，易实现自动化
电渣堆焊	10~14	15~100	15	适合大型工件厚堆焊层

【综合训练】

（一）名词解释

堆焊、稀释率、堆焊合金、焊条电弧堆焊、氧乙炔火焰堆焊、埋弧堆焊、等离子弧堆焊

（二）填空

1. 堆焊有两方面的作用，一方面是________________；另一方面是________，以获得所需的特殊性能。

2. 堆焊层与基体金属的结合是________，所以结合强度高，抗冲击性能好。

3. 根据堆焊合金的主要成分可划分为________、________、________、________、________等五种。

4. 司太立合金是________堆焊合金，堆焊层的金相组织是________。

5. CO_2 气体保护堆焊的焊接参数有电源极性、________、________、________、堆焊螺距、电感、CO_2 气体流量以及焊丝伸出长度等。

6. 埋弧堆焊是指在电弧在________下燃烧进行堆焊的方法。

7. 等离子弧堆焊的主要优点是________高，尤其是堆焊层的________高。

8. 埋弧堆焊最主要的焊接工艺参数是电源性质和极性、________、________、________、堆焊速度等。

9. 埋弧堆焊有多种形式，具体有________、________、串联电弧埋

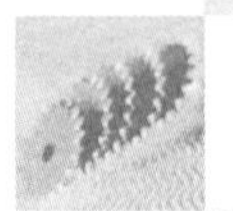

弧堆焊、________、粉末埋弧堆焊等。

10. 堆焊焊条 D256 中的字母 D 表示________，第三位数字 6 表示________。

（三）简答

1. 简述铁基堆焊合金的种类和特点。

2. 解释下列型号的堆焊焊条：

EDPMn2-03、EDRCrW-15、EDCr-Al-15、EDZ-Al-08。

3. 简述堆焊合金选用的原则和方法。

4. 为什么在堆焊前焊件需要预热？预热温度如何确定？

5. 氧乙炔火焰堆焊的工艺参数有哪些？

6. 埋弧堆焊时，堆焊电流如何确定？

7. 对 CO_2 气体保护堆焊使用的焊丝有什么要求？

8. 简述等离子弧堆焊的特点和用途。

（四）工艺分析

案例 1：75CrMo 轧辊的焊条电弧堆焊

（1）工况　棒材轧机 ϕ500mm 轧辊加工中被车小，须堆焊修复。鉴于轧辊已全部加工成形，不允许有较大焊接变形。但由于车小段非主要工作部位，对表面硬度可不作要求，但必须保证结合强度。

（2）堆焊工艺　用焊条电弧焊堆焊修复，选用高铬镍奥氏体焊条 A302；焊条焊前经 250℃×1h 烘焙；ϕ4mm 焊条焊接电流为 160~180A，电弧电压 24~26V，直流反接，轧辊预热至 180℃。装夹在机床上（颈部以托辊支撑）施焊，从两端向中间沿周长焊接，要求后道焊缝压住 1/2 前道焊缝，并施锤击。焊后立即加热至 180℃×2h 后再缓冷。

（3）结果检验　切削堆焊部位，径向留 30μm 余量。探伤未见缺陷，变形最大值仅 60μm，符合要求。轧辊在生产中使用正常。

试说明以下问题：

1）焊条选择的依据。

2）轧辊在堆焊前预热、堆焊后缓冷的目的。

3）焊接电压和电流确定的依据。

4）后道焊缝压住 1/2 前道焊缝，并施锤击的目的。

案例 2：20MnMo 厚板不锈钢单丝埋弧堆焊

一台锅炉水冷却器中的热器管板要求为耐蚀层堆焊管板，该管板基体材质为 20MnMo 锻件，厚度为 165mm，直径为 1450mm，要求在其一侧表面堆焊 10mm（加工后尺寸）厚的 06Cr19Ni10 不锈钢，保证整个管板接触腐蚀介质面的耐晶间腐蚀性能的要求。

试确定埋弧堆焊工艺。

第七单元 热喷涂技术

学习目标

知识目标	1. 掌握热喷涂技术的一般原理、特点和分类。 2. 掌握常用热喷涂工艺的原理、装置、特点和用途。 3. 了解热喷涂涂层的选择和涂层系统的设计方法。
能力目标	1. 能够根据工件相关情况，正确选择热喷涂合金种类和工艺方法。 2. 能按照热喷涂工艺卡进行生产操作，并能对喷涂层质量进行检测。

模块一 热喷涂技术概述

导入案例

20世纪70年代，我国科技人员开始研究用等离子喷涂技术修复坦克薄壁零件，经过一系列科研攻关和试验，取得了成功。使用等离子喷涂技术修复的坦克零件，耐磨性比原来提高了1.4~8.3倍，寿命延长了3倍，而成本却只有新零件的1/8。20世纪80年代初，我国通过向罗马尼亚转让这项技术，换回一辆全新的苏制T-72坦克，这为我国全面掌握T-72坦克技术起到了重要作用，并为新型主战坦克的研制提供了很多技术借鉴（图为我国99式主战坦克的早期型号，车体结构与T-72相似）。

一、初识热喷涂技术

热喷涂技术是材料表面处理的重要技术之一，是表面工程中一门重要的学科。

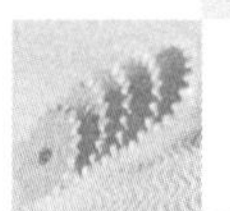

热喷涂技术是利用热源将粉状或丝状喷涂材料加热到熔融或半熔融状态，通过高速气流使其雾化，然后高速喷射、沉积到经过预处理的工件表面，从而形成附着牢固的表面层的工艺方法。其工艺过程包括喷涂材料加热熔化阶段、熔滴的雾化阶段、粒子的飞行阶段、粒子的喷涂阶段、涂层形成过程等，如图 7-1 所示。

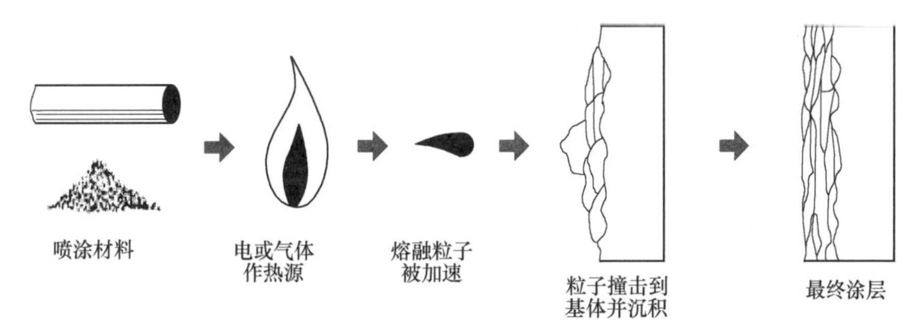

图 7-1　热喷涂原理示意图

热喷涂技术也包含喷焊工艺。喷焊是指利用热源将喷涂层加热到熔化，使喷涂层的熔融合金与基体金属互溶、扩散，形成类似钎焊的冶金结合，这样所得到的涂层称为喷焊层。

热喷涂技术可以在普通材料表面喷涂各种金属及合金、陶瓷、塑料等大多数固态工程材料，制成具备耐蚀、耐磨、耐高温、抗氧化和润滑等各种性能的特殊涂层，喷涂层厚度达 0.5~5mm，也可用于修复因磨损或加工失误造成尺寸超差的零部件。

热喷涂技术施工灵活，适应性强，应用面广，经济效益突出。目前，热喷涂技术已广泛应用于宇航、国防、机械、冶金、石油、化工、机车车辆和电力等行业。

二、热喷涂的一般原理

热喷涂的方法虽然很多，但其喷涂过程、涂层形成原理和涂层结构基本相同。喷涂材料在热源中被加热的过程和颗粒与基体表面的结合过程，是热喷涂涂层制备的关键环节。

（一）涂层形成过程及特点

喷涂材料经过具有某种热源形式的喷涂设备喷射之后，在到达被喷涂的基体表面之前，其飞行时间只有几千分之一秒或更少。在如此之短的时间内，它被加热、熔化或半熔化，形成细小而分散的熔滴，冲向基体表面，被冲击成扁平的叠状小片，先前生成的扁片又被后来者所覆盖，很快就形成由很多扁片罗叠而成的喷涂层，即粒子的碰撞→变形→冷凝收缩，如图 7-2 所示。热源温度越高，熔滴冲击速度越大，形成的涂层越致密，与基体结合强度越高。

涂层中颗粒与基体表面之间的结合以及颗粒之间的结合机理目前尚无定论，通常认为有机械结合、冶金—化学结合和物理结合三种。

（1）机械结合　碰撞成扁平状并随基体表面起伏的液态薄片，在凝固收缩时和凹凸不平的表面相互嵌合（即抛锚效应），形成机械钉扎而结合。一般来说，涂层与基体的结合以机械结合为主。

（2）冶金—化学结合　在使用放热型喷涂材料或采用高温热源喷涂时，基体表面某些区域的温度达到其熔点，熔融态的喷涂粒子会与熔化态的基体之间发生“焊合”现象，形

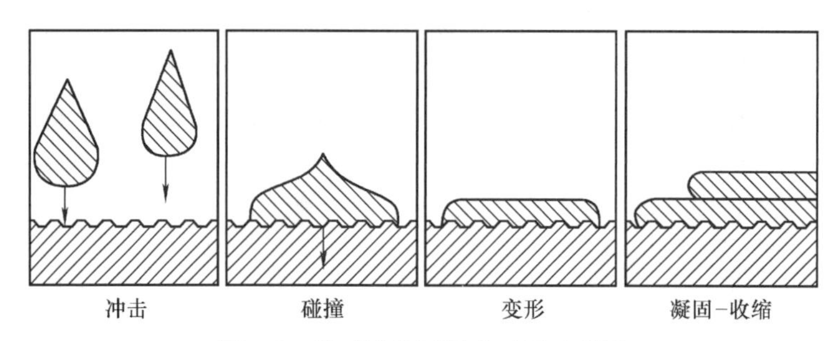

图 7-2 热喷涂涂层形成过程示意图

成微区冶金结合，从而提高涂层与基体的结合强度。当喷涂后进行重熔即喷焊时，喷焊层与基体的结合主要是冶金结合。

（3）物理结合　当高速运动的高温喷涂粒子与基体表面碰撞后，若二者之间紧密接触的程度使界面两侧原子之间达到原子晶格常数范围时，在涂层与基体间形成范德华力或其他次价键力形成的结合，称为物理结合。喷砂能使基体呈现异常清洁的高活性的新鲜金属表面，喷砂后立即喷涂可以增强物理结合程度。

（二）热喷涂涂层结构

喷涂层的形成过程决定了涂层的结构，喷涂层是由无数变形粒子互相交错呈波浪式堆叠在一起的层状组织结构，如图 7-3 所示，图 7-4 则给出了典型的热喷涂涂层的金相组织照片。

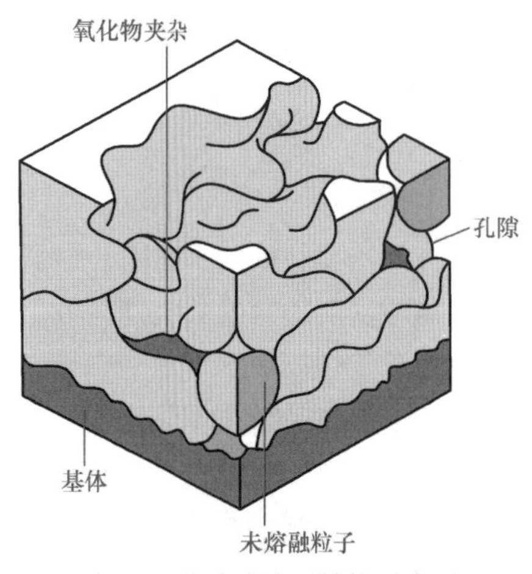

图 7-3 热喷涂涂层结构示意图

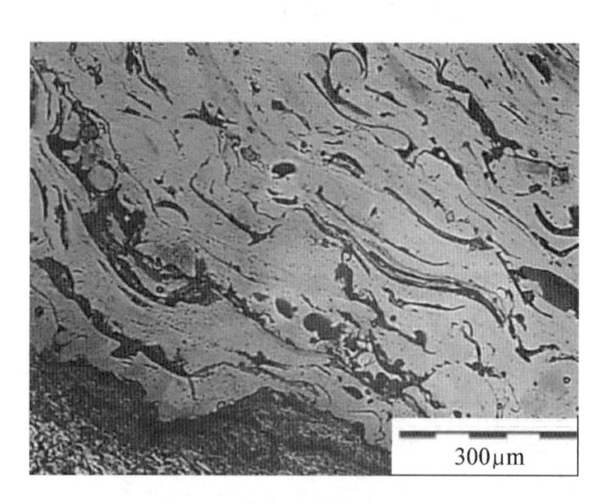

图 7-4 热喷涂涂层的金相组织

从图 7-3 中可以看出，涂层中颗粒与颗粒之间不可避免地存在一部分孔隙或空洞，其孔隙率一般在 0.025%～20%之间，涂层中还伴有氧化物等夹杂。采用等离子弧等高温热源、超声速喷涂以及低压或保护气氛喷涂，可减少以上缺陷，改善涂层结构和性能。

由于涂层是层状结构，是一层一层堆积而成的，因此涂层的性能具有方向性，垂直和平行涂层方向上的性能是不一致的。涂层经过适当处理后，结构会发生变化。如涂层经重熔处理，可消除涂层中的氧化物夹杂和孔隙，层状结构变成均质结构，与基体表面的结合状态也会发生变化。

（三）热喷涂涂层残留应力

涂层中存在残留应力是热喷涂涂层的另一个主要特点。残留应力是由于撞击基体表面的熔融态变形颗粒在冷凝收缩时产生的微观应力的累积造成的，涂层的外层受拉应力，而基体或涂层的内侧受压应力。涂层中的残留应力大小与涂层厚度成正比，当涂层厚度达到一定程度后，涂层中的拉应力超过涂层与基体或涂层自身的结合强度时，涂层就会发生破坏，如图 7-5 所示。

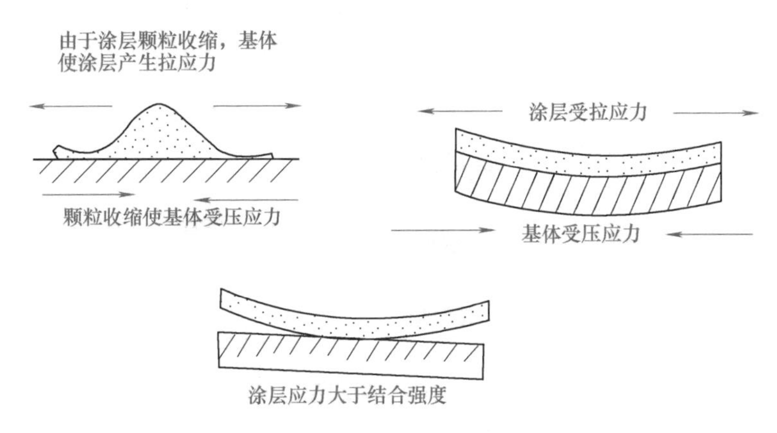

图 7-5　热喷涂涂层中的残留应力

涂层中存在的残留应力会影响涂层的质量，残留应力的大小与涂层的厚度成正比，因而限制了涂层的厚度。因此，薄涂层一般比厚涂层具有更好的结合强度，受残留应力的限制，热喷涂层的最佳厚度一般不超过 0. 5mm。

热喷涂层残留应力的大小可通过调整喷涂工艺参数进行控制，但更有效的方法是通过涂层结构设计，采用梯度过渡层缓和涂层残留应力。

三、热喷涂技术的分类及特点

（一）热喷涂技术的分类

按照国家标准 GB/T 18719—2002，热喷涂技术可以按热喷涂材料类型、热源种类和操作方法三个方面进行分类。按热喷涂材料类型，热喷涂可分为线材喷涂、棒材喷涂、芯材喷涂、粉末喷涂和熔液喷涂；按操作方法，热喷涂可分为手工喷涂、机械化喷涂和自动化喷涂。在生产中最常用的是按热源种类进行分类，见表 7-1，其焰流温度和粒子速度对比如图 7-6 所示。

表 7-1　按热源分类的热喷涂工艺

热源	喷涂工艺
火焰	线材火焰喷涂
	粉末火焰喷涂
	高速火焰喷涂
	爆炸喷涂

（续）

热源	喷涂工艺
自由电弧	电弧喷涂
等离子弧	大气等离子弧喷涂（APS）
	低压等离子弧喷涂（LPPS）
	水稳等离子弧喷涂
高能束	激光喷涂（第八单元介绍）

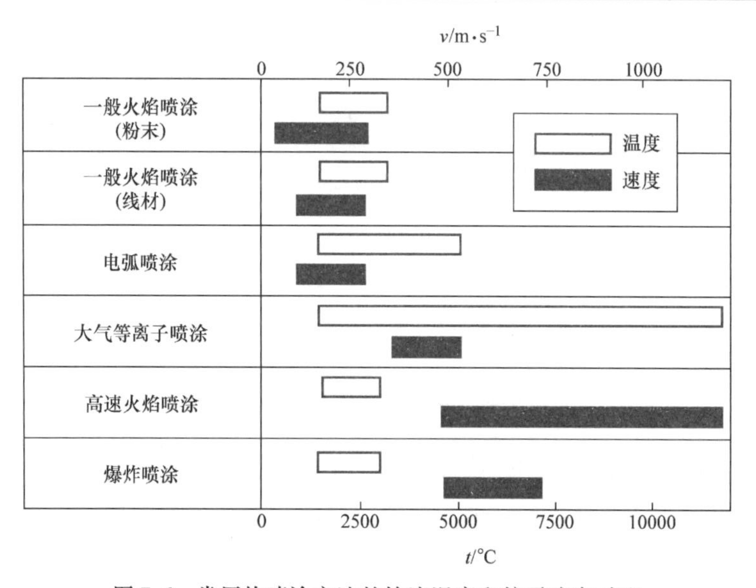

图 7-6 常用热喷涂方法的焰流温度和粒子速度对比

（二）热喷涂技术的特点

与其他表面处理技术相比较，热喷涂技术具有下述一些突出的特点。

（1）可喷涂材料广泛　几乎所有的金属、合金、陶瓷都可以作为喷涂材料，塑料、尼龙等有机高分子材料也可以作为喷涂材料。

（2）基体不受限制　在金属、陶瓷器具、玻璃、石膏，甚至布、纸等固体上都可以进行喷涂。

（3）工艺灵活　既可对大型设备进行大面积喷涂，也可对工件的局部进行喷涂；既可喷涂零件，又可对制成后的结构物进行喷涂。室内或露天均可进行喷涂，工序少，功效高，大多数工艺的生产率可达到每小时喷涂数千克喷涂材料。如对同样厚度的涂层，用时比电镀少得多。

（4）工件受热温度可控　在喷涂过程中可使基体保持较低温度，基体变形小，一般温度可控制在 30~250℃，从而保证基体不变形、不弱化。

（5）涂层厚度容易控制　涂层厚度由几十微米到几毫米，涂层表面光滑，加工余量少。

（6）成本低　经济效益显著。

四、热喷涂层的功能和应用

随着热喷涂技术的不断发展，越来越多的喷涂新材料、新工艺不断出现，涂层的性能多

种多样，并不断提高，使其应用领域迅速遍及航空、航天、汽车、机械、造船、石油、化工、铁道、桥梁、矿山、冶金以及电子等诸多行业，以满足人们对耐磨、耐蚀、抗高温氧化、耐热循环、热传导及电特性等特殊功能的要求。

（一）耐蚀涂层

长期暴露在户外大气（如海洋、工业气体及城乡大气）和不同介质（如海水、河水、溶剂及油类等）环境中的大型钢铁构件，如输变电铁塔、钢结构桥、海上钻井平台、煤矿井架以及各种化工容器（如储罐）等，都会受到不同程度的环境氧化和侵蚀。

采用 Zn、Al、Zn-Al 合金及不锈钢等喷涂层对钢铁进行防护，可以获得长期的防护效果。这不仅与阴极保护作用有关，涂层本身也具有良好的抗腐蚀作用。

塑料热喷涂层在食品化学工业上也得到了很好的应用。如发酵罐内壁，在热喷涂塑料涂层后，有效地防止了罐壁的点蚀，而且还控制了酒中铁离子的含量，取得了良好的效果。

（二）耐磨涂层

磨损是造成工业部门设备损坏的主要原因之一，可能产生磨损的工作条件包括微振、滑动、冲击、擦伤、侵蚀等。耐磨涂层是高硬度的，而且具有耐热和耐化学腐蚀的性能，如 Fe、Ni、Co 基自熔合金以及 WC-Co 和 Cr_3C_2-NiCr 等金属陶瓷，以及 Al_2O_3、Cr_2O_3 等陶瓷材料具有上述这些性能。它们的硬度可以达到 65HRC 以上，其耐磨性能是镀硬铬的 5 倍以上，因此会提高整体的性能和技术指标，从而提高产品的质量。由于机械的工作环境和服役条件不同，其磨损机制也不尽相同，因此应有针对性地选择合适的涂层。

（三）抗高温氧化和耐热腐蚀涂层

对于一些暴露在高温腐蚀气体中的部件，受到高温、气体腐蚀及气流冲刷的作用，严重影响了设备的寿命和运行的安全。抗高温氧化和耐热腐蚀涂层材料除了必须抗高温氧化和耐腐蚀外，还必须具有与基体材料相似的热膨胀系数，才不会因温度周期变化和局部过热导致涂层抗热疲劳性能下降。

用作抗高温氧化和高温腐蚀的涂层材料有 NiCr、NiAl、MCrAl、MCrAlY（M=Co、Ni、Fe）及 Hastiloy 和 Stellite 合金等。这类涂层的典型应用有锅炉四管（水冷壁管、再热器管、过热器管及省煤器管）、水冷壁及烟气热管换热器等。

（四）热障涂层

Al_2O_3、ZrO_2、W 等陶瓷或金属涂层熔点高、导热系数低，在高温条件下对基体金属具有良好的隔热保护作用，称为热障涂层。这种涂层一般由两个系统构成，一是由金属做底层，另一是由陶瓷做表层。如火箭发动机喷管延伸段内壁在工作时承受 1500℃ 以上高温焰流的冲蚀，时间长达几十秒至上百秒，一般采用等离子喷涂热障 TBC 涂层进行防护，涂层结构为 MCrAlY 结合底层+Y-PSZ ㊀（Y_2O_3/ZrO_2）工作面层，涂层厚度 0.2~0.4mm。又如我国“神舟”载人航天飞船也应用了热障涂层技术，飞船逃逸系统的关键部件——栅格翼大面积使用了等离子喷涂 Al_2O_3 涂层。

（五）恢复尺寸涂层

热喷涂是恢复零部件尺寸的一种经济而有效的方法，无论是因工作磨损还是因加工超差

㊀ Y-PSZ，yttria partially stabilized zirconia，氧化锆陶瓷。

造成的工件尺寸不合要求，均能利用热喷涂技术予以恢复。这种方法既没有焊接时的变形问题，也不像特殊的电镀工艺那样昂贵，同时新表面可以由耐磨或耐蚀材料构成，也可以与工件的构成材料相同。

恢复尺寸涂层主要用于铁基（可切削与可磨削的碳素钢和耐蚀钢）和非铁金属（镍、钴、铜、铝、钛及其合金）制品。热喷涂用于修复因磨损、加工不当造成尺寸超差的工件，涂层要与基体有相同或更好的性能。如齿轮、轴颈、键槽、机床导轨等，多用铁基合金、镍基合金或铜基合金修复；用与钢轨热膨胀系数相近的 Fe_2O_3 粉热喷涂修复钢轨磨损部位就是一个典型的修复范例。

视野拓展

随着热喷涂技术的不断完善和发展，近年来一种新的工艺——冷喷涂技术，备受关注，得到了快速发展。

冷喷涂技术全名为冷空气动力喷涂技术（Cold Gas Dynamic Spray），不同于传统热喷涂，它不需要将喷涂的金属粒子融化，而是在常温下或较低的温度下，采用压缩空气加速金属粒子到临界速度，经喷嘴喷出，金属粒子与基体碰撞后，经过强烈的塑性变形而发生沉积形成涂层的方法。冷喷涂时，基体表面产生的温度不会超过150℃，不存在高温氧化、气化、熔化、晶化等影响涂层性能的效应出现。

冷喷涂技术可在金属、玻璃、陶瓷的工件表面，产生抗腐蚀、耐摩擦、强化、绝缘、导电和导磁涂层。

模块二 热喷涂材料

导入案例

上海东方明珠广播电视塔高468m，塔身在350m以下部分为预应力钢筋混凝土结构，341.7m以上为钢结构桅杆天线。其中341.7~410m用于安装天线的钢结构桅杆，采用热喷涂AC铝合金作为防护底层，厚度120μm，喷涂后用842环氧底漆封闭，然后以环氧聚酰胺铝粉为面漆，最后以丙烯酸清漆为罩光漆，总漆膜厚度260μm。上述处理后可满足30年的防腐要求。

一、热喷涂材料的性能和分类

(一) 热喷涂材料的性能要求

热喷涂技术的发展除了设备和工艺外，就是热喷涂材料的开发，它被称为热喷涂的“粮食”。热喷涂材料必须满足下列要求，才有实用价值。

(1) 稳定性好　热喷涂材料在喷涂过程中，必须能够耐高温，具有良好的化学稳定性和热稳定性，即在高温下不发生有毒的化学反应及性能上的转变。

(2) 使用性能好　根据工件的要求，所得涂层应该满足各种使用要求，即喷涂材料也必须具有相应的性能，如耐磨、耐蚀、耐热、导电、绝缘等。

(3) 润湿性好　润湿性好，则得到的涂层与基体的结合强度高；自身密度好，且涂层平整。

(4) 固态流动性好　固体粉末的流动性与粉末形状、湿度和粒度有关。流动性好，才能保证送粉的均匀性。

(5) 热膨胀系数合适　若涂层与工件的热膨胀系数相差甚远，则可能导致工件在喷涂后的冷却过程中引起涂层龟裂。

(二) 热喷涂材料的分类

热喷涂材料按形状可分为线材、棒材、粉末和管材（如由高分子材料做成的长柔性管中装有各种性能粉末的管材）。

按喷涂材料的成分可分为金属及合金、陶瓷、复合材料和塑料四大类。

按涂层性能可分为耐磨、耐蚀、抗高温、抗氧化、隔热、封严、吸波、润滑、减磨、防滑、绝缘和导电等类别。

工艺操作上又有底层材料、工作（面）层材料之分，或有喷涂材料、喷焊材料之分。

目前，为了满足对材料多功能、高性能的要求，多种复合材料、纳米材料、新型合金或非晶材料的使用，已成为热喷涂材料发展的主要趋势。

二、热喷涂用金属及合金线材

热喷涂用金属及合金线材包括非复合喷涂线材和复合喷涂线材。

(一) 非复合喷涂线材

非复合喷涂线材是指只用一种金属或合金的材料制成的线材，这些线材是用普通的拉拔方法制造的，应用普遍的有以下几种。

(1) 碳素钢及低合金钢喷涂丝　各种碳素钢和低合金钢丝均可作为热喷涂材料，T8 钢为典型高碳钢丝喷涂用材。在喷涂过程中，碳及合金元素有所烧损，易造成涂层多孔和存在氧化物夹杂等缺陷，但仍可获得具有一定硬度和耐磨性的涂层，广泛用于耐磨损的工件和尺寸的修复。

(2) 不锈钢喷涂丝　目前焊接用的不锈钢丝均可用于喷涂。铬不锈钢中常用的有 Cr13 型马氏体不锈钢，喷涂过程中颗粒有淬硬性，颗粒间结合强度高，涂层硬度高，耐磨性好，并且具有相当好的耐蚀性能，常用作磨损较严重及中等腐蚀条件下工作的工件的表面强化，尤其适合于轴类零部件的喷涂，涂层不龟裂。以 18-8 型奥氏体不锈钢为代表的镍铬不锈钢涂层具有优异的耐蚀性和较好的耐磨性，主要用于在酸和碱环境下易磨损件的防护与修复。

（3）铝及铝合金喷涂丝　铝涂层在工业气氛中具有较高的耐蚀性；铝除能形成稳定的氧化膜外，在高温下还能在铁基中扩散，与铁基发生反应生成耐高温的铁铝化合物，提高了钢材的耐热性，因此铝可用于耐热涂层。

（4）铜及铜合金喷涂丝　纯铜不耐海水腐蚀，纯铜涂层主要用于电器开关和电子元件的电触点以及工艺美术品的表面装饰；黄铜具有一定的耐磨性、耐蚀性，且色泽美观，其涂层广泛用于修复磨损件。锡黄铜耐海水腐蚀性强，有“海军黄铜”之美誉；铝青铜抗海水腐蚀能力强，同时具有较高的耐硫酸、硝酸腐蚀的性能，主要用于泵的叶片、轴瓦等零件的喷涂；磷青铜具有比锡青铜更好的力学性能、耐蚀和耐磨性能，而且是美丽的淡黄色，可用于装饰涂层。

（5）锌及锌合金喷涂丝　喷涂层主要用于在干燥大气、农村大气或在清水中的金属构件的腐蚀保护，在污染的工业大气和潮湿大气中，其耐蚀性有所降低；在酸、碱、盐中锌不耐腐蚀。在锌中加入铝，可提高涂层的耐蚀性。铝的质量分数为 30%时，锌-铝合金的耐蚀性最佳。

（6）铅及铅合金喷涂丝　铅耐稀盐酸和稀硫酸的侵蚀，并能防止 X 射线穿过，铅涂层主要用于耐蚀和屏蔽保护。

（7）锡及锡合金喷涂丝　锡涂层耐蚀性好，主要用于食品器皿的喷涂和作装饰涂层。锡合金则主要用于轴承、轴瓦等要求强度不高的滑动部件的耐磨涂层。

（8）镍及镍合金喷涂丝　镍涂层即使在 1000℃高温下也具有很高的抗氧化性能，在盐酸和硫酸中也具有较高的耐蚀性。应用最为广泛的镍基合金喷涂丝线材主要有 Ni-Cr 丝和蒙乃尔合金（Monel 合金）。Ni-Cr 合金涂层作为耐磨、耐高温涂层，可在 800～1000℃高温下使用，但其耐硫化氢、亚硫酸气体及盐类腐蚀性能较差。蒙乃尔合金涂层具有优异的耐海水和耐稀硫酸腐蚀的性能，具有较高的非强氧化性酸的耐蚀性能，但耐亚硫酸腐蚀性能较低。

资　料　卡

蒙乃尔合金　蒙乃尔合金是应用最早、最广泛的镍-铜合金，1905 年发明，约含镍 66%（质量分数）、铜 28%（质量分数）和少量铁、锰、碳和硅。在我国普遍应用的牌号为 Xcu28-2.5-1.5。蒙乃尔合金的可加工性、焊接性、耐高温性和耐蚀性都很好，广泛用于制作化工工业中的蒸发器、热交换器、储罐、泵、搅拌桨轴、阀门（杆）等。

（9）钼喷涂丝　钼耐磨性好，同时又是金属中唯一能耐热浓盐酸腐蚀的金属，钼与很多金属，如普通碳素钢、不锈钢、铸铁、铝及铝合金等结合良好，因此钼涂层常用作打底层；另外，钼喷涂层中会残留一部分 MoS_2 杂质，或与硫发生反应生成 MoS_2 固体润滑膜，因而钼涂层可作为耐磨涂层。

（二）复合喷涂线材

复合喷涂线材就是把两种或两种以上的材料复合而制成的喷涂线材。复合喷涂线材中大

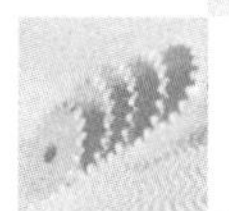

部分是增效复合喷涂线材，即在喷涂过程中不同组元相互发生放热反应，生成化合物，反应热与火焰热相叠加，提高了熔滴温度，到达基体后会使基体局部熔化，产生短时高温扩散，形成显微冶金结合，从而提高结合强度。

目前发现143组“组元对”有放热反应。常用的有Ni-Al、Al-Cr、Al-Nb、Al-Ta、Al-B、Al-Ni-WC、Al-Ni-Cr和Al-Ni-Al_2O_3复合丝线材。

利用组元对的放热反应，再加入其他强化组元可制成自结合喷涂丝。这种丝的特点是兼有打底层及工作层的性能，利用反应热可使涂层结合牢固，又因其他组元的强化作用而得到高的综合性能。

制造复合喷涂线材常用的复合方法有以下几种。

（1）丝-丝复合法　将各种不同组分的丝绞或轧成一股。

（2）丝-管复合法　将一种或多种金属丝穿入某种金属管中压轧而成。

（3）粉-管复合法　将一种或多种粉末装入金属管中加工成丝。

（4）粉-皮压结复合法　将粉末包在金属壳内加工成丝。

（5）粉-黏合剂复合法　把多种粉末用黏合剂混合挤压成丝。

三、热喷涂用粉末

热喷涂材料应用最早的是一些线材，但只有塑性好的材料才能做成线材，而粉末喷涂材料却可不受线材成形工艺的限制，成本低，来源广，组元间可按任意比例调配，组成各种组合粉、复合粉，从而得到相图上存在或不存在的相和组织，获得某些特殊性能。热喷涂用的粉末种类很多，与喷涂用线材类似，也可以将它们分为非复合喷涂粉末和复合喷涂粉末两类。

（一）非复合喷涂粉末

非复合喷涂粉末属于简单粉末，每个粉粒仅由单一的成分组成。它又可分为以下几种。

1. 金属及合金粉末

大量应用的合金粉末主要是Ni基、Fe基、Co基、Cu基合金粉末，一般都可用水雾法、气雾法或其他方法制得。

（1）喷涂合金粉末（也称冷喷合金粉末）　这种粉末不需要或不能进行重熔处理，以喷涂状态使用。按其用途分为打底层粉末和工作层粉末。打底层粉末用来增加涂层与基体的结合强度；工作层粉末保证涂层具有所要求的性能。目前采用的打底层粉末主要是镍包铝或铝包镍复合粉末，而几乎所有的金属或合金粉末都可以用来喷涂工作层。

（2）喷熔合金粉末（又称自熔性合金粉末）　自熔性合金粉末是指具有较低的熔点，熔融过程中能自行脱氧、造渣，能润湿基体表面而呈冶金结合的一类合金。目前，绝大多数自熔性合金都是在Ni基、Fe基、Co基合金中加入强烈的脱氧元素（如Si、B）而制成的。在普通大气条件下对喷涂层进行加热重熔的过程中，Si、B优先与合金粉末中的氧和工件表面的氧化物作用，生成低熔点的硼硅酸盐覆盖在表面，防止液态金属氧化，改善对基体的润湿能力，起到良好的自熔剂作用。

2. 陶瓷材料粉末

陶瓷属于高温无机材料，是金属氧化物、碳化物、硼化物、硅化物等的总称，其硬度高，熔点高，脆性大。常用的热喷涂陶瓷粉末主要有金属氧化物（如 Al_2O_3、TiO_2 等）、碳化物（如 WC、SiC 等）、硼化物（如 ZrB_2、CrB_2 等）、硅化物（如 $MoSi_2$等）和氮化物（如 VN、TiN 等）。

采用等离子弧喷涂可解决陶瓷材料熔点高的问题，几乎可以喷涂所有的陶瓷材料。用火焰喷涂也可获得某些陶瓷涂层。

3. 塑料粉末

塑料涂层具有美观、耐蚀性好的特点，有热塑性（受热熔化或冷却时凝固，如聚乙烯、尼龙粉等）和热固性（固化成型后不再熔化，如环氧树脂、酚醛树脂等）两类。

（二）复合喷涂粉末

复合材料粉末是由两种或两种以上金属和非金属（陶瓷、塑料、非金属矿物）固体粉末混合而成，如图 7-7 所示。按照复合粉末的结构，可以将其分为两类。

（1）包覆型粉　由一种或几种成分作为外壳，均匀连续或星点间断地包覆由一种或几种成分组成的核心的粉体，包覆层与核心的质量比可为 1%~99%，包覆层的宏观厚度最低可为 2~3μm，如图 7-7a~d 所示。

（2）组合型粉　由不同相混杂而成的颗粒，没有核壳之分，如图 7-7e 所示。

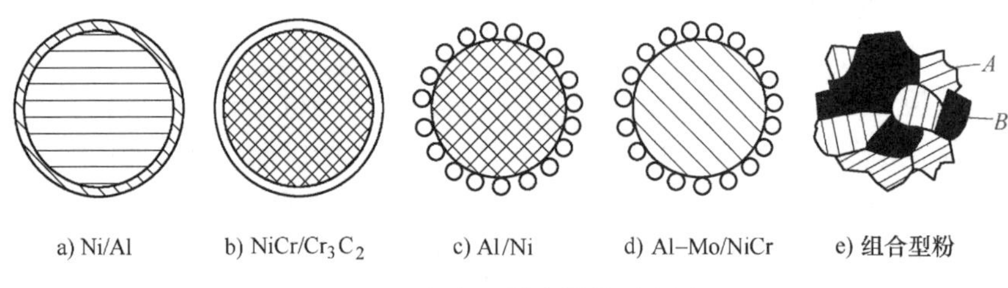

图 7-7　复合型粉末结构示意图

注：Ni/Al 为 Ni 包 Al，余同

复合粉末技术和产品的发展是热喷涂技术的重要突破，为涂层性能的提高和优化设计开辟了宽广的领域，这是因为复合粉的粉粒是非均相体，在热喷涂作用下形成广泛的材料组合，从而使涂层具有多功能性。复合材料之间在喷涂时可发生某些所希望的有利反应，改善喷涂工艺，提高涂层质量。包覆型复合粉的外壳，在喷涂时可对核心物质提供保护，使其免于氧化和受热分解。

常用热喷涂材料种类见表 7-2。

表 7-2　常用热喷涂材料种类

丝材	纯金属丝材	Zn、Al、Cu、Ni、Mo 等
	合金丝材	Zn-Al、Pb-Sn、Cu 合金、巴氏合金、Ni 合金、非合金钢、合金钢、不锈钢、耐热钢
	复合丝材	金属包金属（铝包镍、镍包合金）、金属包陶瓷（金属包碳化物、氧化物等）、塑料包覆（塑料包金属、陶瓷等）
	粉芯丝材	68Cr17、低碳马氏体等
棒材	陶瓷棒材	Al_2O_3、TiO_2、Cr_2O_3、Al_2O_3-MgO、Al_2O_3-SiO_2

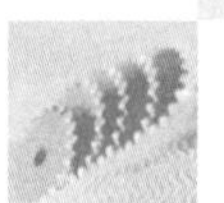

（续）

粉末	纯金属粉	Sn、Pb、Zn、Ni、W、Mo、Ti
	合金粉	低碳钢、高碳钢、镍基合金、钴基合金、不锈钢、钛合金、铜基合金、铝合金、巴氏合金
	自熔性合金粉	镍基（NiCrBSi）、钴基（CoCrWB、CoCrWBNi）、铁基（FeNiCrBSi）、铜基
	陶瓷、金属陶瓷粉	金属氧化物（Al 系、Cr 系和 Ti 系）、金属碳化物及硼氮、硅化物等
	包覆粉	镍包铝、铝包镍、金属及合金、陶瓷、有机材料等
	复合粉	金属+合金、金属+自熔性合金、WC 或 WC-Co+金属及合金、WC-Co+自熔性合金+包覆粉、氧化物+金属及合金、氧化物+包覆粉、氧化物+氧化物、碳化物+自熔性合金、WC+Co 等
	塑料粉	热塑性粉末（聚乙烯、聚四氟乙烯、尼龙、聚苯硫醚）、热固性粉末（酚醛、环氧树脂）

模块三　火焰类喷涂

导入案例

某葡萄酒厂一低温发酵车间的发酵罐是采用不锈钢板焊接而成，使用后内部出现点状腐蚀。在该车间进行技术改造时，为了防止酒罐内壁继续腐蚀，采用现场火焰喷涂白色聚乙烯粉末对葡萄酒罐进行保护，因为聚乙烯无毒、无味、不影响葡萄酒质量，具有一定的耐酸性和耐碱性，该涂层与酒罐内壁结合良好，与酒石酸不粘，取得了良好的效果。

一、火焰喷涂

火焰喷涂包括线材火焰喷涂和粉末火焰喷涂，是目前国内最常用的喷涂方法。在火焰喷涂中，通常使用乙炔和氧组合燃烧而提供热量，也可以用甲基乙炔、丙二烯（MPS）、丙烷或天然气等。

火焰喷涂可喷涂金属、陶瓷、塑料等材料，应用非常灵活，喷涂设备轻便简单，可移动，价格低于其他喷涂设备，经济性好，是目前喷涂技术中最成熟、应用最广的一种方法。但是，火焰喷涂也存在明显的不足，如喷出的颗粒速度较小，火焰温度较低，涂层的粘结强度及涂层本身的综合强度都比较低，且比其他方法得到的气孔率都高。此外，火焰中心为氧化气，所以对高熔点材料和易氧化材料，使用时应注意。

为了改善火焰喷涂的不足，提高结合强度及涂层密度，可采用压缩空气或气流加速装置来提高颗粒速度；也可以采用将压缩气流由空气改为惰性气体的办法来降低氧化程度，但这同时也提高了成本。

线材火焰喷涂

（一）线材火焰喷涂法

线材火焰喷涂法（Wire Flame Spraying，WFS）是最早发明的热喷涂法。把金属线材以一定的速度送进喷枪里，使端部在高温火焰中熔化，随即用压缩空气将其雾化并吹走，沉积在经预处理过的工件表面上。

图 7-8 是线材火焰喷涂枪的剖面图，它显示出了线材火焰喷涂的基本原理。喷枪通过气阀引入燃气、氧气和雾化气（压缩空气），燃气和氧气混合后在喷嘴出口处产生燃烧火焰。金属丝穿过喷嘴中心，通过围绕喷嘴和气罩形成的环形火焰，金属丝的尖端连续地被加热到熔点温度。然后，由通过气罩的压缩空气将其雾化成喷射粒子，依靠空气流加速喷射到基体上，粒子与基体撞击时变平并粘结到基体表面上，随后而来的与基体撞击的粒子也变平并粘结到先前已粘结到基体的粒子上，从而堆积成涂层。

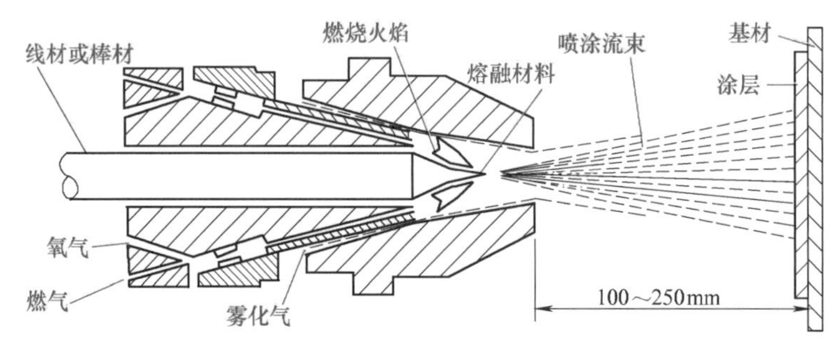

图 7-8 线材火焰喷涂的基本原理

线材的传送靠喷枪中的空气涡轮或电动马达旋转，其转速可以调节，以控制送丝速度。采用空气涡轮的喷枪，送丝速度的微调比较困难，而且其速度受压缩空气的影响而难以恒定，但喷枪的自重轻，适用于手工操作；采用电动马达传送丝材的喷涂设备，虽然送丝速度容易调节，也能保持恒定，喷涂自动化程度高，但喷枪笨重，只适用于机械喷涂。

在线材火焰喷枪中，燃气一般采用乙炔，火焰主要用于线材的熔化，适宜于喷涂的金属丝直径一般为 1.8~4.8mm。但有时直径较大的棒材，甚至一些带材也可喷涂，不过此时须配以特定的喷枪。目前国内常用的线材火焰喷枪是 SQP－1 型射吸式，如图 7-9 所示。

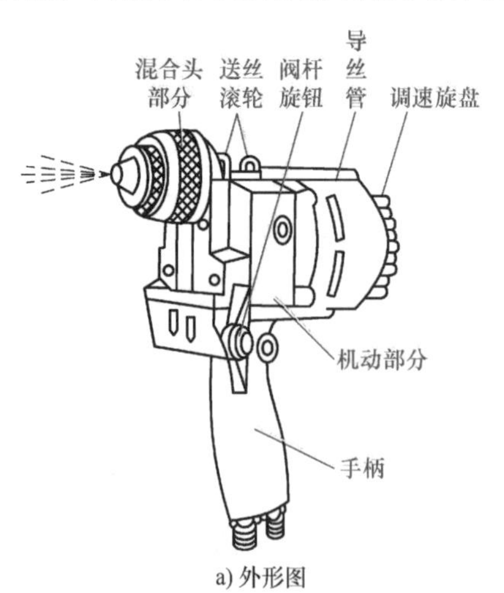

a) 外形图

b) 现场照片

图 7-9 SQP－1 型线材火焰喷枪外形图

图 7-10 为线材火焰喷涂的典型装置。

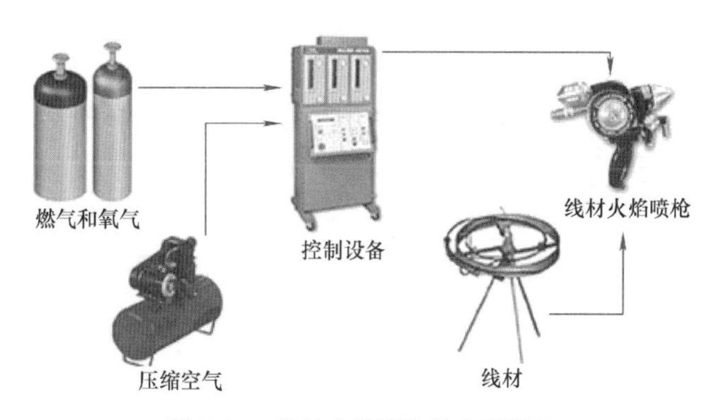

图 7-10　线材火焰喷涂的典型装置

线材火焰喷涂比较便宜，但选材范围较窄，因为有些材料很难加工成线材。

（二）粉末火焰喷涂法

粉末火焰喷涂

粉末火焰喷涂（Powder Flame Spraying，PFS）的基本原理如图 7-11 所示。喷枪通过气阀引入氧气和燃气，氧气和燃气混合后在环形或梅花形喷嘴出口处产生燃烧火焰。喷枪上设有粉斗或进粉管，利用送粉气流产生的负压抽吸粉末，使粉末随气流进入火焰中，粉末被加热熔化或软化，气流及焰流将熔粒喷射到基体表面形成涂层。粉粒在被加热过程中，均由表层向心部逐渐熔化，熔融的表层在表面张力作用下趋于球状，因此粉末喷涂过程中不存在线材喷涂的破碎和雾化过程。粉末粒度便决定了涂层中颗粒的大小和涂层的表面质量。另外，进入火焰及随后飞行中的粉末，由于处在火焰中的位置不同，被加热的程度存在很大差异，导致部分粉末未熔融、部分粉末仅被软化，从而造成涂层的结合强度与致密性一般不及线材火焰喷涂。

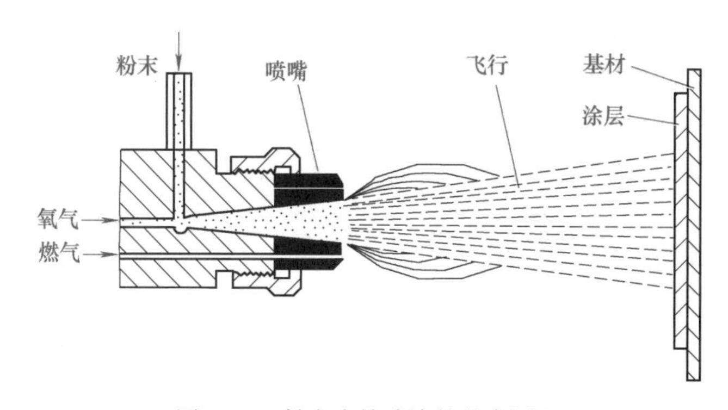

图 7-11　粉末火焰喷涂的基本原理

粉末火焰喷涂设备的组成基本与线材火焰喷涂相同，也是由氧气和燃气供给系统、压缩空气供给系统及喷枪等部分组成，但喷枪存在很大差别。中小型喷枪与氧乙炔焊枪相似，不同之处在于喷枪上装有粉斗和射吸粉末的粉阀体，但也可单设送粉器采用枪外送粉；大型喷枪有等压式和射吸式两种，图 7-12 是国产射吸式喷涂、喷熔两用大型喷枪。若要提高粉末在火焰中的流速，则可输入空气或惰性气体，利用附加的气体射流加速粉末粒子。

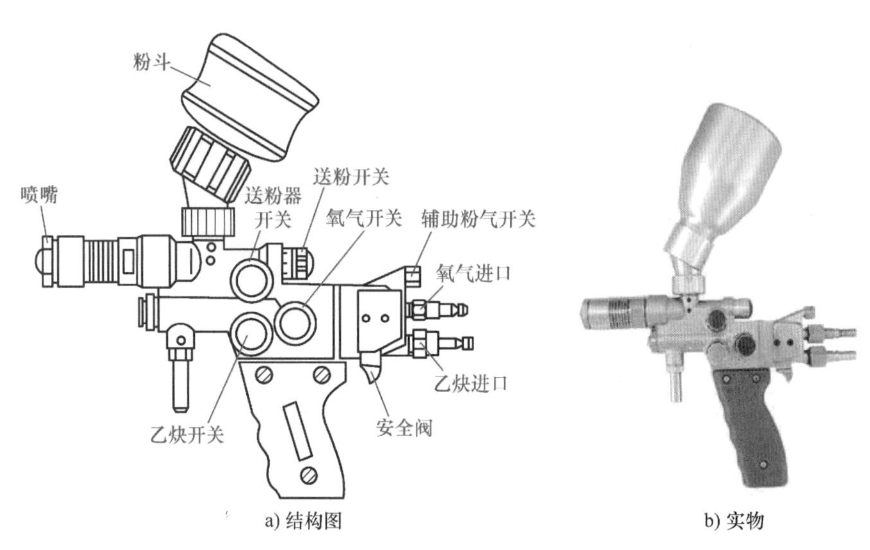

a) 结构图　　b) 实物

图 7-12　射吸式大型喷枪图

粉末火焰喷涂一般采用氧乙炔火焰，这种方法具有设备简单，成本低，工艺操作简便，应用广泛灵活，适应性强，噪声小等特点，因而是目前热喷涂技术中应用最广泛的一种，图 7-13 是粉末火焰喷涂的典型装置。

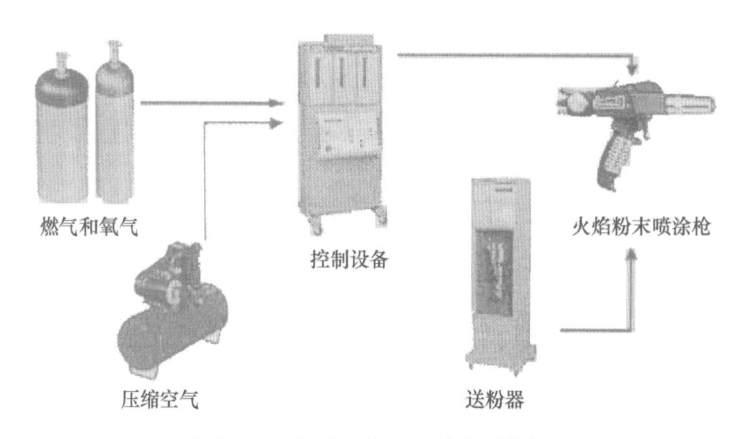

图 7-13　粉末火焰喷涂的典型装置

（三）火焰喷涂工艺

火焰喷涂工艺流程为

工件表面预处理→预热→喷涂打底层→喷涂工作层→喷后处理

1. 表面预处理

为使喷涂粒子很好地浸润工件表面，并与微观不平的表面紧紧咬合，最终获得高结合强度的涂层，要求工件表面必须洁净、粗糙、新鲜。因此表面准备是一个十分重要的基础工序，具体包括表面清理及表面粗糙化两个工序。

表面清理是指脱脂、去污、除锈等，使工件表面呈现金属光泽。一般采用酸洗或喷砂除锈，去除氧化皮。采用有机溶剂或碱水脱脂。如果是修复旧件，还要加热到 260~530℃，保温 3~5h，去除毛细孔内的油脂。

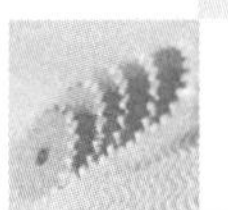

粗化处理的目的是增加涂层与基材间的接触面，增大涂层与基材的机械咬合力，使净化处理过的表面更加活化，以提高涂层与基材的结合强度。粗化处理的方法有喷砂、机械加工法（如车螺纹、滚花）、电拉毛等。其中喷砂是最常用的粗化处理方法，常用的喷砂介质有氧化铝、碳化硅和冷硬铸铁。多数工件表面粗糙度值 Ra 达到 2.5~13μm 就可以。

对于一些与基材粘结不好的涂层材料，还应选择一种与基体材料粘结好的喷涂材料作为过渡层，称为粘结底层。常用作粘结底层的材料有 Mo、NiAl、NiCr 及铝青铜等，粘结底层的厚度一般为 0.1~0.15mm。

2. 预热

工件喷涂前要进行预热，其作用有三个：一是提高工件表面与熔粒的接触温度，有利于熔粒的变形和相互咬合以及提高沉积率；二是使基体产生适当的热膨胀，在喷涂后随涂层一起冷却，减少两者收缩量的差别，降低涂层的内应力；三是去除工件表面的水分。预热温度不宜过高，对于普通钢材一般控制在 100~150℃ 为宜。可直接用喷枪预热，但要使用中性焰或轻微碳化焰，也可采用电阻炉预热，使工件温度均匀，表面不产生水汽。

工件预热是安排在表面准备工艺之前还是之后，对涂层的结合强度也有很大影响。条件允许时，最好将预热安排在表面准备之前，以防止预热不当表面产生氧化膜而导致涂层结合强度降低。

3. 喷涂

工件表面处理好之后，要在尽可能短的时间内进行喷涂。为增加涂层与基体的结合强度，一般在喷涂工件之前，先喷涂一层厚度为 0.10~0.15mm 的放热型镍包铝或铝包镍粉末作为打底层。打底层不宜过厚，如超过 0.2mm，不但不经济，而且会使结合强度下降。喷涂镍铝复合粉末时，应使用中性焰或轻微碳化焰，另外选用的粉末粒度号在 180~250 为宜，以避免产生大量烟雾，导致结合强度下降。

4. 喷后处理

火焰喷涂层是有孔结构，这种结构对于耐磨性一般影响不大，但会对在腐蚀条件下工作的涂层性能产生不利影响，需要将孔隙密封，以防止腐蚀性介质渗入涂层，从而对基体造成腐蚀。常用的封孔剂有石蜡、酚醛树脂和环氧树脂等。密封石蜡应使用有明显熔点的微结晶石蜡，而不是没有明显熔点的普通石蜡。酚醛树脂封孔剂适用于密封金属及陶瓷涂层的孔隙，这种封孔剂具有良好的耐热性，在 200℃ 以下可连续工作，且除强碱外，能耐大多数有机化学试剂的腐蚀。

（四）水闸门火焰喷涂工艺实例

闸门是水电站、水库等水利工程控制水位的主要钢铁构件，它有一部分长期浸在水中。在开闭和涨潮或退潮时，表面经受干湿交替，特别在水线部分，受到水、气体、日光和微生物的侵蚀较严重，钢材很容易锈蚀，严重威胁水利工程的安全。原来用油漆涂料保护，一般使用周期为 3~5 年。而采用线材喷涂锌并涂两层氯化橡胶铝粉漆作为封闭剂，则可大大提高钢制闸门的耐蚀性能，使用寿命可达 20~30 年，比原用油漆涂层寿命延长 6~10 倍，三峡大坝永久闸门采用的就是这种工艺。水闸门喷涂锌的工艺如下。

1. 表面预处理

采用粒径为 0.5~2mm 的硅砂对水闸门的喷涂表面进行喷砂处理、去污、防锈，并且粗化水闸门表面。

2. 火焰喷涂

喷涂时使用SQP-1型火焰喷枪，用锌丝喷涂材料。为保证涂层质量及其与结构的结合强度，喷涂过程中，应严格控制氧和乙炔的比例和压力，使火焰为中性焰或稍偏碳化焰。

水闸门喷涂锌采用的工艺参数见表7-3。喷涂时应采取多次喷涂法，使涂层累计总厚度达到0.3mm，以防止涂层在喷涂过程中翘起脱落。

表7-3 水闸门喷涂锌采用的工艺参数

喷涂材料	氧气压力/MPa	压缩空气压力/MPa	乙炔压力/MPa	喷涂距离/mm	喷涂角度/(°)
锌	0.392~0.49	0.392~0.49	0.49~0.637	150~200	25~30

3. 喷后处理

喷涂层质量经检验合格后，进行喷后处理。如果涂层中有气孔，一般选用沥青漆进行涂漆封孔处理。

二、爆炸喷涂

（一）爆炸喷涂的原理及特点

爆炸喷涂（Detonation Spraying）是火焰喷涂技术中最复杂的一种，利用氧和可燃性气体的混合气，经点火后在喷枪中爆炸，利用脉冲式气体爆炸的能量，将被喷涂的粉末材料加热、加速轰击到工件表面而形成涂层，如图7-14所示。气体燃烧和爆炸可产生超声速高能气流，爆炸波的传播速度高达3000m/s，其中心温度可达3450℃，粉末粒子的飞行速度可达1200m/s。因此，爆炸喷涂所产生的涂层致密，与基体具有极强的结合力。

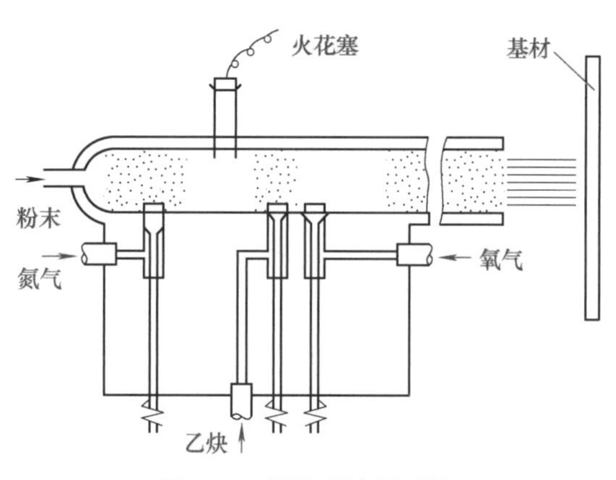

图7-14 爆炸喷涂原理图

小知识

提高涂层质量的因素有两条：一是提高热流密度（即提高热能），二是提高熔粒飞行的速度（即提高动能）。爆炸喷涂和高速喷涂即是提高粒子飞行速度，令其达到超声速。

爆炸喷涂的最大特点是粒子飞行速度高，动能大，所以爆炸喷涂涂层具有以下特点。

1）涂层和基体的结合强度高；喷涂陶瓷粉末时可达70MPa，喷涂金属陶瓷粉末时可达175MPa。

2）涂层致密，气孔率很低，可达2%以下。

3）爆炸喷涂是脉冲式喷涂，热气流对工件表面作用时间短，因此工件表面温度低，温

升不超过200℃。

4）涂层均匀，厚度容易控制，爆炸喷涂的涂层厚度一般为0.025~0.3mm，涂层表面粗糙度值可小于*Ra* 1.60μm，经磨削后可达*Ra* 0.025μm。

5）爆炸喷涂设备价格高，效率低，噪声大，必须在隔声间内进行。

（二）爆炸喷涂的应用

目前世界上应用最成功的爆炸喷涂是美国联合碳化物公司林德分公司1955年取得的专利，其设备及工艺参数至今仍然保密。我国于1985年左右，由中国航天工业部航空材料研究所研制成功爆炸喷涂设备，就WC-Co硬质合金涂层性能来看，喷涂性能与美国联合碳化物公司的水平接近。

爆炸喷涂

爆炸喷涂是当前热喷涂领域内最高的技术，可喷涂金属、金属陶瓷及陶瓷材料。目前较成功的爆炸涂层主要有耐磨涂层和热障涂层。常用的耐磨涂层主要有WC-Co硬质合金涂层、Al_2O_3涂层、Cr_3C_2涂层、TiC涂层等；而ZrO_2涂层是典型的热障涂层。

爆炸喷涂最初一直应用于航天和核工业等军事领域，现已逐渐向民用品发展，在钢铁、能源、汽车、轻工机械等行业的应用不断扩大。如各种机械密封件、轴类、辊类、柱棒类等表面的耐磨强化，燃气轮机叶片、风机叶轮等表面的耐磨、耐冲击、耐蚀强化，过丝轮、导流板、拉丝机滚筒等纺织机械零件表面的耐磨、减摩强化等，均大量采用爆炸喷涂技术来制备预保护涂层。图7-15是用爆炸喷涂机械轴耐磨涂层。

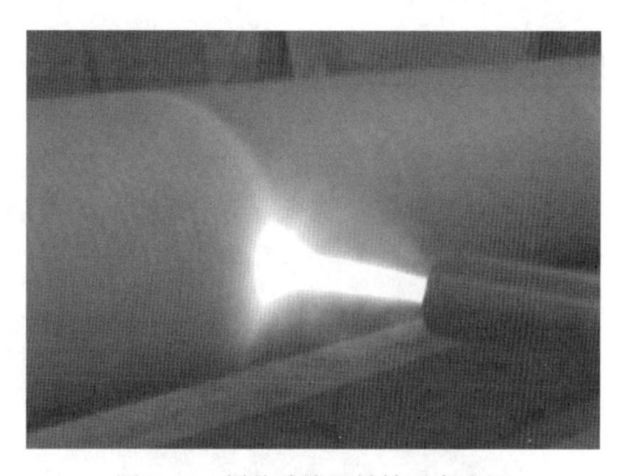

图7-15　爆炸喷涂机械轴耐磨涂层

爆炸喷涂后的零件使用效果是十分明显的，在航空发动机一、二级钛合金风扇叶片的中间阻尼台上，爆炸喷涂一层0.25mm厚的碳化钨涂层后，其使用寿命可从100h延长到1000h以上。在燃烧室的定位卡环上喷涂一层0.12mm厚的碳化钨涂层后，零件寿命可从4000h延长到28000h以上。

三、高速火焰喷涂

（一）高速火焰喷涂的原理和特点

高速火焰喷涂（High Velocity Oxygen Fuel，HVOF）也称为超音速火焰喷涂，最早出现于20世纪60年代初期，由美国人J. Browning发明，称之为“Jet-Kote”，并于1983年获得美国专利。它的开发是继等离子弧喷涂之后热喷涂工业最具创造性的进展。

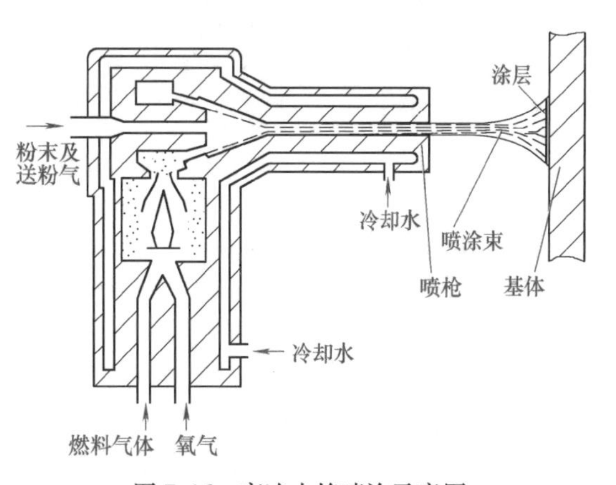

图7-16　高速火焰喷涂示意图

图7-16是高速火焰喷涂示意图。燃料气体（氢气、丙烷、丙烯或乙炔-甲烷-丙烷混

合气体等）与助燃剂（O_2）以一定的比例导入燃烧室内混合、爆炸式燃烧，因燃烧产生的高温气体以高速通过膨胀管（Laval 管）获得超声速；同时由送粉气（Ar 或 N_2）将喷涂粉末沿燃烧头内的碳化钨中心套管定量地送入高温燃气中，使粉末熔化并加速，一同射出喷涂于工件上形成涂层。

在喷涂枪喷嘴出口处产生的焰流速度可达到声速的 4 倍，最高可达 2400m/s（具体与燃烧气体种类、混合比例、流量、粉末质量和粉末流量等有关），粉末撞击到工件表面的速度可达 550~760m/s，形成的涂层结合强度高，孔隙率低（<1%），涂层表面光滑，无分层现象，涂层结合强度可达 100MPa。高速度带来的另一个好处是，在粒子打击基体的瞬间，动能几乎全部转化为热能，使粒子再一次获得加热的机会，部分地补偿了焰流温度的不足。

高速火焰喷涂时，火焰含氧少且温度适中，焰流速度很高，使熔粒与周围大气接触时间短，能有效地防止粉末涂层材料的氧化和分解，故特别适合碳化物类涂层的喷涂。

高速火焰喷涂生产率高，针对金属可达 20kg/h，碳化钨为 30~40kg/h。

超音速火焰喷涂

（二）高速火焰喷涂的应用

高速火焰喷涂适于喷涂金属粉末、WC-Co 粉末、低熔点 TiO_2 陶瓷粉末，以及高熔点的陶瓷材料，而且要求粉粒尺寸小（5~45μm）、分布范围窄，否则不能熔化。

高速火焰喷涂在航空、冶金、机械、汽车、塑料等行业均得到了广泛应用，如航空发动中的耐磨涂层、造纸机械用的镜面涂层等。近年来，由于电镀铬工艺的环境污染问题，电镀铬工业在一些工业发达国家受到严格的限制，并逐渐被淘汰，采用高速火焰喷涂涂层代替镀铬层的应用越来越受到工业界的关注和重视。图 7-17 是高速火焰喷涂的两个应用实例。

a) 印刷机辊喷涂不锈钢316L后抛光为镜面

b) 球形阀体喷涂WC-Co耐磨涂层

图 7-17 高速火焰喷涂应用实例

近些年来，国外高速火焰喷涂技术发展迅速，有许多新型装置出现，如美国 Metco 公司和瑞士 P. T 公司的爆震获超声速法，在不少领域正在取代传统的等离子弧喷涂，成为最引人注目的热喷涂方法。在国内许多科研院所也在进行这方面的研究，并生产出有自己特色的超音速喷涂装置，如近年出现了使用压缩空气替代氧气的 HVAF 设备，有兴趣的读者可通过期刊或网络查询。

模块四　电弧类喷涂

导入案例

不锈钢人工骨骼虽然有一定的强度，但生物相溶性差，与肌肉组织结合在一起常有不适感。陶瓷材料虽与肌肉组织相溶性好，但强度不高，特别是脆性大，此外，采用烧结陶瓷工艺又难以制成大型异型人造骨。为了综合以上两种材料的优点，克服它们各自的缺点，可采用在不锈钢人工骨骼表面等离子弧喷涂一层氧化物陶瓷涂层的方法。这种人工骨骼已在临床上得到广泛应用，效果令人满意。

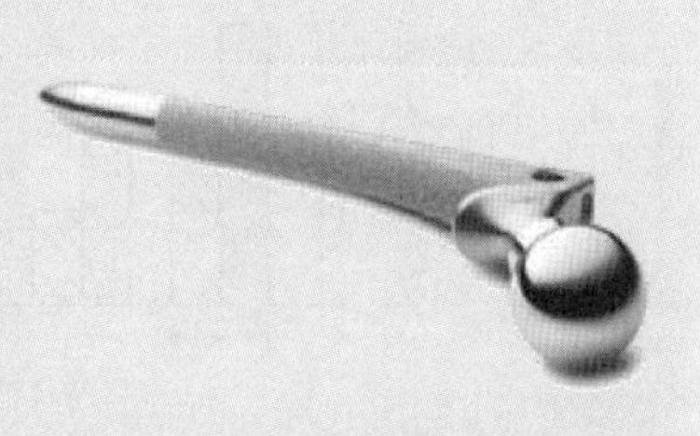

一、电弧喷涂

（一）电弧喷涂的原理

电弧喷涂（Arc Spraying）是将两根金属丝不断地送入喷枪，经接触产生电弧将金属丝熔化，并借助压缩空气把熔融的金属雾化成细小的微粒，以高速喷射到工件表面形成涂层，如图 7-18 所示。

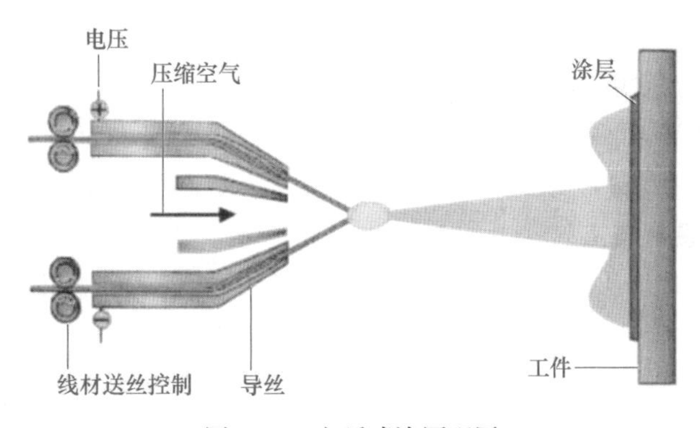

图 7-18　电弧喷涂原理图

电弧喷涂一般采用 18~40V 直流电源，直流喷涂操作稳定，涂层组织致密，效率高。只要两根喷涂线材末端保持合适的距离，并使送丝速度保持恒定，即可得到稳定的电弧区，温度可达 4200℃。

（二）电弧喷涂的特点

电弧喷涂与线材火焰喷涂相比，具有以下一些特点。

（1）热效率高　火焰喷涂时，燃烧火焰产生的热量大部分散失到空气和冷却系统中，热能利用率只有 5%~15%。而电弧喷涂是将电能直接转化为热能来熔化金属，热能利用率可高达 60%~70%。

（2）涂层结合强度高　一般来说，电弧喷涂比火焰喷涂粉末粒子含热量更大一些，粒子飞行速度也较快，因此，熔融粒子打到基体上时，形成局部微冶金结合的可能性要大得多。所以，涂层与基体的结合强度较火焰喷涂高1.5~2倍，如图7-19所示。

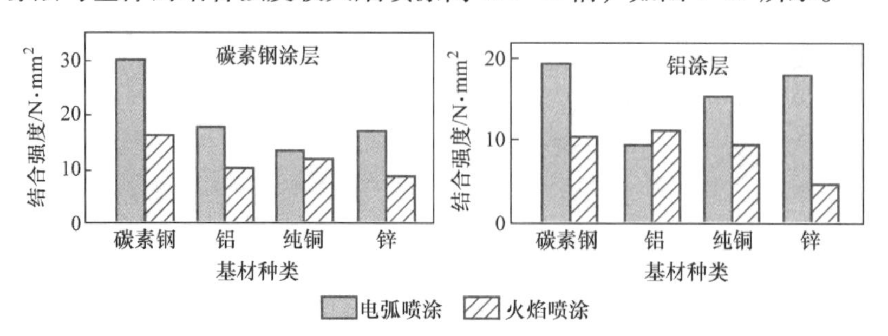

图7-19　电弧喷涂与火焰喷涂结合强度对比

（3）可方便地制造合金涂层或“伪合金”涂层　通过使用两根不同成分的线材和使用不同进给速度，即可得到不同的合金成分。如铜-钢的合金具有较好的耐磨性和导热性，是制造制动车盘的理想材料。

（4）喷涂效率高，成本低　电弧喷涂与火焰喷涂设备相似，同样具有成本低、一次性投资少、使用方便等优点，电弧喷涂成本比火焰喷涂可降低30%以上。因为是双根同时送丝，所以喷涂效率也较高，电弧喷涂的高效率使得它在喷涂Al、Zn及不锈钢等大面积防腐应用方面成为首选工艺。

但是，电弧喷涂有明显的不足，喷涂材料必须是导电的焊丝，因此只能使用金属，而不能使用陶瓷，限制了电弧喷涂的应用范围。电弧喷涂可喷涂铝丝、锌丝、铜丝、不锈钢丝、粉芯不锈钢丝、蒙乃尔合金等金属丝材，其直径和成分应均匀。

近些年来，为了进一步提高电弧喷涂涂层的性能，国外对设备和工艺进行了较大的改进，公布了不少专利。如将甲烷等加入到压缩空气中作为雾化气体，以降低涂层的含氧量。日本还将传统的圆形丝材改成方形，以改善喷涂速率，提高了涂层的结合强度。

（三）电弧喷涂设备与工艺

电弧喷涂设备系统由电弧喷枪、控制箱、电源、送丝装置和压缩空气系统等组成，如图7-20所示。

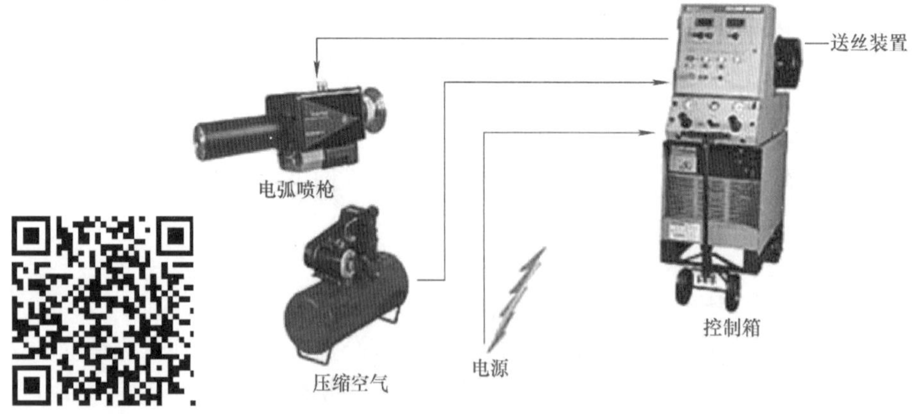

图7-20　电弧喷涂设备系统简图

电弧喷涂的工艺参数包括线材直径、电弧电压、电弧电流、送丝速度、压缩空气压力及喷涂距离等，其典型工艺见表 7-4。

表 7-4 电弧喷涂典型工艺

喷涂材料	线材直径/mm	电弧电压/V	电弧电流/A	送丝速度/（kg/h）
钢	1.6	35	185	8.5
锌	2.0	35	85	13

电弧喷涂所用丝材的直径一般为 0.8~3.0mm，电弧电压一般不低于 15~25V。因为电弧电压太低时，丝端部不能出现闪光；电压较高时，才可产生电弧，但过高会断弧。电弧电流一般为 100~400A。为使电弧维持一定长度，电流调节一定要准确，以保证线材熔化速度及输送速度平衡。

压缩空气压力为 0.4~0.7MPa，喷涂距离为 100~250mm。为防止工件变形，工件温度一般应控制在 150℃以下。涂层厚度通常为 0.5~1.0mm。

（四）发动机曲轴电弧喷涂工艺实例

电弧喷涂的典型应用有：在钢铁构件上喷涂 Zn、Al 长效防护涂层；在钢铁件上喷涂不锈钢或其他耐磨金属，用于耐磨、耐蚀防护；喷涂碳素钢、铬钢、青铜、巴氏合金等材料，用于修复零件已磨损或尺寸超差的部位；在电容器上喷涂导电涂层，在塑料制品上喷涂屏蔽涂层等。下面以曲轴的修复为例，说明其工艺过程。

曲轴是发动机的重要零件，发动机发出的功率通过曲轴传递到工作部件，它的转速很高并承担繁重的交变载荷。在使用中经常产生的缺陷是轴颈产生疲劳裂纹和表面磨损等，这些缺陷对发动机的工作和寿命有很大的影响。

1. 修前检查

曲轴在修复前应当检查轴颈和圆角的裂纹、轴颈的磨损等。喷涂修复曲轴只能恢复尺寸，不能恢复强度。有裂纹的曲轴只能在用焊接的方法消除裂纹后，才能用喷涂法修复。因此，曲轴在喷涂修复前必须采用探伤法仔细检查是否有裂纹。圆角处有裂纹的曲轴不能修复；轴颈上长度不大于 30mm 并且未延伸到圆角处的裂纹用手砂轮将裂纹磨掉，再用手工堆焊将坡口堆满，车削后再进行喷涂。

2. 表面预处理

表面预处理包括表面脱脂与表面粗化。首先将喷涂部位及周围表面的油渍彻底清洗干净，然后用特制的加长刀杆车刀，车去轴径表面疲劳层 0.25mm，最后用 60°螺纹刀在轴颈表面车出螺纹。

3. 电弧喷涂

曲轴材料牌号为 KSF55，相当于 35 锻钢，因此，先用镍-铝复合丝喷涂打底层，再用 3Cr13 喷涂尺寸层及工作层，线材直径为 3mm。

发动机曲轴电弧喷涂工艺参数见表 7-5。为获得致密的涂层，在喷涂时要连续喷涂，中间不应有较长时间的停顿，否则会影响结合强度。喷涂厚度一般以留出 0.8~1mm 的加工余量为宜。

表 7-5 发动机曲轴电弧喷涂工艺参数

喷涂材料	喷涂电压/V	喷涂电流/A	空气压力/MPa	喷涂距离/mm
镍-铝复合丝（底层）	40	120	0.7	200~250
30Cr13（工作层）	40	400	0.7	200~250

4. 喷涂层检验及机械加工

喷涂后要检查喷涂层与轴颈基体是否结合紧密。如不够紧密，则除掉重喷；如检查合格，可对曲轴进行磨削加工。磨削进给量以 0.05~0.10mm 为宜。磨削后，用砂条对油道孔研磨，经清洗后将其浸入 80~100℃的润滑油中煮 8~10h，待润滑油充分渗入涂层后，即可装车使用。

图 7-21 是曲轴（轴颈部位）修复前后的对比照片。

图 7-21 曲轴修复前后的对比照片

二、等离子弧喷涂

（一）等离子弧喷涂的原理及特点

等离子弧喷涂是利用等离子弧作为热源，将金属或非金属粉末送入等离子弧焰流中加热到熔化或熔融状态，并随同等离子弧焰流高速喷射、沉积在经过预处理的工件表面上，从而形成具有特殊性能的涂层，如图 7-22 所示。

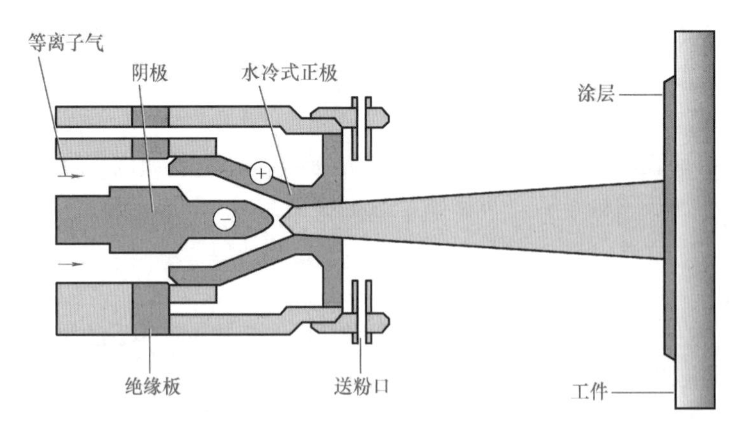

图 7-22 等离子弧喷涂原理

进行等离子弧喷涂时，首先在阴极和阳极（喷嘴）之间产生一直流电弧，该电弧把导入的工作气体加热电离成高温等离子体，并从喷嘴喷出，形成等离子焰。粉末由送粉气送入火焰中被熔化，并随高速等离子焰流，高速喷射到基体表面形成涂层。

等离子弧喷涂可分为大气等离子喷涂、低压等离子喷涂、液稳等离子喷涂和超声速等离子喷涂等。等离子弧喷涂有以下特点。

（1）温度高，可喷涂材料范围广　等离子弧的最高温度可达30000K，距喷嘴2mm处温度也可达17000~18000K，因此可喷涂材料范围广，几乎所有固态工程材料都可喷涂，尤其是便于进行高熔点材料的喷涂，是制备陶瓷涂层的最佳工艺。

（2）涂层质量好　因等离子焰流速度大，熔融粒子速度可达300~400m/s，同时温度很高，故所得涂层表面平整致密，与基体结合强度高，一般为40~70MPa。另外，等离子弧喷涂涂层可精确控制在几微米到1mm之间。

（3）基体损伤小，无变形　由于使用惰性气体作为工作气体，因此喷涂材料不易氧化。同时工件在喷涂时受热少，表面温度不超过250℃，母材组织无变化，甚至可以用纸作为喷涂的基体。因此，对于一些高强度钢材以及薄壁零件、细长零件均可实施喷涂。

小知识

等离子弧堆焊与喷涂　等离子弧堆焊和喷涂是两种相似的工艺方法，区别是堆焊时基体表层熔化，堆焊层与基体为冶金结合；而喷涂时基体不熔化，喷涂层与基体主要为机械结合。此外，堆焊层厚度一般都比较大（毫米至厘米数量级）；喷涂层厚度一般较薄（微米级）。

（二）等离子弧喷涂设备

等离子弧喷涂设备如图7-23所示，主要包括等离子弧喷枪、粉末加料器、整流电源、供气系统、热交换器及控制设备，目前我国已能生产多种型号的成套的等离子弧喷涂设备，如GP-80型等离子弧喷涂设备。

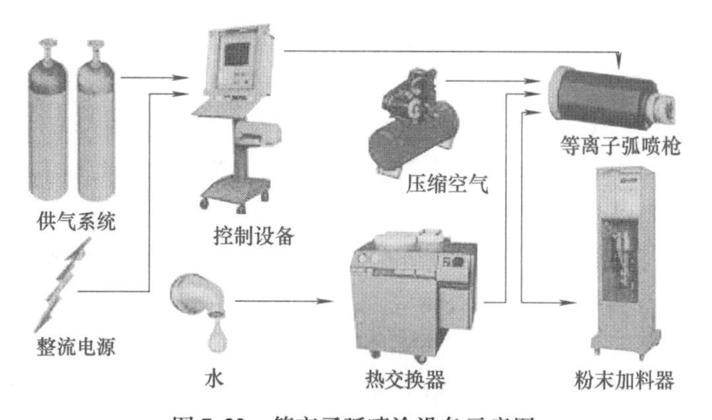

图7-23　等离子弧喷涂设备示意图

（1）等离子弧喷枪　喷枪是等离子弧喷涂设备中的核心装置，根据用途的不同，可分为外圆喷枪和内圆喷枪两大类。等离子弧喷枪实际上是一个非转移弧等离子发生器，其上集中了整个系统的电、气、粉、水等，最关键的部件是喷嘴和阴极，其中喷嘴由高导热性的纯铜制造，阴极多采用铈钨极（氧化铈的质量分数为2%~3%）。

（2）整流电源　用以供给喷枪直流电，通常为全波硅整流装置，其额定功率常见的有40kW、50kW和80kW三种规格。

（3）粉末加料器　用来贮存喷涂粉末，并按工艺要求向喷枪输送粉末的装置，对送粉系统的主要技术要求是送粉量准确度高、送粉调节方便，以及对粉末粒度的适应范围广。送粉可分为内送粉式和外送粉式两种，如图7-24所示。

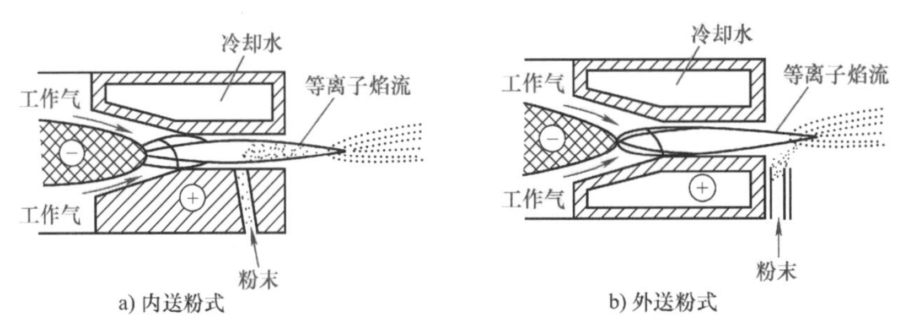

图7-24　等离子弧喷涂的两种送粉方式

（4）热交换器　主要用以使喷枪获得有效的冷却，达到使喷嘴延长使用寿命的目的，通常采用水冷系统。

（5）供气系统　包括工作气和送粉气的供给系统。

（6）控制设备　用于对水、电、气、粉的调节和控制，它可对喷涂过程的动作程序和工艺参数进行调节和控制。

等离子技术中引人注目之处就是设备的大容量化、高输出功率化和实时控制技术，目前市场上可提供的等离子弧喷涂设备功率可达120~200kW，最高温度可达50000K，每小时可喷涂近100kg金属、30~60kg陶瓷粉，大大提高了喷涂效率，也使涂层质量更为改善，因而可以实现大面积高质量涂层的连续生产。

等离子弧喷涂

（三）等离子弧喷涂工艺参数

等离子弧喷涂的涂层质量不仅取决于喷涂设备和喷涂材料的质量，更重要的是取决于所采用的喷涂工艺。合理选择等离子弧喷涂工艺是保证涂层质量的重要措施之一。

等离子弧喷涂工艺参数主要有热源、工作气体种类及流量、送粉气种类及流量、送粉量、喷涂距离和喷枪移动速度等。

热源参数包括电弧电压、工作电流和电弧功率等，是喷涂的关键参数，应确保粉末熔化良好，防止出现生粉。功率一定时，尽可能选择高电压、低电流，以减轻喷嘴的烧损程度。

等离子弧喷涂常用的工作气体有氮气和氩气，有时为了提高等离子弧的焓值，可在氮气或氩气中分别加入5%~10%（体积分数）的氢气。喷涂所用的气体要求具有一定的纯度，否则钨极很容易烧损。氮气和氢气的纯度要求不低于99.9%，氩气的纯度不低于99.99%。

等离子弧喷涂常用的粉末有纯金属粉末、合金粉末、自熔性合金粉末、陶瓷粉末、复合粉末和塑料粉末。送粉气与工作气相同，一般采用价格便宜的氮气。其流量与送粉量大小有关，一般为工作气流量的1/5~1/3。送粉量过大，会造成粉末熔化不良；送粉量过小，则粉

末易过热。

喷涂距离小，则喷涂效率高；喷涂距离过小，则又导致工件受热产生大的变形。喷涂距离大，喷涂效率会明显下降，涂层气孔率增加。

等离子弧喷涂工艺的可变参数很多，这些参数都会影响到涂层的质量，其工艺参数的优化十分复杂，需经过反复试验才能获得，见表7-6。

表7-6　常用等离子弧喷涂工艺参数的选择

气体流量/(m^3/h)		常用功率/kW	工作电压/V		喷嘴距基体表面距离/mm	喷涂角度	喷枪移动速度/(m/min)
等离子气	送粉气		N_2+H_2	Ar			
1.8~3.0	0.36~0.84	20~35	80~120	50~90	自熔性粉末100~160，陶瓷粉末50~100	等离子焰流与工件夹角为45°~90°	5~15

（四）等离子弧喷涂工艺实例

等离子弧喷涂常用于制备质量要求高的耐蚀、耐磨、隔热、绝缘、抗高温和特殊功能涂层或制造金属、陶瓷类高熔点复合材料。下面以大制动鼓密封盖的修复为例说明其工艺过程。

重载履带式车辆大制动鼓密封盖的材质为耐磨铸铁，其零件图如图7-25所示。该零件与密封环配合工作，由于两者之间的相对运动速度较高，磨损情况严重。如采用焊接工艺修复，对于这样的薄壁零件容易产生变形超差而报废，所以采用等离子弧喷涂修复工艺。

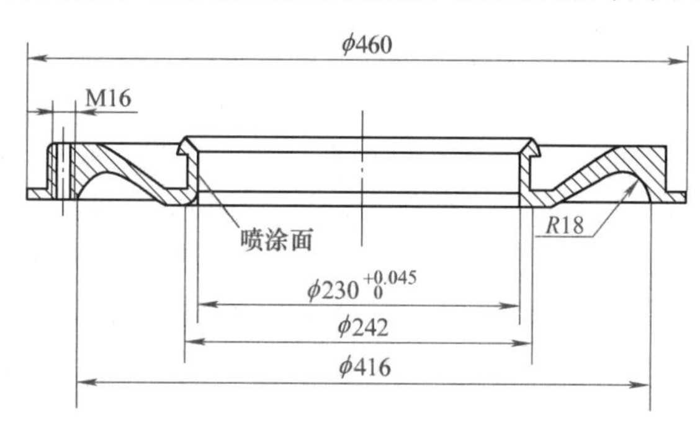

图7-25　大制动鼓密封盖零件图

大制动鼓密封盖等离子弧喷涂工艺如下。

1. 清洗工件

由于工件材质为铸铁，应将其放在炉内加热或使用火焰反复烘烤，待油污渗出工件表面后，采用清洗剂进行清洗。加热时温度应≤250℃，炉内加热时间为2.5h。

2. 表面预处理

在零件待喷涂面的半径方向上切0.3mm，并车掉工件表面上的磨损层及疲劳层。

使用20~30号的刚玉砂（Al_2O_3）进行喷砂，然后使用压缩空气将工件表面吹净，并且立即进行喷涂。

3. 喷涂

选用镍-铝复合粉末为结合底层材料，粒度为-160~+240目。选用NiO_4粉末为工作层材料，粒度为-140~+300目。喷涂工艺参数见表7-7。

表 7-7 大制动鼓密封盖喷涂工艺参数

工作气体（N_2）流量/(m^3/h)		送粉量/(g/min)		喷涂电功率/kW		结合底层厚度/mm	喷涂后零件尺寸/mm
等离子气	送粉气	结合底层	工作层	结合底层	工作层		
1.9~2.1	0.6~0.8	19~23	18~22	22~25	20~24	0.03~0.05	<ϕ229.5

4. 喷后机械加工

采用车削后进行磨削，以获得规定的尺寸；也可采用车削加工至规定尺寸。

模块五 热喷涂涂层系统的设计

导入案例

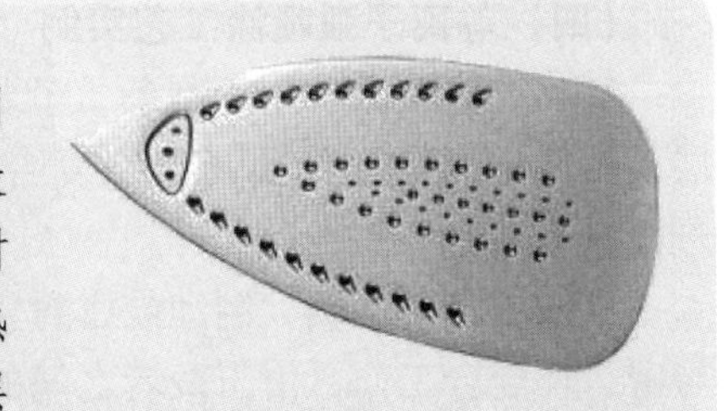

蒸汽电熨斗是居民家庭常用的生活用品，可以根据不同衣物调节其工作温度，最高可达200℃。为提高电熨斗的耐磨性、耐热性以及防粘连性，一般需在电熨斗底板热喷涂陶瓷或聚四氟乙烯涂层。在这种涂层中，陶瓷涂层的耐磨性和耐热性明显高于聚四氟乙烯涂层，使用寿命也高于后者，成为蒸汽电熨斗底板首选涂层。

实际生产中，由于工件的形状、大小、材质、施工条件、使用环境及服役条件千差万别，因而对涂层性能的要求也不一样，所以在设计产品和修复零件时，就涉及如何正确选用热喷涂层、采用怎样的工艺来实现等问题，这将关系到涂层的质量和使用效果。因此，在进行涂层设计时，首先要对工件使用情况和工件表面应具备的性能有透彻的了解，准确判定工件的失效原因，掌握热喷涂层的性能，然后有目的地进行涂层的选择和系统的设计，也就是解决“喷什么”和“怎样喷”的问题。

一、热喷涂层的性能

热喷涂层的性能主要包括以下几个方面。

1. 外观及厚度

涂层外观要求是工件无变形，涂层均匀，无隆起、剥离、裂纹等宏观缺陷，表面粗糙度值在允许范围内。涂层的厚度应达到技术要求，测量方法一般有读数显微镜测量法、千分尺测量法和测厚仪测量法。

2. 孔隙度

热喷涂涂层中不可避免地存在着孔隙，孔隙度的大小与颗粒的温度和速度、喷涂距离和喷涂角度等喷涂参数有关。一般来说，温度及速度都低的火焰喷涂和电弧喷涂涂层的孔隙度都比较高，一般达到百分之几，甚至可达百分之十几。而高温的等离子弧喷涂涂层及高速的

火焰喷涂涂层孔隙度较低，最低可达0.5%以下。

测量涂层的孔隙度的办法有很多，有计算法、称重法、金相检测法等。

3. 硬度

由于热喷涂涂层在形成时激冷和高速撞击，涂层晶粒的细化以及晶格产生的畸变使涂层得到强化，因而热喷涂涂层的硬度比一般材料的硬度要高一些，其大小也会因喷涂方法的不同而有所差异。

涂层硬度可用布氏、洛氏、维氏和显微硬度法测量。

4. 结合强度

热喷涂涂层与基体的结合主要依靠与基体粗糙表面的机械咬合（抛锚效应）。基体表面的清洁程度、涂层材料的颗粒温度、颗粒撞击基体的速度以及涂层中残留应力的大小均会影响涂层与基体的结合强度，因而涂层的结合强度也与所采用的喷涂方法有关。

结合强度的评定一般有拉伸强度、剪切强度和弯曲强度三种试验方法。

5. 金相组织结构

涂层的组织结构是评价热涂层质量的重要项目，可通过金相方法进行观察。主要评定内容有涂层与基体的结合情况以及涂层中的微观缺陷，如孔洞、裂纹、夹杂等。

除以上几个方面外，有些热喷涂涂层还需要进行一些特定性能测试，如耐磨性、耐蚀性、耐热性和疲劳强度等。

二、热喷涂材料的选择

热喷涂时，被喷涂材料的表面性能要求不同、采用的喷涂工艺不同，选择的热喷涂材料类型也不一样。

（一）选择热喷涂材料的原则

1）根据被喷涂工件的工作环境、使用要求和各种喷涂材料的已知性能，选择最适合功能要求的材料。

2）尽量使喷涂材料与工件材料的热膨胀系数相接近，以获得结合强度较高的优质喷涂层。

3）选用的热喷涂材料应与喷涂工艺方法及设备相适应。

4）喷涂材料应成本低，来源广。

（二）根据热喷涂工艺选择材料

选用热喷涂材料时，应根据不同的喷涂工艺及方法，针对不同喷涂材料的特性进行选择。表7-8是常用热喷涂方法适用的材料和典型特征参数。

表7-8 常用热喷涂方法的适用材料和典型特征参数

喷涂方法	涂层材料	热源种类	温度/℃	粒子速度/(m/s)	结合强度/MPa	气孔率(%)	喷涂效率/(kg/h)	相对成本
火焰粉末喷涂	金属、塑料	氧/燃气	3000	90~150	20~30	10~15	2~6	2
火焰丝材喷涂	金属、陶瓷	氧/燃气	3000	150~200	20~30	10~15	1~5	2

（续）

喷涂方法	涂层材料	热源种类	温度/℃	粒子速度/(m/s)	结合强度/MPa	气孔率(%)	喷涂效率/(kg/h)	相对成本
高速火焰喷涂	金属碳化物	氧/燃气	3000	800~1700	70~110	<0.5	1~5	5
爆炸喷涂	金属、陶瓷、碳化物、塑料、复合物	氧/燃气	4000	800	>70	1~2	1	10
电弧喷涂	金属	直流电弧	5500	150~250	20~40	10	10~25	1
等离子弧喷涂	金属、陶瓷、碳化物、塑料、复合物	压缩电弧	>10000	200~400	60~80	<0.5	2~10	5

（三）根据被喷涂工件的使用要求选用

被喷涂工件表面要求耐磨的场合下，常用的喷涂材料有自熔性合金材料（镍基、钴基和铁基合金）和陶瓷材料，或者是二者的混合物。碳化物与镍基自熔性合金的混合物等喷涂材料适合于不要求耐高温而只要求耐磨的场合。通常碳化物喷涂层的工作温度应在480℃以下，超过此温度时，最好选用碳化钛、碳化铬或陶瓷材料。高碳钢，马氏体不锈钢，钼、镍铬合金等喷涂材料形成的喷涂层特别适合于滑动磨损的情形。

被喷涂工件要求耐大气腐蚀的条件下，常选用锌、铝、奥氏体不锈钢、铝青铜、钴基和镍基合金等材料，其中使用最广泛的是锌和铝。耐腐蚀喷涂材料本身具有良好的耐腐蚀性，但是如果喷涂层不致密、存在孔隙，腐蚀介质就会渗透。因此，在喷涂时要保证涂层的致密度和一定的厚度，并要对喷涂层进行封孔处理。

为使喷涂工件和喷涂层之间形成良好的结合，可先喷涂粘结底层，使其在工件和工作涂层之间产生过渡作用。可作为这种粘结底层的喷涂材料有钼、镍-铬复合材料和镍-铝复合材料等。

三、热喷涂工艺的选择

热喷涂工艺方法种类繁多，其各自采用的设备、技术特点以及最终所获涂层的性能均有所不同，热喷涂方法应依据工件服役条件对涂层性能所提出的要求，工件的大小、形状、材料、批量和施工条件等来加以确定。

（一）以涂层性能为出发点的选择原则

1）对于承载低的耐磨涂层和以提高工件抗蚀性的耐蚀涂层，涂层结合力要求不是很高，当喷涂材料的熔点不超过2500℃时，可采用设备简单、成本低的火焰喷涂，如一般工件尺寸修复和常规表面防护等。

2）对于涂层性能要求较高或较为贵重的工件，特别是喷涂高熔点陶瓷材料时，宜采用等离子弧喷涂。相对于氧乙炔火焰喷涂来说，等离子弧喷涂的焰流温度高，具有非氧化性，涂层结合强度高，孔隙率低。

3）涂层要求具有高结合强度、极低空隙率时，对金属或金属陶瓷涂层，可选用高速火焰（HVOF）喷涂工艺；对氧化物陶瓷涂层，可选用高速等离子弧喷涂工艺。如果喷涂易氧

化的金属或金属陶瓷，则必须选用可控气氛或低压等离子弧喷涂工艺，如 Ti、B_4C 等涂层爆炸喷涂所得涂层结合强度最高，可达 170MPa，孔隙率更低，可用于某些重要部件的强化。

（二）以喷涂材料类型为出发点的选择原则

1）喷涂金属或合金材料，可优先选择电弧喷涂工艺。

2）喷涂陶瓷材料，特别是氧化物陶瓷材料或熔点超过 3000℃ 的碳化物、氮氧化物陶瓷材料时，应选择等离子弧喷涂工艺。

3）喷涂氧化物涂层，特别是 WC-Co、Cr_3C_2-NiCr 类氮化物涂层，可选用高速火焰喷涂工艺，涂层可获得良好的综合性能。

4）喷涂生物涂层时，宜选用可控气氛或低压等离子弧喷涂工艺。

（三）以经济性为出发点的选择原则

在喷涂原料成本差别不大的条件下，在所有热喷涂工艺中，电弧喷涂的相对工艺成本最低，且该工艺具有喷涂效率高、涂层与基体结合强度较高、适合现场施工等优点，应尽可能选用电弧喷涂工艺。

对于批量大的工件，宜采用自动喷涂。自动喷涂机可以成套购买，也可以自行设计。

（四）以现场施工为出发点的选择原则

以现场施工为出发点进行工艺选择时，应首选电弧喷涂，其次是火焰喷涂，便捷式 HVOF 及小功率等离子弧喷涂设备也可在现场进行喷涂施工。

目前，还可将等离子弧喷涂设备安装在可以移动的机动车上，形成可移动的喷涂车间，从而完成远距离现场喷涂作业。

【综合训练】

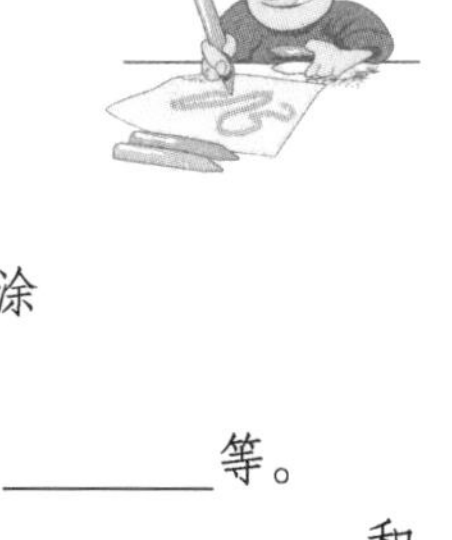

（一）名词解释

热喷涂、喷焊、自熔性合金粉末、电弧喷涂、爆炸喷涂、等离子弧喷涂

（二）填空

1. 热喷涂工艺过程包括________、________、________、________、________等。

2. 热喷涂层中颗粒与基体表面之间以及颗粒之间的结合机理有________、________和________三种。

3. 热喷涂层残留应力的大小可通过调整________进行控制，但更有效的方法是通过涂层结构设计，采用________缓和涂层残留应力。

4. 热喷涂材料必须满足________、________、________、________、________等性能才有实用价值。

5. 按照加热喷涂材料的热源种类，热喷涂可以分为________、________和________等。

6. 热喷涂用金属及合金线材包括________和________。

7. 火焰喷涂包括________和________，是目前国内最常用的喷涂方法。

8. 在爆炸喷涂和超声速喷涂中，热源温度________，粉末粒子的飞行速度________。因此，涂层致密，与基体具有极强的结合力。

9. 在电弧喷涂中，喷涂材料必须是________的焊丝，因此只能使用金属，而不能使用陶瓷，限制了电弧喷涂的应用范围。

10. 电弧喷涂的工艺参数包括________、________、________、________、________、________等。

11. 热喷涂层的性能主要包括________、________、________、________、________等方面。

（三）简答

1. 简述热喷涂技术的主要特点。
2. 热喷涂层在结构上有哪些特点?
3. 常用的非复合喷涂线材有哪些种类?粉末喷涂材料与线材喷涂材料相比有哪些优点?
4. 简述火焰喷涂的特点和工艺流程。
5. 热喷涂与等离子弧堆焊有什么区别?
6. 高速喷涂有哪些优点和不足?
7. 电弧喷涂与火焰喷涂相比，有哪些特点?
8. 等离子弧喷涂有哪些特点?
9. 在互联网上搜索一下，找出一到两种热喷涂工艺在工业应用的实例。

第八单元　气相沉积与高能束表面处理技术

知识目标	1. 掌握气相沉积技术、激光表面处理技术、电子束表面处理技术和离子注入技术工艺的原理、特点和应用等知识。 2. 了解真空蒸发镀膜、溅射镀膜、离子镀及 CVD 等常用镀膜技术的工艺流程。
能力目标	1. 能够通过查阅相关的技术手册，制订简单气相沉积镀膜工艺流程和参数。 2. 树立与时俱进意识，不断了解和学习金属表面处理的新技术、新工艺。

模块一　气相沉积技术

导入案例

如今戴眼镜的学生越来越多。在选眼镜的时候，导购员往往会推荐加膜镜片。一般来说，加膜镜片有三种类型：一是耐磨损膜（硬膜），防止与灰尘或沙砾的摩擦，避免造成镜片磨损；二是抗反射膜，减少光线的反射；三是抗污膜（顶膜），具有抗油污和抗水性能。而眼镜片上的这三种膜就是通过气相沉积技术镀上的。

气相沉积技术是在基体上形成功能膜的技术，它是利用气相中发生的物理或化学过程，在各种材料或制品表面沉积单层或多层薄膜，从而使材料或制品获得所需的各种优异性能，如常用的 TiC、TiN、Ti(C，N)、(Ti，Al)N、Cr_2C_3、Al_2O_3、C-BN（立方氮化硼）等超硬耐磨涂层。

气相沉积技术属于干式镀膜技术，它与湿式镀膜（电镀和化学镀）相比，具有膜不受污染、纯度高、膜材与基材选择范围广泛、可制备各种不同的功能性薄膜、节省材料、不污染环境等特点。由于气相沉积技术的应用范围极广，与高新科学技术密不可分，因此近年来发展十分迅速。

气相沉积技术一般可分为两大类：物理气相沉积（Physical Vapour Deposition，PVD）和化学气相沉积（Chemical Vapour Deposition，CVD）。

一、物理气相沉积

在真空条件下，利用各种物理方法，将镀料气化成原子、分子或使其离子化为离子，直接沉积到基体表面上的方法称为物理气相沉积（PVD）。物理气相沉积法主要包括真空蒸发镀膜、溅射镀膜和离子镀膜。

物理气相沉积过程可概括为3个阶段：从原材料中发射出粒子，粒子运动到基材（工件），粒子在基材上沉积成膜，如图8-1所示。

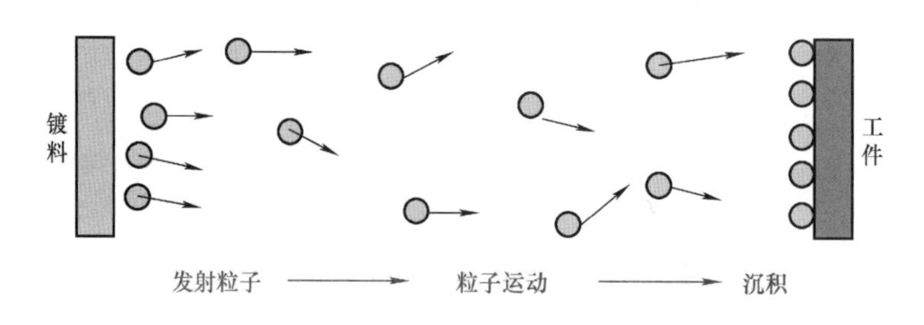

图8-1 物理气相沉积过程示意图

物理气相沉积技术具有工艺简单、节省材料、无污染、膜层厚度均匀、膜层致密、与基体材料附着力强等特点，且工艺过程中温度低，工件畸变小，不会产生退火软化，一般不需进行再加工。目前，物理气相沉积技术已广泛应用于机械、航空航天、电子、光学、轻工业和建筑业等领域，用于制备耐磨、耐蚀、耐热、导电、绝缘、光学、磁性、压电、润滑、超导、装饰等薄膜。

随着物理气相沉积设备大型化、通用化、自动化及功能不断完善，物理气相沉积技术的应用范围和可镀工件尺寸不断扩大。近年来，各种复合技术，如离子注入与各种物理气相沉积技术方法的复合，已经在新材料涂层、功能涂层、超硬涂层的开发制备中成为必不可少的工艺方法。

（一）真空蒸发镀膜

在真空条件下，用加热蒸发的方法使镀膜材料转化为气相，然后凝聚在基体表面的方法称为真空蒸发镀膜，简称蒸镀。

真空蒸发镀膜是物理气相沉积技术方法中最早用于工业生产的一种方法，该方法工艺成熟，设备较完善，低熔点金属蒸发效率高，可用于制备介质膜、电阻、电容等，也可以在塑料薄膜和纸张上连续蒸镀铝膜。

1. 真空蒸发镀膜的原理

真空条件下材料的蒸发比在常压下容易得多，所需的蒸发温度大幅度下降，如铝在一个

大气压下必须加热到2400℃才能蒸发，而在10^{-3}Pa的真空下只要加热到847℃就可以大量蒸发。大多数金属是先达到熔点后从液相中蒸发，某些材料如铁、镉、锌、铬、硅等可以从固态直接升华到气态。真空蒸发镀膜的原理就建立在上述基础上，如图8-2所示。镀膜材料置于装有加热系统的坩埚中，当真空度达到0.13Pa时，加热坩埚使材料蒸发，相应温度下的饱和蒸气就在真空槽中散发，蒸发原子在各个方向的通量并不相等。基体设在蒸发源的上方阻挡蒸气流，且使基体保持相对较低的温度，蒸气则在其上形成凝固膜。为了弥补凝固的蒸气，蒸发源要以一定的比例供给蒸气。

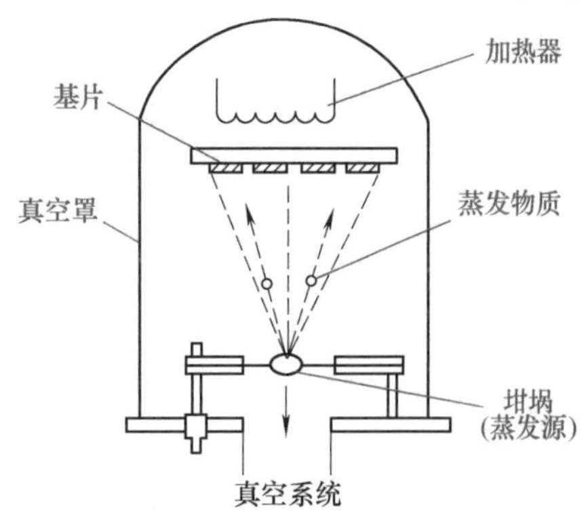

图8-2 真空蒸发镀膜原理

真空蒸发镀膜时，镀料的加热方法有电阻加热和高能束加热等。目前，电阻加热器常用来蒸发低熔点镀料，而电子束或激光束则可以加热蒸发钨、钼和钽等高熔点金属。实际蒸镀过程中，为了得到均匀的镀膜，可以把多个蒸发源安排在适当的位置，如把多个点蒸发源排成一列，也可使基体相对蒸发源移动。

由于在同一温度下不同的金属具有不同的饱和蒸气压，其蒸发速度也不一样，蒸发速度快的金属将比蒸发速度慢的金属先蒸发完，所以，通过真空蒸发镀膜获得合金镀膜比获得单金属镀膜困难。

真空蒸发镀膜时，蒸发粒子动能为0.1~1.0eV，膜对基体的附着力较弱。为了改进结合力，一般采用以下措施。

1）在基板背面设置一个加热器，加热基极，使基板保持适当的温度。这既净化了基板，又使膜和基体之间形成一层薄的扩散层，增大了附着力。

2）对于蒸镀像Au这样附着力弱的金属，可以先蒸镀像Cr、Al等结合力高的薄膜作底层。

2. 真空蒸发镀膜的应用

真空蒸发镀膜只适用于镀制对结合强度要求不高的某些功能膜，如用作电极的导电膜，光学镜头的增透膜及装饰用的金膜、银膜。

想一想

望远镜和照相机的镜头镀膜起什么作用？是采用什么工艺方法镀上去的？为什么呈现出不同的颜色？

真空蒸发镀膜用于镀制合金膜时，在保证合金成分方面，要比溅射镀膜困难得多，但在镀制纯金属时，真空蒸发镀膜可以表现出镀膜速度快的优势。

真空蒸发镀纯金属膜中90%是铝膜，目前在制镜工业中已经广泛采用真空蒸发镀膜，以铝代银，节约贵重金属。集成电路是通过镀铝进行金属化，然后再刻蚀出导线。在聚酯薄膜上镀铝具有多种用途：可制造小体积的电容器；制作防止紫外线照射的食品软包装袋等；经阳极氧化和着色后即得色彩鲜艳的装饰膜。双面蒸发镀铝的薄钢板可代替镀锡的可锻铸铁制造罐头盒。

资 料 卡

离子束射向一块固体材料时，有三种可能：

1）入射离子把固体材料的原子或分子撞出固体材料表面，这个现象叫作溅射。

2）入射离子从固体材料表面弹了回来，或者穿出固体材料而去，这些现象叫作散射。

3）入射离子受到固体材料的抵抗而速度慢慢减低下来，并最终停留在固体材料中，这一现象就叫作离子注入。

（二）溅射镀膜

在真空室中，利用荷能粒子轰击材料表面，使其原子获得足够的能量而溅出进入气相，然后在工件表面沉积的过程称为溅射镀膜。在溅射镀膜中，被轰击的材料称为靶。

由于离子易于在电磁场中加速或偏转，因此荷能粒子一般为气体正离子（Ar^+），这种溅射称为离子溅射。用离子束轰击靶而发生的溅射，则称为离子束溅射。

1. 基本原理

图 8-3 所示是二极溅射原理简图。其中靶是一个平板，由欲沉积的材料组成，一般将它与电源的负极相连，故此法又常称为阴极溅射镀膜。

固定装置可以使工件接地、悬空、偏置、加热、冷却或同时兼有上述几种功能。真空室中需要充入工作气体作为媒介，使辉光放电得以启动和维持，最常用的工作气体是氩气。

工作时，真空室预抽到 6.5×10^{-3}Pa，通入氩气使压强维持在 13.3~0.133Pa，接通直流高压电源，氩气被电离，产生辉光放电现象，在两极间建立起等离子区，其中带正电的 Ar^+ 受电场加速轰击阴极靶，溅射出靶物质，溅射粒子以分子或原子状态沉积于工件表面，形成镀膜，如图 8-3 所示。

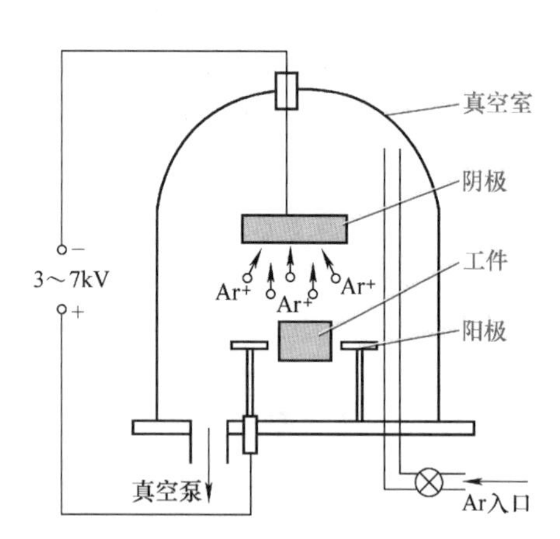

图 8-3 二极溅射原理简图

二极溅射结构简单，电流密度小，溅射速度低，沉积速度慢，工件温升较高，只能沉积导电膜。

2. 溅射镀膜类型

阴极溅射的工艺很多，一般按电极的构造及配置进行分类，代表性的有二极溅射、三极溅射、射频溅射、磁控溅射、对置溅射、离子束溅射和吸收溅射，最常用的是磁控溅射。

（1）三极溅射　在二极离子镀的基础上增加热阴极，发射热电子。热阴极接负偏压，热电子在电场的吸引下穿过靶与基板间的等离子体区，增加了电子的碰撞几率，提高了电流密度，放电气压可降至 $10\sim10^{-1}$Pa，从而提高了溅射速率，改善了膜层质量。

（2）射频溅射　其装置与二极溅射相似，在两极间施加频率为 13.56MHz（射频）的电

压。在电压的正半周，等离子体中电子中和靶材周围的正电荷；在负半周，靶材受到离子的加速轰击，溅射出来的原子或分子在工件上沉积成膜。射频溅射可沉积导体、半导体和绝缘膜，沉积速率快，膜层致密、孔隙少、纯度高，膜的附着力好。

（3）磁控溅射　在与靶表面平行的方向施加磁场，磁场与电场正交，磁场方向与阴极表面平行。电子受正交电磁场洛伦兹力的作用，在靶面上做旋转运动，增加碰撞电离几率，使气体的离化率和靶得到的离子流密度大幅度提高，从而获得高的溅射速率和沉积速率。

（4）离子束溅射　从独立离子源中引出高能离子束轰击靶面形成溅射的镀膜工艺。由于离子源与沉积室隔开，故可以独立控制各溅射参数，膜层结构和性能也可调节和控制。沉积室真空度可达 $10^{-4} \sim 10^{-8}$Pa，残余气体少，可得高纯度、高结合力的膜层。但等离子束流密度小，成膜速率低，沉积大面积薄膜时有困难。

3. 溅射镀膜的特点

溅射镀膜

1）阴极溅射时溅射下来的材料原子具有 10～35eV 的动能，比真空蒸发镀膜时原子动能（0.1～1eV）大得多，因此溅射镀膜的附着力也比真空蒸发镀膜大。

2）任何材料都能溅射镀膜，即使高熔点材料也易进行溅射，对于合金、化合物材料易制成与靶材组分比例相同的薄膜，因而溅射镀膜应用非常广泛。

3）溅射镀膜比真空蒸发镀膜容易得到均匀厚度的膜层，对于具有沟槽、台阶等特征的工件，能将阴极效应所造成的膜厚差别减小到可忽略的程度。但是，较高压力下溅射会使薄膜中含有较多的气体分子。

4）溅射镀膜除磁控溅射外，一般沉积速率都较低，设备比真空蒸发镀膜复杂，价格较高。但是操作简单，工艺重复性好，易于实现工艺控制自动化，比较适宜大规模集成电路、磁盘、光盘等高新技术产品的连续生产，也适宜于大面积高质量镀膜玻璃等产品的连续生产。

4. 溅射镀膜工艺与应用

（1）镀膜工艺　阴极溅射镀膜由镀前预处理、装件、抽真空、烘烤与轰击、溅射沉积、冷却、取件和后处理构成。对于磁控溅射，应检查磁控靶的绝缘情况，屏蔽罩与靶应有很好的绝缘性，应该注意清理磁控靶表面吸附的磁性尘屑。磁控溅射靶在第一次镀件前需对新靶进行一次溅射处理，清除靶材表面的氧化皮或污染层。

（2）溅射镀膜的典型应用　溅射薄膜按其不同的功能和应用可大致分为机械功能膜和物理功能膜两大类。前者包括耐磨、减摩、耐蚀等表面强化薄膜材料、固体润滑薄膜材料；后者包括电、磁、声、光等功能薄膜材料等。

太阳能真空管镀膜是磁控溅射镀膜技术的典型应用，如图 8-4 所示。太阳能真空管一般为玻璃双层同轴结构，采用高硼硅 3.3 特硬玻璃制造，在内管外壁采用磁控溅射镀膜技术，溅射选择性吸收涂层，如铝、纯铜、不锈钢或铝氮铝（Al-N-Al）等。铜、不锈钢、氮化铝三靶干涉膜真空管，最里层是铜反射层，中间是不锈钢吸收层，最外层是氮化铝减反层。

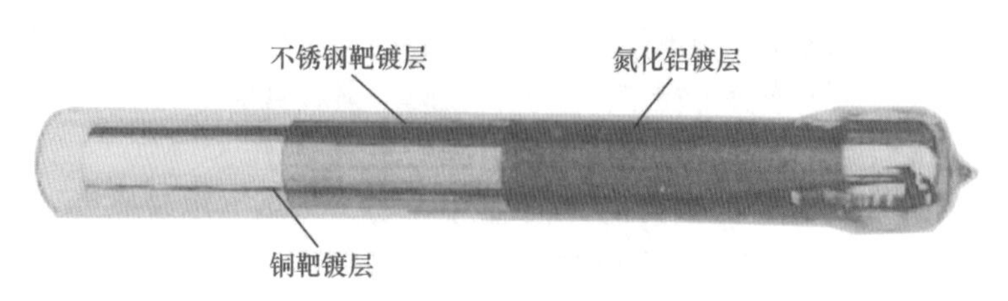

图 8-4 太阳能真空管溅射镀膜

采用 Cr、Cr-CrN 等合金靶或镶嵌靶，在 N_2、CH_4 等气氛中进行溅射镀膜，可以在各种工件上镀 Cr、CrC、CrN 等镀层。纯铬膜的显微硬度为 425～840HV，CrN 膜为 1000～3500HV，不仅硬度高，而且摩擦因数小，可代替水溶液电镀铬。

溅射薄膜法制取 MoS_2 膜及聚四氟乙烯膜等固体润滑剂十分有效。MoS_2、聚四氯乙烯等溅射膜在长时间放置后性能变化不大，这对长时间备用、突然使用又要求可靠性强的设备，如防振、报警、防火、保险装置等是较为理想的固体润滑剂。

溅射薄膜还用于电子、半导体、磁记录等领域，如计算机中的机械硬盘，它由铝镁合金制成，在表面进行化学镀 M-P 后，采用真空溅射镀膜制造用于记录数据的磁性膜。

溅射薄膜也可用在工具、刀具上制备 TiN、TiC 等超硬膜层，但效果不如下面将要介绍的离子镀方法好。

离子镀膜

（三）离子镀膜

1. 离子镀膜的原理

离子镀膜是结合真空蒸发镀膜和溅射镀膜两种技术而发展起来的沉积技术。在真空条件下，借助于一种惰性气体的辉光放电使欲镀金属或合金蒸发离子化，离子经电场加速沉积在带负电荷的基体（工件）上形成镀膜的技术称为离子镀膜，简称离子镀。

离子镀膜的技术基础是真空蒸发镀膜，离子镀膜的基本过程包括镀膜材料的蒸发、材料离子化、离子加速及离子轰击工件表面沉积成膜。

离子镀膜的类型较多，膜材的汽化方式有电阻加热、电子束加热、等离子电子束加热、高频感应加热等。汽化分子或原子的离化方式有辉光放电型、电子束型、热电子型、等离子电子束型以及各种类型的离子源等。图 8-5 所示为直流二极管离子镀膜的原理示意图。

镀前将真空室抽空至 6.5×10^{-3}Pa 以上，然后通入氩气作为工作气体，使真空度保持在 1.3～0.13Pa。当接通高压电源后，在蒸发源与工件之间产生气体放电。由于工件接在放电的阴极，因此便有离子轰击工件表面，对工件做溅射清洗。经过一段时间后，再接通灯丝电源加热蒸发源，使镀料汽化蒸发，蒸发后的镀料原子进入放电形成的等离子区中，其中一部分被电离，在电场加速下轰击工件表面并沉积成膜；一部分镀料原子则处于激发态，

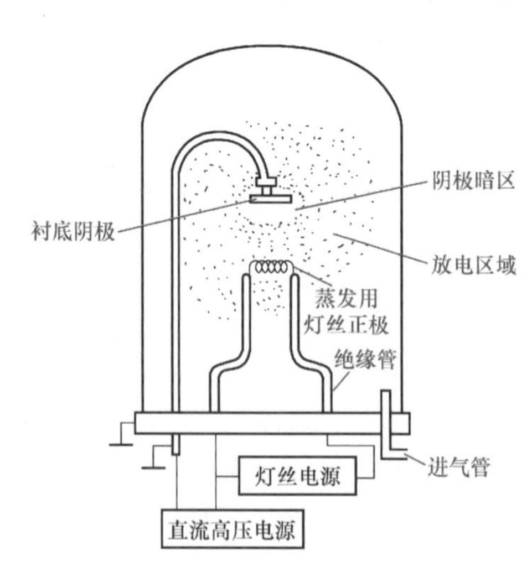

图 8-5 直流二极管离子镀膜的原理示意图

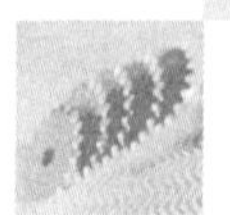

未被电离，因而在真空室内呈现特定颜色的辉光。

2. 离子镀膜工艺

离子镀膜的工艺流程与真空蒸发镀膜和阴极溅射镀膜基本相同，但离子镀膜零件通常不需要后处理，其基本工艺流程为：镀前预处理→装件→抽真空→烘烤→离子轰击→离子沉积→冷却→取件。下面以活性反应氮化钛（TiN）化合物膜的离子镀膜为例进行说明。

工件预热至350~550℃，镀膜室充氩气至4~4.7Pa，工件施加0~5kV负偏压，产生辉光放电，用氩离子轰击溅射清洗工件10~20min，切换负偏压，停止通氩气，接通e形电子枪的灯丝、高压和磁偏转电源，调整聚焦磁场和电子枪功率，将电子束打在坩埚中的钛块上，使钛蒸发，通入氮气，维持真空度0.1~0.4Pa，接通探极电源，调整电压在100V左右，打开挡板，探极出现电流，调整电压使电流稳定，开始沉积TiN。到沉积时间后，关闭挡板，停止通氮气，切断电子枪、探极和烘烤加热电源。

3. 离子镀膜的应用

离子镀膜兼有电镀、真空蒸发镀膜和溅射镀膜的优点，一出现就受到人们重视，发展迅速。离子镀膜已广泛用于机械、电子、航空、航天、轻工、光学和建筑等领域，用以制备耐磨、耐蚀、耐热、超硬、导电、磁性和光电转换等镀层。

离子镀膜可在金属和非金属表面镀覆各种材料，提高耐蚀性。国内已研究成功在钢铁、黄铜、铝合金、锌基合金等基材表面进行离子镀铬、钛、锆、铝、氮化物等，可替代电镀锌、电镀镍、电镀铬，提高了镀层质量，更重要的是避免了普通电镀对环境和人体的危害。

离子镀膜用于产品装饰，表面镀层颜色从银灰色、白色、金黄色、蓝色、绿色到黑色以及珠光、多彩闪光等，可获得很好的装饰效果。离子镀膜装饰涂层最具代表性的是TiN膜，它不仅具有黄金的颜色，而且比黄金耐磨损、耐划伤，可以用作表壳、表带、镜框、五金制品、不锈钢板等的仿金镀层。

离子镀膜是广泛应用的工业超硬薄膜技术，采用离子镀膜在刀具、模具等表面制取TiN、TiC、Al_2O_3等超硬膜层，摩擦因数小，化学稳定性好，具有优良的耐热、耐磨、抗氧化、耐冲击等性能，既可以提高刀具、模具等的使用性能，又可以提高使用寿命，一般可使刀具寿命提高3~10倍。TiN涂层高速钢刀具是离子镀膜最成功的应用之一，TiN膜具有很高的硬度，刀具涂层表面呈金黄色，涂层厚度为5~10μm，广泛用于高速钢刀具和装饰涂层，引起了一场刀具的“黄色革命”。图8-6是一些离子镀膜TiN涂层的刀具。

a) TiN涂层的高速钢刀具

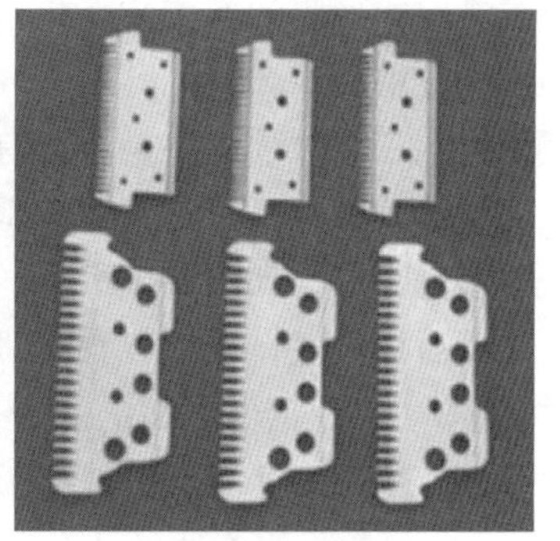

b) TiN涂层的理发剪刀片

图8-6 离子镀膜TiN涂层的刀具

常见离子镀膜及溅射镀膜的典型应用见表8-1。

表8-1 离子镀膜及溅射镀膜的典型应用

用途	镀膜材料	基体材料	用途举例
耐磨损	TiC、TiN_2、HfN、Cr、Pt、Ta、CrC、CrN	高速钢、模具钢	刀具、模具、超硬工具、机械零件
耐腐蚀	TiC、TiN、Cr、Al、Ta、CrC、CrN、Zn、Cd、Ti	普通钢	飞机、船舶、汽车、管材、一般结构件
耐热	W、Ti、Ta、Mo、Co-Cr-Al合金	钢、不锈钢、耐热钢	排气管、耐火金属材料、发动机材料、航空航天器件
润滑	Au、Ag、Cu、Pb、Cu-Au、P-Sn、MnS_2	高温合金、轴承钢	喷气发动机轴承、航空航天及高温旋转器件
太阳能电池	Si、Ag、Ti、In_2O_3	玻璃	太阳能热水器
光学反射膜	Al、Ag、Cu、Au	玻璃、陶瓷、塑料	光学镜头、镜片
装饰膜	Cr、Al、Au、Ag、TiN	钢、黄铜、铝、塑料、玻璃	首饰、徽章、钟表、眼镜、彩色画等
电子电工	SiO_2、Si_3N_4、Al_2O_3、In_2O_3、SnO_2、Ta、Ta-N、Ta-Si、Ni-Cr、ZrO、$BaTiO_3$、$LiNbO_3$	铜合金、陶瓷、树脂、塑料、Si薄膜、石英等	压电陶瓷、导电膜、触点材料、电阻、电容、印制电路板、薄膜集成电路等

二、化学气相沉积

（一）化学气相沉积的原理和特点

1. 基本原理

所谓化学气相沉积（CVD），就是利用化学反应的原理，从气相物质中析出固相物质沉积于工件表面形成涂层或薄膜的新工艺。化学气相沉积与物理气相沉积不同的是，沉积粒子来源于化合物的气相分解反应。

化学气相沉积包括三个过程：一是将含有薄膜元素的反应物质在较低温度下汽化；二是将反应气体送入高温的反应室；三是气体被基材表面吸附并产生化学反应，析出金属或化合物沉积在工件表面形成涂层，如图8-7所示。以沉积TiC涂层为例，工件在氢气保护下加热到1000~1100℃，然后以氢气作载流气体把$TiCl_4$和CH_4气体带入炉内反应室中，使$TiCl_4$中的Ti与CH_4中的C（以及钢件表面的C）化合，生成TiC沉积在工件表面，反应的副产物则被气流带出室外，如图8-8所示。其沉积反应如下：

$$TiCl_4(g)+CH_4(g)\rightarrow TiC(s)+4HCl(g)$$

$$TiCl_4(g)+C(钢中)+2H_2(g)\rightarrow TiC(s)+4HCl(g)$$

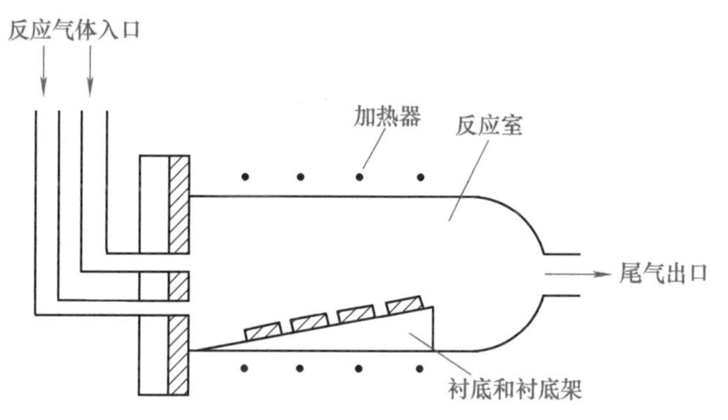

图 8-7　化学气相沉积原理示意图

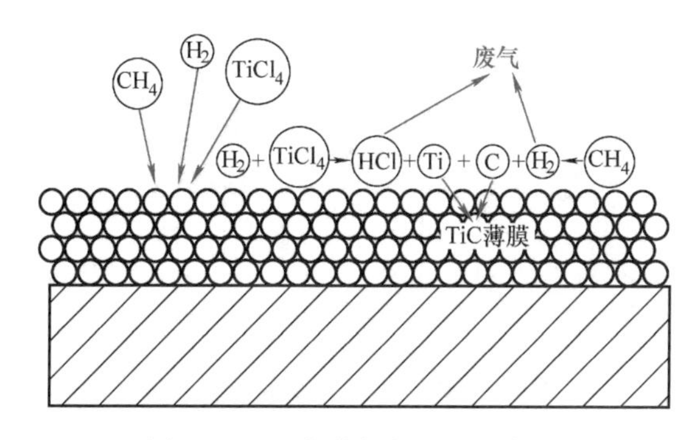

图 8-8　TiC 化学气相沉积示意图

化学气相沉积的化学反应类型主要有热分解反应、还原反应、氧化反应、水解反应、聚合反应和输运反应等，激活这些化学反应的方法包括加热、高频电压、激光、X 射线、等离子体等。

2. 化学气相沉积的特点

化学气相沉积法主要包括常压化学气相沉积、低压化学气相沉积和兼有 CVD 和 PVD 两者特点的等离子化学气相沉积（PCVD）。此外，按沉积的温度不同，化学气相沉积分为低温沉积（500℃以下）、中温沉积（500~800℃）和高温沉积（800~1200℃）。

化学气相沉积与其他涂层方法相比，具有如下特点。

1）设备简单，操作维护方便，灵活性强，既可制造金属膜和非金属膜，又可按要求制造多种成分的合金、陶瓷和化合物镀层。通过对多种原料气体的流量调节，能够在相当大的范围内控制产物的组成，从而获得梯度沉积物或者得到混合镀层。

2）可在常压或低真空状态下工作，镀膜的绕射性好，形状复杂的工件或工件中的深孔、细孔都能均匀镀膜。

3）由于沉积温度高，涂层与基体之间结合力好，这样经过 CVD 法处理后的工件，即使在十分恶劣的加工条件下工作，涂层也不会脱落。

4）涂层致密而均匀，并且容易控制其纯度、结构和晶粒度。

5）沉积层通常具有柱状晶结构，不耐弯曲。但通过各种技术对化学反应进行气相扰动，可以得到细晶粒的等轴沉积层。

化学气相沉积技术的最大缺点是沉积温度高，一般在 700~1100℃范围内，许多材料都经受不了这样高的温度，使其用途受到很大的限制。随着目前等离子体增强化学气相沉积、激光辅助化学气相沉积的出现，能够达到的沉积反应温度在逐渐降低，可沉积物质的种类在不断扩大，沉积层性能的范围也在逐渐扩大。

（二）化学气相沉积装置与工艺

1. 化学气相沉积装置

化学气相沉积的典型装置主要包括气体的产生、净化、混合及输运装置，反应器，基材加热装置和排气装置，组成三个相互关联的系统：气体供应系统、反应器及排气系统，如图 8-9 所示。

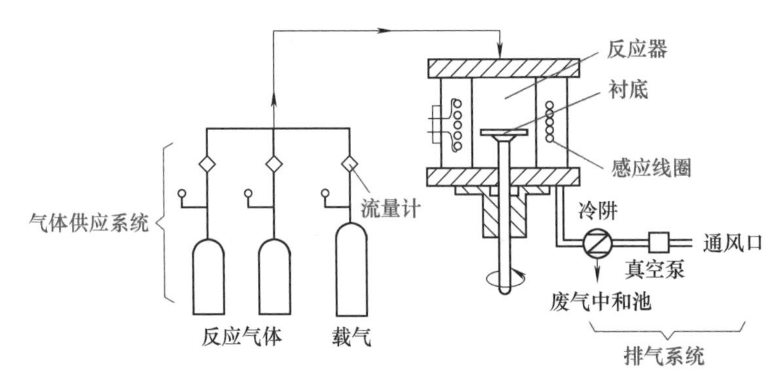

图 8-9 化学气相沉积的典型装置

虽然用于不同涂层的 CVD 装置不同，但它们存在一些共性，即每一个 CVD 装置都必须具备如下功能。

1）将反应气体及其稀释剂通入反应器，并能进行测量和调节。

2）能为反应部位提供热量，并通过自动系统将热量反馈至加热源，以控制熔覆温度。

3）将沉积区域内的副反应产物气体抽走，并能安全处理。

2. 化学气相沉积工艺参数

要得到高质量的 CVD 涂层，CVD 工艺必须严格控制好如下几个主要参数。

（1）温度与时间　图 8-10 所示为沉积温度及时间与 CVD 涂层厚度的关系，由图可知，沉积温度越高，沉积时间越长，CVD 涂层厚度越大。

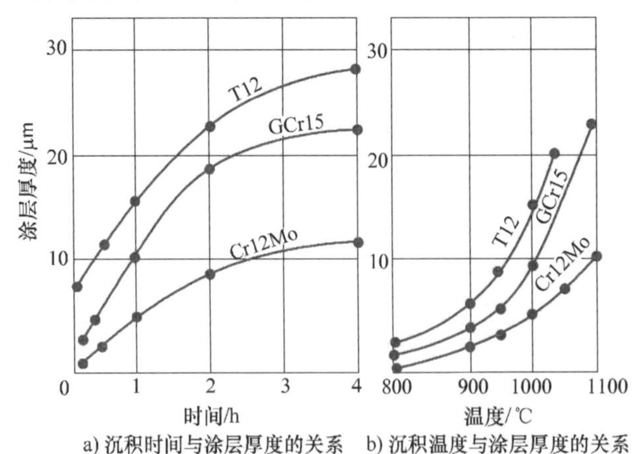

a) 沉积时间与涂层厚度的关系　b) 沉积温度与涂层厚度的关系

图 8-10 沉积温度及时间与 CVD 涂层厚度的关系

（2）反应物供给及配比　进行 CVD 的原料，要选择常温下是气态的物质或具有高蒸气压的液体或固体燃料。原料一般为氢化物、卤化物以及金属有机化合物（如金属乙酰丙酮、甲基或乙基化合物）。通入反应器的原料气要与各种氧化剂、还原剂等按一定配比混合输入，具体视情况而定。

（3）系统内总压力与气体总流量　在反应系统中，低压沉积可改善涂层的均匀性和结合力。但是，如果压力太低，则沉积速度太慢；压力太高，则涂层表面粗糙不平，结合力差。提高气体总流通量，通常其沉积速度可相应提高。

（三）化学气相沉积的应用

化学气相沉积（CVD）技术近年来应用发展极其迅速，尤其在电子、半导体、机械、仪表、宇航等领域。从目前的发展水平看，CVD 法主要应用于两大方向：一是沉积涂层，二是制取新材料。目前已有数十种涂层材料，包括金属、难熔材料的粉末和晶须以及金刚石、类金刚石薄膜材料。

目前，CVD 法可获得多种金属、合金、陶瓷或化合物涂层，常用的涂层有 TiC、TiN、Ti(C，N)、Cr_7O_3 和 Al_2O_3。

1. CVD 沉积金属

金属有机化合物以及金属羟基化合物已经成功地用来沉积相应的金属。用这种方法沉积的金属包括 Cu、Pb、Fe、Co、Ni、Ru、In、Pt 以及耐酸金属 W、Mo 等。其他金属大部分可以通过它们的卤化物的分解或歧化反应来沉积，最普通的卤化物就是氯化物。

2. CVD 沉积各种功能涂层

CVD 涂层可用于要求具有抗氧化、耐磨、耐蚀以及某些电学、光学和摩擦学性能的部件，主要是在工件表面沉积超硬耐磨涂层或减摩涂层等。

为进一步提高硬质合金刀具的耐磨性，常在硬质合金刀具表面用 CVD 法沉积 TiN、TiC、α-Al_2O_3 涂层及 Ti（C，N）、TiC-Al_2O_3 复合涂层，TiC 涂层硬度为 3000~3200HV，摩擦因数小，切削速度高，耐磨性好，寿命长；TiN 涂层硬度为 1800~2450HV，由于其涂层的特殊性质，该涂层比 TiC 涂层刀具更耐磨。

Al_2O_3 涂层的硬度为 3100HV，具有很高的化学稳定性和耐腐蚀能力，可承受 1000℃以上高温，特别适于高速切削。α-Al_2O_3 涂层刀具比无涂层刀具寿命提高 5 倍，比 TiC 涂层刀具寿命提高 2 倍。

TiC、TiN 的 CVD 涂层还可用于模具和一些要求耐蚀、耐磨的零件，提高这些工件的表面硬度和耐磨性，可使其寿命提高 3~5 倍。

3. CVD 制备难熔材料的粉末和晶须

现在，CVD 越来越受到重视的一项应用是制备难熔材料的粉末和晶须，因此，CVD 法在发展复合材料和纳米材料方面也具有非常大的作用。

目前晶须正在成为一种重要的工程材料，用于制备复合材料，如在陶瓷中加入微米级的超细晶须，可使复合材料的韧性得到明显的改善。有些晶须如 Si_3N_4 和 TiC 已采用 CVD 法工业生产。CVD 法可沉积多种化合物晶须，如 Al_2O_3、TiN、Cr_3C_2、SiC、Si_3N_4、ZrC、ZrN、ZrO_2 等。

4. CVD 法制备金刚石、类金刚石薄膜材料

20 世纪 80 年代初用 CVD 法合成金刚石取得成功，随后在全世界范围内形成了 CVD 合

成金刚石的热潮。CVD 金刚石的硬度与天然金刚石一样，是制作金刚石工具的极好材料。金刚石薄膜工具大多采用硬质合金工具作为衬底，覆层厚度一般在 10μm 以下，性能与 PCD（金刚石复合片）接近，而成本远比 PCD 低，可以在复杂形状工具上获得均匀覆层，如图 8-11 所示。CVD 技术在市场上被公认的应用是钨硬质合金切削刀具的“薄膜”——CVD 金刚石镀层，无论是切屑的断屑槽刀片还是完全镀层的螺旋面铣刀，足以可见金刚石镀层刀具已经商业化。

a) 金刚石涂层刀具

b) 铣刀表面CVD金刚石涂层

图 8-11 用 CVD 法制备的金刚石涂层刀具

除用作切削刀具外，金刚石膜还可用于拉丝模及其他的摩擦磨损零部件，代替昂贵的天然金刚石。

在 CVD 金刚石膜应用的很多领域，CVD 类金刚石膜同样有很好的应用，并且已达到实用化阶段。CVD 类金刚石（DLC）膜与钢铁材料衬底附着性较好，摩擦因数低，表面光滑、平整，无须抛光即可应用，因此在耐摩擦磨损方面的应用有其特色，其典型应用是计算机硬盘、软盘和光盘的硬质保护层，也用作各种精密机械、仪器仪表、轴承以及各种工具、模具的耐摩擦涂层，还可用作人体的植入材料。

视野拓展

人造钻石 人造钻石是一种由 $\phi10\sim\phi30$nm 的钻石结晶聚合而成的多结晶钻石。现在生产的人造钻石已在外观上和天然钻石没有任何差异，且可以制作出各种颜色的钻石而在珠宝市场上崭露头角。人造钻石一般呈黄色、绿色或无色，其合成方法有两种，一种是高温高压法，另一种就是化学气相沉积法（CVD 法）。CVD 法合成的人造钻石为薄片状，经切割成宝石形状。国内某高校已成功合成出重 2 克拉（1 克拉 $=2\times10^{-4}$kg）、尺寸达 8.2mm 的高品质黄色钻石，并实现 3~8mm 人造钻石的批量化生产。虽然人造钻石在珠宝市场的份额还不大，但消费者仍需注意，在购买时应查验产品证书，以免上当受骗。

表 8-2 列出了 CVD 法与三种 PVD 法的特性比较。

表 8-2　CVD 法与三种 PVD 法的特性比较

项目	CVD 法	PVD 法		
		真空蒸发镀膜	阴极溅射镀膜	离子镀膜
镀金属	可以	可以	可以	可以
镀合金	可以	可以，但困难	可以	可以
镀高熔点化合物	可以	可以，但困难	可以	可以
沉积粒子的能量/eV		0.1~1	1~10	30~1000
基体温度/℃	>1000	30~200	150~500	150~800
沉积速度/(μm/min)	较快	0.1~75	0.01~2	0.1~50
沉积膜的密度	高	较低	高	高
孔隙率	极小	中	小	小
附着力	最好	差	好	最好
均镀能力	好	不好	好	好
镀覆机理	化学气相反应	真空蒸发	辉光放电、溅射	辉光放电

模块二　激光表面处理技术

导入案例

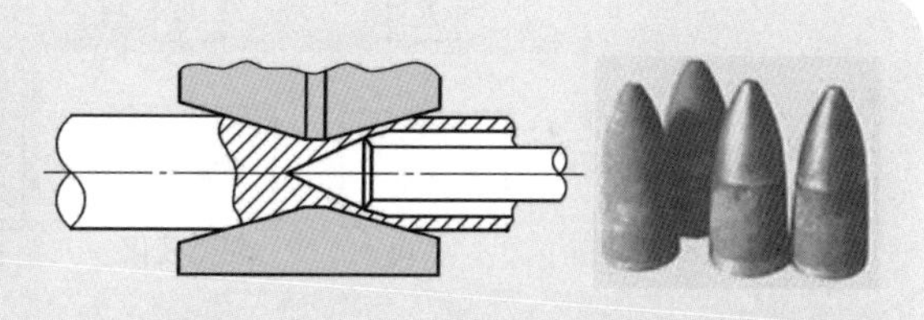

无缝钢管是制造坦克、自行火炮的炮筒以及枪管等不可缺少的材料。此外，无缝钢管也广泛用于输气输油管道、石油钻杆、汽车传动轴等。在无缝钢管的穿孔过程中，轧件温度达到 1200℃，顶头不仅承受高温，还要承受来自轧件的轧制力、摩擦力、骤冷骤热的热应力等复合应力，所以要求其具有良好的耐磨性、抗高温氧化性和耐激冷激热性，以满足恶劣的使用条件。利用激光表面处理技术在穿孔顶头制备具有一定厚度的 WC 颗粒弥散增强钴基复合涂层，涂层与基体形成牢固的冶金结合力，具有耐高温氧化、高硬度、耐磨损和抗热裂的性能，可显著提高顶头的使用寿命，并具有制备成本低的优点，也可用于报废顶头局部修复等。

高能束是指能量密度大于 $10^3W/cm^2$ 的能量束，包括激光束、离子束和电子束，故也被称为“三束”。采用高能束对材料表面进行改性或合金化的技术，是自 20 世纪 70 年代迅速发展起来的材料表面处理新技术。这些技术主要包括两个方面：其一是利用激光束、电子束获得极高的加热和冷却速度，在短时间内加热或熔化表面区域，形成一些异常的高度过饱和固溶体和亚稳合金，从而赋予材料表面特殊的性能，提高工件的使用性能，扩大材料的应用领域；其二是利用离子注入技术把异类原子直接引入表面层中进行表面合金化，引入的原子种类和数量不受任何常规合金化热力学条件的限制。

本模块首先介绍激光表面处理技术，电子束表面处理技术离子注入技术将在下两个模块中介绍。

一、激光表面处理的原理及特点

（一）激光表面处理的基本原理

激光是基于受激辐射光放大原理产生的相干辐射。激光作为一种光，它仍具有普通光的一般特性，如光的反射性、折射性、吸收性等，但作为一种非稳定的相干光，激光还具有自己的特点，即高度的方向性、单色性、高亮度和相干性。

激光表面处理技术就是利用具有方向高度集中、能量高度集中的激光束作为热源，对材料进行表面改性或合金化的技术。

在材料表面施加能量密度极高的激光束，使之发生物理、化学变化，显著地提高材料的硬度、耐磨性、耐蚀性和高温性能等，从而大大提高产品的质量，成倍地延长产品使用寿命，降低成本，提高经济效益。

激光表面处理技术的工艺大体上分为两类：一类不改变基材表面成分，包括激光相变硬化（激光淬火）、激光熔凝、激光非晶化和激光冲击硬化等；另一类改变基材表面成分，包括激光熔覆、激光合金化及激光增强镀覆等，如图 8-12 所示。

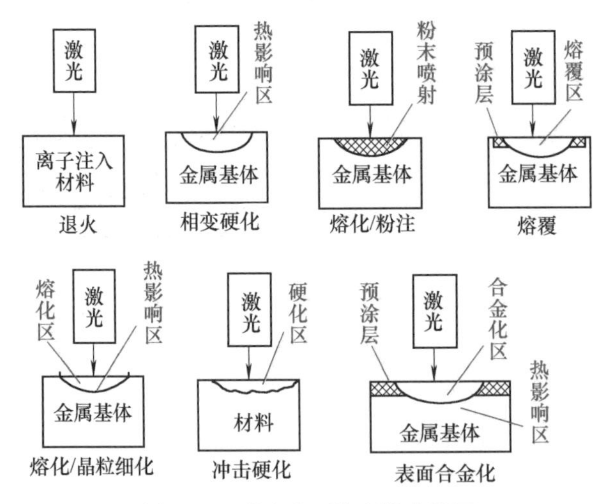

图 8-12　激光表面处理技术简图

（二）激光表面处理的特点

激光表面处理的突出特点是快速加热和随后的急速冷却，加热和冷却速率可达 10^6～10^8℃/s，作用时间短，处理效率高。激光表面处理的作用深度取决于由表面向内部热扩散的距离，其值很小，一般为 0.01～5mm，且容易控制。激光光斑的功率密度大，可准确地引导至工件表面的不同部位，或在一定区域扫描。对工件表面做局部处理，功率密度可准确控制，输入工件的能量小，工件的变形小，处理后表面可不再进行机械加工或只需少量机械加工。此外，激光没有化学污染，易于传输、切换和自动控制。因此，激光表面处理被认为是

一种具有广阔应用前景的新技术。

视野拓展

激光 “激光”一词在英文里是“LASER”，音译为“镭射”，1964年著名科学家钱学森建议改称为“激光”。激光的原理早在1916年已被著名物理学家爱因斯坦发现，但直到1960年激光才被美国科学家梅曼（Theodore Maiman）首次成功制造。1964年上映的007电影《金手指》中，“金手指”威胁用激光将詹姆斯·邦德锯成两半，这在当时还是一种科学幻想。但现在，激光已广泛应用于工业、军事、医疗和日常生活，被称为“最快的刀”“最准的尺”“最亮的光”“奇异的光”，如工业中的激光切割、焊接、表面强化，军事中的激光制导、测距，医疗中的激光手术刀，日常生活中的光纤宽带上网、激光打印机、超市收银用的激光扫描仪、光盘数据的存取等。

除以上列举的例子外，你还能举出一些激光应用的实例吗？

激光表面处理的缺点是反射率高、转换率低、设备昂贵和不能大面积处理。

自20世纪70年代CO_2大功率激光器问世以来，激光表面处理工艺不断发展，并陆续进入制造业，如激光淬火工艺的应用在国内外都比较广泛，且技术比较成熟。目前，激光表面合金化、激光熔覆及激光增强镀覆等技术也已经应用于工业领域。

二、激光相变硬化

（一）激光相变硬化原理

激光相变硬化也称激光淬火。以高能量的激光束快速扫描工件，使材料表面极薄一层的局部小区域内快速吸收能量而使温度急剧上升（升温速度可达$10^5\sim10^6$℃/s），材料表面迅速达到奥氏体化温度，此时工件基体仍处于冷态，激光离去后，由于热传导的作用，此表层被加热区域内的热量迅速传递到工件其他部位，冷却速度可达10^5℃/s以上，使该局部区域在瞬间进行自冷淬火，得到马氏体组织，因而使材料表面发生相变硬化，如图8-13所示。但是当硬化区域比激光束宽度大时，就需多次扫描搭接而成，这样在搭接区内可能会产生回火软带。

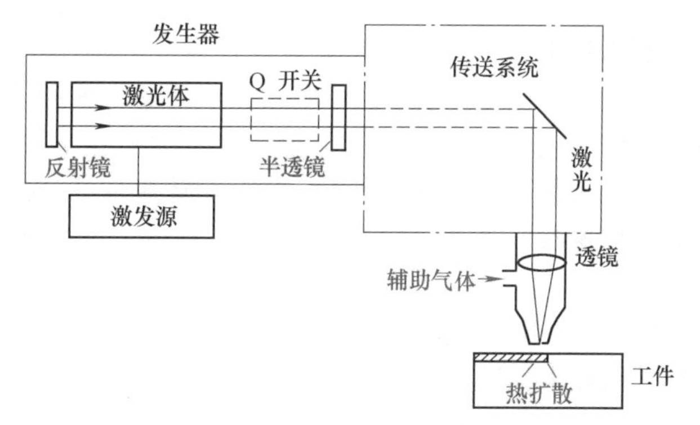

图8-13 激光表面相变硬化示意图

与传统热处理工艺相比，激光表面相变硬化具有淬硬层组织细化、硬度高、变形小、淬硬层深精确可控、无须淬火介质等优点，可对碳素钢、合金钢、铸铁、钛合金、铝合金、镁合金等材料所制备的零件表面进行硬化处理。

（二）激光相变硬化工艺

激光相变硬化

激光相变硬化重要的是应控制表面温度和淬硬层深度，且应在保证一定淬硬层深度的前提下，有较高的生产率。实际操作中，激光输出功率、功率密度、光斑尺寸和扫描速度等变量是控制的重点，其他变量还有金属的表面特性、热导率、熔点及沸点等。

激光相变硬化过程中，在其他条件一定时，激光功率越大，所获得的硬化层就越深，或者在要求一定硬度的情况下，可获得面积较大的硬化层。功率密度则受激光功率和光斑尺寸的影响，功率密度太小，则表面得不到足够的热量，不能达到所需的相变温度。

激光扫描速度直接反映激光束在材料表面上的作用时间。在激光功率密度一定和其他条件相同时，扫描速度越低，激光在材料表面作用的时间就越长，温度就越高，材料表面的硬化层就越深；反之，激光扫描速度越快，硬化层就越薄。扫描速度太低，则会导致金属表面温度超过熔点，或者加热深度过大，不能自冷淬火；扫描速度太高，则可能使表面达不到相变温度。

此外，激光加热是依靠光辐射加热，只有一部分激光被材料表面吸收而转变成内能，另一部分激光则在材料表面发生反射。激光波长越短，金属的反射越小；电导率越高的金属对激光的反射越大；表面粗糙度值越小，反射率越高。因此，在激光表面淬火处理前，为提高金属表面对激光束的吸收率，一般在工件表面须预置吸收层，对工件进行预处理，通常叫作“黑化处理”，可使吸收率大幅提高。

常用的黑化处理方法有磷化法、碳素法和熔覆红外能量吸收材料（如胶体石墨、含炭黑和硅酸钠或硅酸钾的涂料等），其中磷化法最好，其吸收率可达 80%~90%，膜厚仅为 5μm，具有较好的防锈性，激光处理后不用清除即可用来装配。

制冷压缩机转子采用球墨铸铁制成，其主要失效形式是轴颈发生严重磨损。为此，可采用激光相变硬化技术对轴颈进行强化处理，激光输出功率 2kW，扫描速度 17mm/s，光斑直径 4mm。激光硬化区显微组织主要是由针状马氏体、球状石墨及残留奥氏体所组成，硬化区平均硬度达 60HRC 以上，硬化区层深为 1mm，使用寿命提高了 3 倍。

（三）激光相变硬化的应用

激光相变硬化是激光表面处理技术最成熟、应用最广泛的一种方法，具有节能、高效、精密、高性能等优点，在生产应用中取得了显著的经济效益和社会效益。激光相变硬化技术广泛应用于汽车、模具、机械制造、石油、化工与轻工等行业，可对各种导轨、大型齿轮、轴颈、气缸内壁、模具、减振器、摩擦轮、轧辊、油管、螺纹、锯片及大炮内壁等进行表面强化，如图 8-14 所示。

20 世纪 70 年代，欧美一些国家在汽车行业中应用了激光相变硬化，最先获得工业应用。我国自 20 世纪 80 年代以来，激光相变硬化工艺的应用开发在车辆、机械、矿山、模具等方面也有许多成功的实例，并建立了生产线，如对汽车或拖拉机的铸铁发动机气缸内壁进行激光相变硬化，其硬度可由 230HBW 提高到 680HBW，使用寿命提高 2~3 倍；又如 50CrV

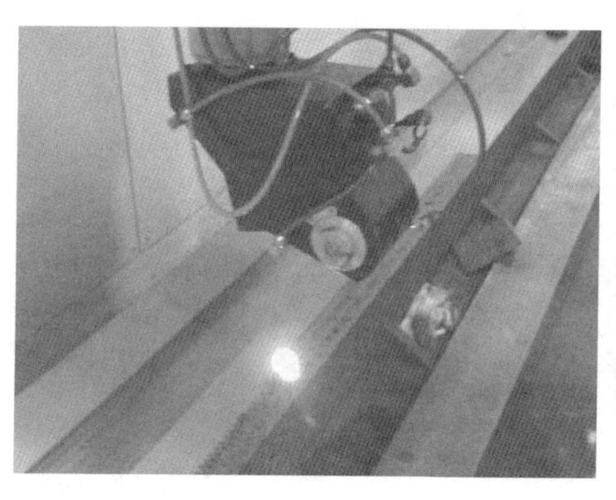

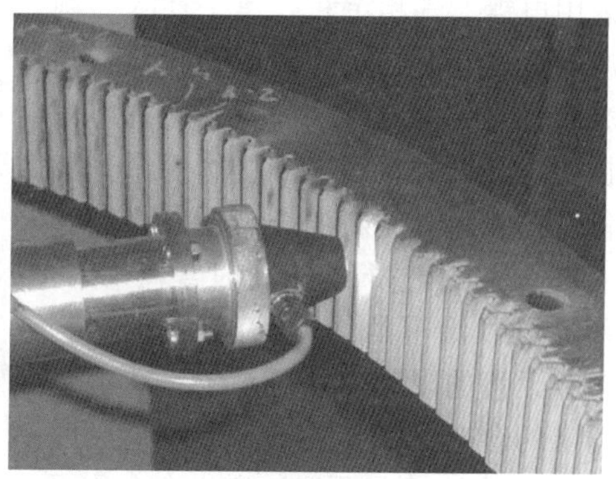

图 8-14　激光相变硬化处理中的导轨和大型齿轮

钢弹簧片、铁路道岔尖轨、工具钢模具及铁基粉末冶金制品等经激光相变试验，在性能改善方面都取得了一定的效果。

应当指出，由于激光器功率的限制，其价格较贵，只能取代部分热处理方式，因此应首先选择产生较大经济效益的零部件予以应用，表 8-3 列出了一些激光相变硬化应用的例子。

表 8-3　激光相变硬化实例

零件名称	材 料	优点或效果
冲孔模	GCr15	硬化区深 0.94mm，最高硬度 980HV，相对耐磨性提高 10 倍
成形刀	高速钢	刀具寿命提高 2.5~3.5 倍，切削速度提高 7~8 倍
气缸套	灰铸铁	耐磨性提高 0.5 倍，变形小，不需研磨，接触疲劳极限 1300MPa
轧辊	3Cr2W8V	表面硬度 55~62HRC，压应力 50MPa，寿命提高 1 倍
汽车曲轴	球墨铸铁	表面硬度 55~62HRC，耐磨性和疲劳强度均能提高

三、激光合金化与激光熔覆

激光合金化与激光熔覆是同一种类型的工艺，它们的区别仅在于，激光合金化熔深大，所形成的合金层的成分是介于施加合金与基体金属之间的中间成分，即施加合金受到较大或一定的稀释。而激光熔敷则是除较窄的结合层外，施加合金基本保持原成分，很少受到稀释。这些区别可以由被施加材料、施加合金成分、施加形式及量和激光工艺参数的改变来达到。

（一）激光合金化

激光合金化就是利用激光束快速加热熔化的特性，使基材表面和添加的合金元素熔化混合，从而形成以基材为基的新的表面合金层。换言之，它是一种利用激光改变金属或合金表面化学成分的技术。

激光合金化的功率密度一般为 10^4~10^6W/cm^2，采用近于聚焦的光束。基体材料为碳素钢、铸铁及铝合金、钛合金、镍基合金等。

激光合金化的工艺有三种：预置法、硬质粒子喷射法和气相合金化法，下面仅介绍预置法。

采用电镀、气相沉积、离子注入、刷涂、渗层重熔、火焰及等离子弧喷涂、黏结剂涂覆等方法将所要求的合金粉末事先涂覆在要合金化的材料表面，然后激光加热熔化，在表面形成新的合金层。这种方法在一些铁基表面进行合金化时普遍采用。黏结剂涂刷预涂覆的优点是经济、方便、不受合金元素的限制，并且易于进行混合成分粉末的合金化；其缺点是涂刷层厚度不易控制。图 8-15 是预置法激光合金化示意图。

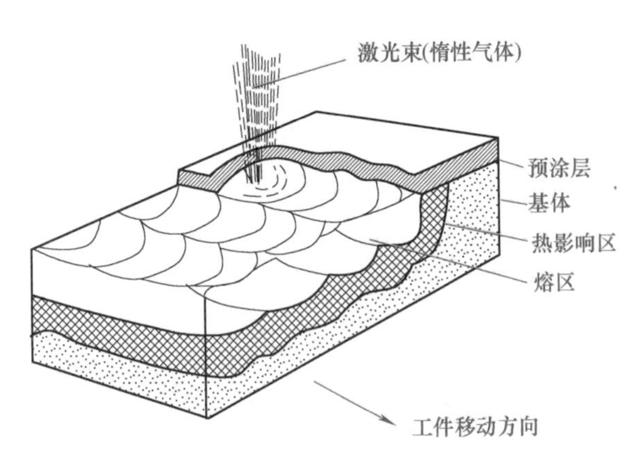

图 8-15 预置法激光合金化示意图

激光合金化可有效提高表面层的硬度和耐磨性，如对于钛合金，利用激光碳硼共渗和碳硅共渗的方法，实现了钛合金表面的硅合金化，硬度由 299~376HV 提高到 1430~2290HV，与硬质合金圆盘对磨时，合金化后耐磨性可提高两个数量级。美国 AVCO 公司采用激光合金化工艺处理了汽车排气阀，使其耐磨性和抗冲击能力得到提高。在 45 钢上进行的 $TiC-Al_2O_3-B_4C-Al$ 复合激光合金化，其耐磨性与 CrWMn 钢相比，是后者的 10 倍，用此工艺处理的磨床拖板比原用的 CrWMn 钢制的拖板寿命提高了 3~4 倍。图 8-16 是用激光合金化方法为球墨铸铁轧辊侧壁制备陶瓷颗粒增强涂层。

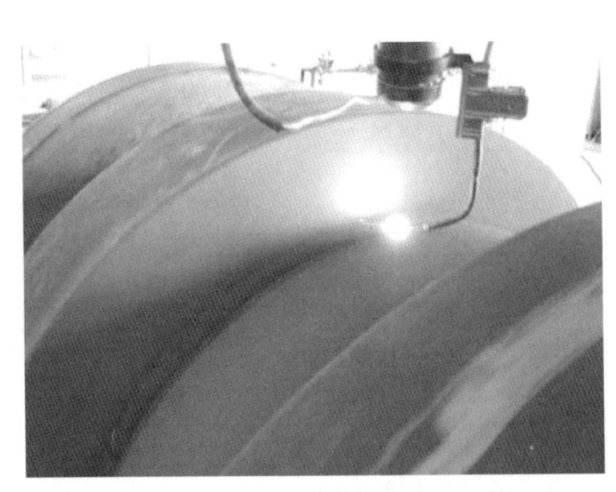

图 8-16 用激光合金化方法为球墨铸铁轧辊侧壁制备陶瓷颗粒增强涂层

（二）激光熔覆

激光熔覆是指利用激光加热基材表面以形成一个较浅的熔池，并将同时送入预定成分的合金粉末一起熔化后迅速凝固，或者是将预先涂覆在基材表面的涂层与基材一起熔化后迅速凝固，以得到一层新的熔覆层。

激光熔覆的基体材料为碳素钢、铸铁、不锈钢和铝等，涂层材料是 Co 基合金、Ni 基合金、Fe 基合金、碳化物以及 Al_2O_3、ZrO_2 等陶瓷材料。激光熔覆实质上类似于喷涂（喷焊）、堆焊过程，但与堆焊、热喷涂相比，激光熔覆具有稀释度小、组织致密、涂层与基体结合好、适合熔覆材料多、粒度及含量变化大等特点，如图 8-17 所示。

激光熔覆工艺可分为两种：一种是预熔覆—激光熔覆法，该法与激光合金化的预置法类似，即先通过粘接、喷涂、电镀、预置丝材或板材等方法把熔覆合金预置在待熔覆材料表面上，而后用激光束将其熔覆，如图 8-18a 所示。另一种是气相送粉法，即在激光束照射基体材料表面产生熔池的同时，用惰性气体将涂层粉末直接喷到激光熔池内实现熔覆，如图 8-18b 所示。为了调节熔覆层的成分或形成梯度功能，熔覆层可采用多种送粉方式。

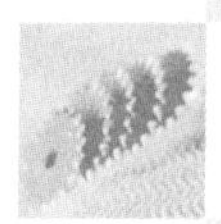

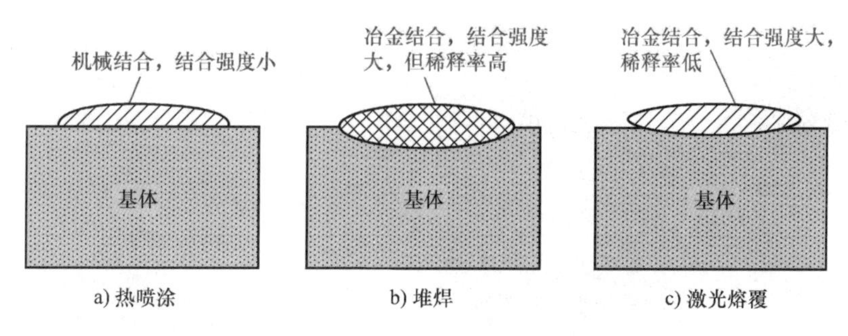

图 8-17　激光熔覆与类似处理方法的比较

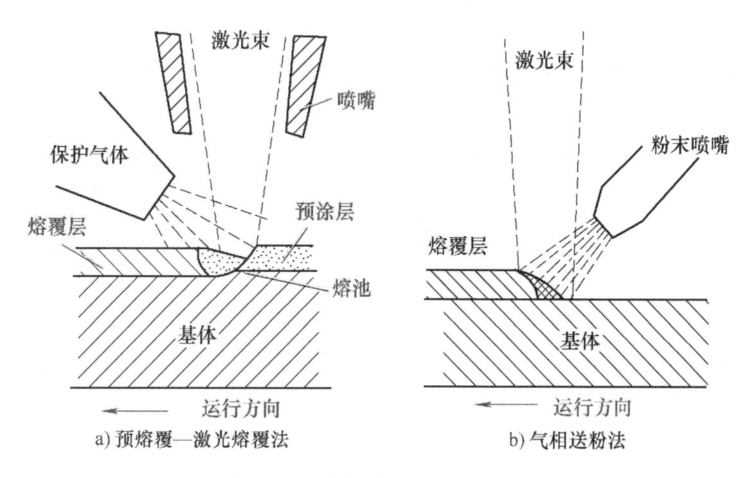

图 8-18　激光熔覆工艺示意图

20 世纪 80 年代以来，激光熔覆技术得到了迅速的发展，在现代工业中已显现出明显的经济效益，广泛应用于机械制造与维修、钢铁、汽车制造、纺织机械、航空航天和石油化工等领域。激光熔覆主要应用于以下两个方面。

（1）表面改性　主要用于在燃气轮机叶片、轧辊、各种轴类、发电机转子、齿轮、模具等零件表面熔覆耐磨层或耐蚀层。1981 年美国首先将激光熔覆技术用于强化喷气发动机涡轮叶片，在铸造的镍基合金涡轮叶片上用 2kW CO_2 激光器，配合同步送粉技术熔覆一层三元合金获得成功。对大型轧辊、发电机转子等关键部件表面通过激光熔覆超耐磨抗蚀合金，可以在零部件表面不变形的情况下大大提高零部件的使用寿命。对模具表面进行激光熔覆处理，不仅能提高模具强度，还可以降低 2/3 的制造成本，缩短 4/5 的制造周期，如对 60 钢进行碳化钨粉激光熔覆后，硬度最高达 2200HV，耐磨性能为基体 60 钢的 20 倍左右。图 8-19 是一些经过激光熔覆的零件图片。

（2）产品的表面修复　采用激光熔覆修复后的零件强度可达到原强度的 90%以上，其修复费用不到重置价格的 1/5，更重要的是缩短了维修时间，解决了大型企业重大成套设备连续可靠运行所必须解决的快速抢修难题，如激光熔覆修复长度为 5000mm、直径为 500mm 的大型不锈钢轧辊轴颈，修复后轧辊长轴直线度公差只有 0. 03mm，激光熔覆修复几乎不引起工件变形。有些用其他方法难以修复的工件，如本模块“导入案例”中提到的无缝钢管生产中所用的穿孔顶头，采用激光熔覆的方法则可以使报废顶头恢复使用性能。图 8-20 所示为激光熔覆修复无缝钢管的穿孔顶头。

a) 发电机主轴

b) 轧辊辊颈

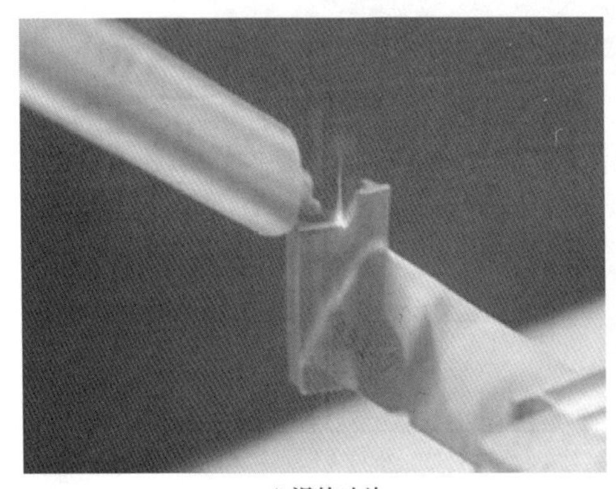

c) 涡轮叶片

d) 热锻模

图 8-19 一些经过激光熔覆的零件

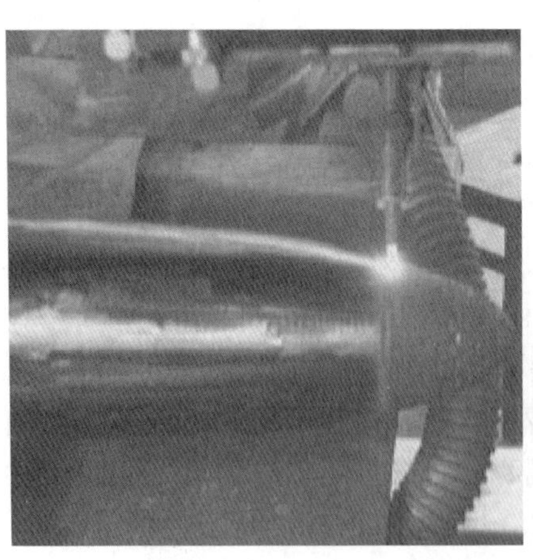

图 8-20 激光熔覆修复无缝钢管的穿孔顶头

激光熔覆

激光熔覆技术应用过程中的关键问题之一是熔覆层的开裂问题，尤其是大型工件的熔覆层，裂缝几乎难以避免。为此，研究人员除了改进设备，探索合适的工艺外，还在研制适合激光熔覆工艺特点的熔覆用合金粉末和其他熔覆材料。

模块三　电子束表面处理技术

导入案例

航空发动机主轴轴承因其工作环境恶劣、旋转速度高、工作中承受剧烈振动、摩擦产生热量大等原因，使轴承的工作寿命直接影响着发动机的寿命，因此提高航空发动机轴承寿命的问题显得越来越重要。航空发动机主轴轴承主要的失效形式有疲劳裂纹、表面损伤和腐蚀等。美国 SKF 工业公司采用电子束进行表面相变硬化后，在轴承旋转接触面上得到 0.76mm 的淬硬层，从而提高轴承表面的耐高温氧化、硬度、耐磨损和抗热裂性能，使轴承工作寿命提高，并延长了发动机寿命。

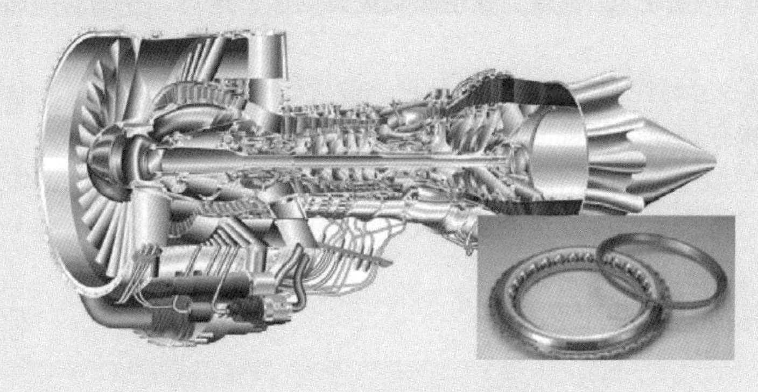

电子束在金属表面处理方面的应用始于 20 世纪 70 年代初期。由电子枪发射的高速电子束属于一种高能量密度的热源，其最大功率密度可达 10^9W/cm^2，这是激光器无法比拟的。因此，电子束加热的深度和尺寸比激光处理大。这种高能电子束照射到金属表面时，电子流进入材料表面一定深度，与基体金属的原子发生碰撞，动能转换为内能并传与金属表层原子，使金属被迅速加热、迅速冷却，其速度可达 10^3～10^6℃/s，通过控制能量密度，可进行表面相变硬化、表面熔融强化和表面冲击强化。

一、电子束的产生及处理特点

（一）电子束的产生过程

图 8-21 为电子束的产生过程与工作原理示意图。电子束加热是在 1.333×10^{-2}～10^{-6}Pa 真空工作室中进行的。电子束加热设备包括电子枪、聚焦系统、扫描系统、真空系统、高压发生器、传动与监控系统。电子枪由发射阴极、控制栅极及加速阳极

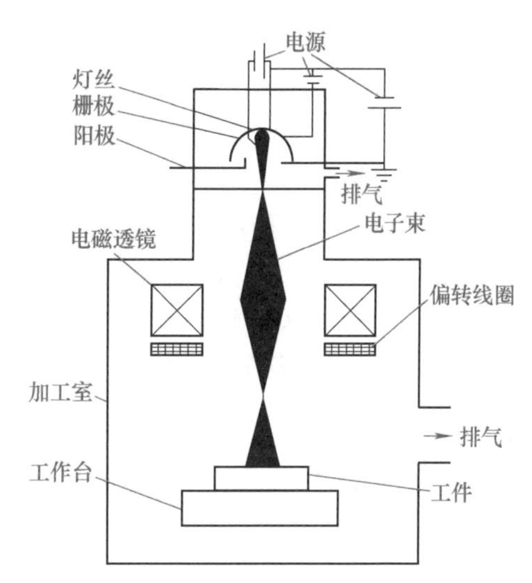

图 8-21　电子束的产生过程及工作原理示意图

组成。发射阴极由纯钨或纯钽制成，加热后放出大量电子。控制栅极比阴极低几百至几千伏的偏压，既能控制电子束的强弱，又有初步聚焦作用，使电子的区域限制在 100μm×150μm 范围内。中央带小孔的阳极高压加速电子流从孔中穿过。高压发生器为电子枪提供加速电压、灯丝电压及栅极偏压等直流电源。电子束在真空室内通过电磁透镜进行聚焦。在阳极或工件加 1.5×10^5V 的正高压（或在阴极上加负高压），使电子流得到高的运动速度。常用延时为 1~10μs、间歇脉冲性加速电压，形成间歇脉冲式电子束。用磁偏转装置使电子束焦点沿 *XY* 方向移动，扫过工件表面特定区域，实现快速加热。

（二）电子束表面处理的特点

1）电子束加热能量利用率高，为激光加热的 9 倍，耗能为感应加热的 1/2。处理工件前，工件表面不需添加吸收涂层。

2）电子束的加热速度快，因而加热点向周围散失的热量少，所以工件热变形小。电子束本身不产生机械作用力，工件很少发生宏观应力变形，这对工件的局部热处理来说是尤为重要的优点。

3）各工艺参数容易控制，电子束的强度、位置、聚焦可精确控制，电子束通过磁场和电场可在工件上以任何速度行进，便于自动化控制。

4）电子束必须在真空中工作，虽然保证了工件表面不被污染，但工件尺寸受限，操作极不方便。另外，电子束易激发 X 射线，使用过程中应注意防护。

二、电子束表面处理工艺

（一）电子束表面相变硬化

电子束表面相变硬化也称电子束淬火，即用高能量的电子束快速扫描工件，控制加热速度为 10^3~10^5℃/s，使金属表面薄层在极短时间（10^{-3}~10^{-1}s）被快速加热到相变点以上，此刻工件基体仍处于冷态，随着电子束的移开和热传导作用，表面热量迅速向工件心部或其他区域传递，高速冷却（冷却速度达 10^8~10^{10}℃/s）产生马氏体等相变，在瞬间实现自冷淬火。

由于加热和冷却速度极快，晶粒来不及长大，故可以获得马氏体等超细晶粒组织，大大提高了材料的强度和韧性。目前，利用电子束加热装置对工件进行表面相变硬化，已经达到相当精确与高效率的水平。这种方法适用于碳素钢、中碳低合金钢、铸铁等材料的表面强化处理，如用 2~3.2kW 电子束处理 45 钢和 T7 钢的表面，束斑直径为 6mm，加热速度为 3000~5000℃/s，钢的表面生成隐针和细针马氏体，45 钢表面硬度达 62HRC，T7 钢表面硬度达 66HRC。

（二）电子束表面重熔处理

利用电子束轰击工件表面，使其产生局部熔化，当停止电子束轰击时，熔化处快速凝固，从而细化组织，提高表面硬度和韧性。对于某些合金，电子束重熔可使金属组织中的化学元素重新分布，降低某些元素的显微偏析程度，改善工件表面的性能。目前，电子束重熔主要用于工模具钢的表面处理上，以便在保持或改善工模具钢韧性的同时，提高工模具钢的表面强度、耐磨性和热稳定性，如高速钢冲孔模的端部刃口经电子束重熔处理后，获得深 1mm、硬度为 66~67HRC 的表面层，该层组织细化程度极高，碳化物极细且分布均匀，具

有强度和韧性的最佳配合。

（三）电子束表面合金化

电子束表面合金化与激光表面合金化有些相似，是将某些具有特殊性能的合金粉末或化合物粉末，如 B_4C、WC 等粉末预涂覆在金属的表面上，然后用电子束加热，或在电子束作用的同时加入所需合金粉末，使其熔融在工件表面上，在表面形成与原金属材料的成分和组织完全不同的新的合金层，从而使工件或工件的某些部位的耐磨性、耐蚀性和耐高温氧化性得到提高。

三、电子束表面处理技术的应用实例

电子束表面相变硬化首先用于汽车工业和宇航工业。用铬硼钢 SAE5060 钢（美国结构钢）制造的汽车离合器进行电子束淬火，工作室真空度为 6.67Pa，容积为 $0.03m^3$。电子束以预定的图案照射到 3 个排成一列的离合器沟槽表面上加热淬火，然后工件旋转到下一个沟槽再进行加热淬火，直到 8 个沟槽都淬完后再降下工作台取下工件。淬硬层深度为 1.5mm，表面硬度为 58HRC。整个操作共需 42s，每小时可处理 250 个工件，并克服了感应加热表面无法克服的变形问题。

美国 SKF 工业公司与空军莱特研究所共同研究成功了航空发动机主轴轴承圈的电子束表面相变硬化技术。用美国 M50（4Cr-4Mo-V）钢所制造的轴承圈容易在工作条件下产生疲劳裂纹而导致突然断裂。采用电子束进行表面相变硬化后，在轴承旋转接触面上得到 0.76mm 的淬硬层，代替整体淬火，有效地防止了疲劳裂纹的产生和扩展，解决了疲劳断裂问题，提高了轴承圈的寿命。

交流讨论

激光和电子束表面强化技术对比

项　目	激　光	电子束
能量/kW	5	150
能量利用率（%）	15，黑化处理后 80~90	99
防止反射	需要，反射率为 40%	不需要，反射率为零
透入深度/μm	0.1	10~40
气氛条件	在大气中进行（但需辅助气体）	真空
能量传送	平行光路系统的激光束传送	通过真空器内的移动透镜或电子枪的移动来传送能量
对焦	移动工作台（约 150mm）	通过控制聚束透镜的电流调节（100~600mm）
束偏移	要使激光束偏转，必须更换反射镜等（图形是固定的）	用电控制可选择任意图形
设备运转费（以电子束设备运转费为 1）	7~14（电、激光气体、辅助气体等）	1

模块四 离子注入技术

导入案例

20 世纪 70 年代以来，越来越多的案例证明，空中优势在战争中具有决定性的作用。武装直升机虽然灵活性、机动性好，但几乎没有滑翔能力，故其在战场上的生存能力被军方所重视。因此，要求直升机传动系统（主要指各种传动齿轮）具有干运转能力，即在失油条件下，传动系统能工作一定的时间。通过在齿轮表面离子注入元素 Mo，可以在一定程度上提高表面硬度和耐磨性，而且注入形成的表面结构对于渗硫较有利，还具有一定的韧性；同时在摩擦条件下生成摩擦化学反应产物 MoS_2，降低摩擦因数，从而提高武装直升机传动系统的工作寿命，为抢占战场先机提供条件。

一、离子注入的原理和特点

（一）离子注入的基本原理

始于 20 世纪 60 年代的离子注入技术与电弧离子镀膜技术、离子束复合表面处理技术一起统称为离子束表面改性技术。它们的共同之处，是从离子源中引出离子束，并在电场作用下得到加速，注入或涂覆到材料表面，以改变材料的表面特性。

在真空中将注入元素电离，利用电场加速作用使它们形成具有数万至数百万电子伏特的离子束流，并入射到工件基体材料中去，离子束与基体表面中的原子核或电子多次碰撞，能量逐渐被消耗，最后停留在材料中，并引起材料表面成分、结构和性能发生变化，这一过程称为离子注入，如图 8-22 所示。一般来说，离子能量越高，则离子注入深度越

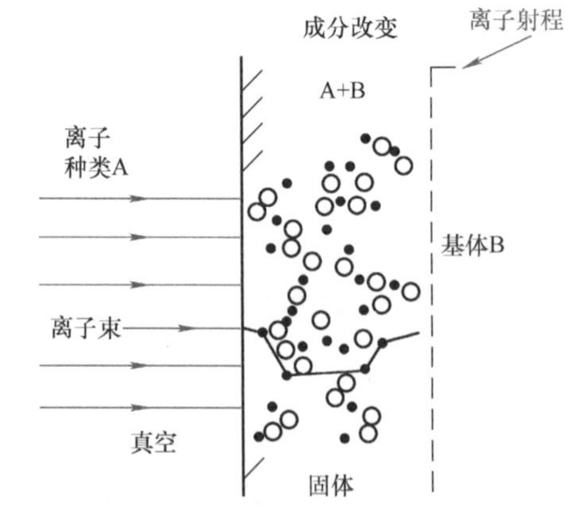

图 8-22　离子注入原理示意图

深；离子越轻或基体原子越轻，则注入深度越大。

离子注入技术可以向金属表面注入各种离子，显著地提高其表面硬度、耐磨性、减摩性、抗氧化性和疲劳寿命等，其基本改性机理如下。

（1）硬化与强化　超饱和离子注入间隙原子固溶强化，使注入层体积膨胀、应力增加，阻止了位错运动，从而使材料表面硬度和耐磨性能得到提高；注入 N^+、C^+、B^+，表面析出高硬度氮化物、碳化物、硼化物，造成弥散强化，使材料表面硬度和耐磨性能得到提高；注入离子大量分布于位错线周围，起钉扎作用，阻止位错运动，提高硬度和强度；高速离子轰击基体表面，也有类似于喷丸强化的冷加工硬化作用。

（2）抗疲劳　离子轰击使材料表层产生“损伤”，晶体缺陷密度增加，阻碍位错移动；离子注入能把20%~50%的材料加入近表面区，形成表面压应力状态，具有填实表面裂纹和降低微粒从表面上剥落的作用。

（3）抗氧化　注入元素晶界富集，阻碍氧元素扩散；形成致密的氧化物阻挡层，改善氧化物塑性，防止氧化膜开裂，阻止阳离子向外扩散。同时，离子束的辐照引起原子的扩散增加，从而使金属表面在空气中已经形成的氧化膜增厚，提高耐腐蚀性能。

（4）减摩性　在工件表面注入一些减摩元素的离子，如 Pb^+、Ag^+、Sn^+、Mo^+、N^+、S^+ 等，可以明显降低工件接触表面的粘着倾向，减小摩擦因数。例如，将 N^+ 注入 TC4 钛合金（Ti-6Al-4V）中，摩擦因数从 0.4 下降到约 0.15，磨损率减小近 500 倍，可使磨损速率下降约 2~3 个数量级。离子注入形成的氧化膜也能降低摩擦因数。

（二）离子注入的特点

离子注入技术是一种纯净的、无公害的表面处理技术。因此，近 30 年来离子注入技术在国际上得到了蓬勃发展和广泛应用。离子注入技术在材料表面改性中，有着常规表面处理技术无法比拟的优点。

1）注入离子完全渗进基体表面层，本身无明显界面，不存在镀层与界面剥离问题。

2）无须热激活，无须在高温环境下进行（室温或 200℃ 以下），因而不会改变工件的外形尺寸和表面粗糙度值，也不会出现由于加热所引起的表面回火软化效应。

3）通过对离子能量和数量的控制，可以改变注入的深度与浓度。

4）注入元素可任意选择，它可注入从相对原子质量为 1 的氢到相对原子质量为 200 以上的全部元素，主要注入元素有 N、Cr、P、B、C、S 等。

5）离子注入后无须再进行机械加工和热处理。

从目前的技术水平看，离子注入技术还存在一定局限性，如注入层太薄（$<1\mu m$）；离子只能直线行进，对于复杂的或有内孔的工件不能进行离子注入；设备造价高，所以应用还不广泛。

资　料　卡

月球铁　由苏联和美国从月球采集而来的尘埃中都含有纯铁的颗粒，苏联人宣称由遥远月球探测器“佐德 20”号取回的纯铁颗粒在地球上 7 年后也不生锈。这是为什么呢？

原来，太阳不断发射各种粒子，其中也包括氖、氦和氩的离子。由于月球周围没有大气层的阻挡，这些由太阳发射的粒子很顺利地进入月球铁的内部，在表面形成了一层无形的“盔甲”，正是它保护了铁免于生锈。

二、离子注入装置

离子注入的装置称为离子注入机。离子注入机按离子注入对象可分为半导体注入机和金属离子注入机；按离子束的能量可分为中束流注入机、强束流注入机和高能注入机三种；还可分为质量分析注入机、氮离子注入机和等离子源注入机。美国 Eaton 和 Varian 是世界上最大的离子注入机制造公司，其次是日本。

离子注入机是由于半导体材料的掺杂需要而于 20 世纪 60 年代问世的，早期研究离子注入是用重离子加速器来进行的。目前离子注入机出现了多种形式，但就基本工作原理和结构来说是相同的，一般都由以下几个主要部分组成，如图 8-23 所示。

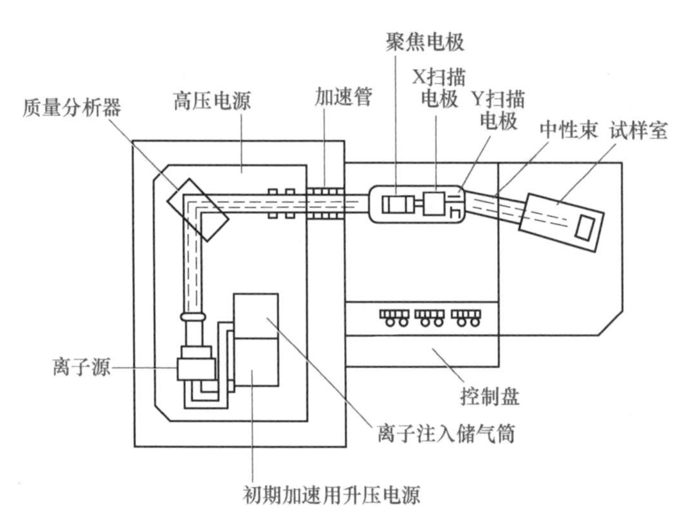

图 8-23　离子注入机结构示意图

（1）离子源　离子源是离子注入机最重要的部件之一，它的作用是把需要注入的元素电离成为离子，这是离子注入机的源头。离子注入元素一般采用气体源，常用的有 BF_3、AsH_3、PH_3、Ar、GeH_4、O_2 和 N_2。

（2）质量分析器　质量分析器的作用是把需要的离子从离子束中分选出来，将不需要的离子偏离掉。质量分析器多采用磁分析器。

（3）加速器　加速器的任务是形成电场，对离子源引出的离子束进行加速，使其达到所需的能量。离子注入一般采用静电场高压加速器。

（4）聚集扫描系统　其作用是将离子束聚集扫描，有控制地注入工件表面。离子注入机常采用四极透镜和单透镜。扫描系统主要有电扫描和机械扫描两种。

（5）真空系统　离子束需要在真空系统中进行传输，真空度一般要达到 1×10^{-4}Pa，通

常要采用两套或三套真空系统。

离子注入机的主要指标是离子束能量、束流的强度和均匀性。离子注入的深度主要取决于离子束能量，通常在20~400keV之间，注入的效率主要由束流强度决定。注入元素剂量的均匀性和重复性也是衡量离子注入机的重要指标。

三、离子注入的应用

离子注入的应用主要集中在两个方面：一是半导体的掺杂，自20世纪70年代以来，离子注入技术已成为半导体工业的支柱工艺，是电子工业的重要制造技术；二是金属材料的表面改性，在经过热处理或表面镀膜工艺的金属材料表面，注入一定剂量和能量的离子，可改变材料表层的化学成分、物理结构，从而改变材料的力学性能、化学性能和物理性能，是提高材料表面耐磨性、耐蚀性和抗氧化性的一种新兴技术手段。

此外，离子注入在改进陶瓷表面韧性与摩擦性方面也已显示出一定的能力；离子注入还可以引起高分子聚合物的交联、降解、石墨化等，从而改善其强度或光学特性。

离子注入技术已广泛地用于宇航尖端零件、重要化工零件、医学矫形件以及模具、刀具和磁头的表面改性。我国已对多种模具、刃具、人工关节、金刚石拉丝模及磁头等做了离子注入方面的研究，航天、航空和核工程用的精密轴承也相继进行了离子注入研究，有的已取得了重要成果。

离子注入可以向金属表面注入金属或气体元素，提高工件的表面硬度、耐磨性、耐蚀性、抗疲劳性和抗高温氧化性；同时还可以降低摩擦因数，改善摩擦性能。

离子注入可用于高精度传动系统中轴承和齿轮的表面改性，可注入N^+、Ti^+、Cr^+、W^+、Ta^+等不同离子。向GCr15轴承钢表面注入N^+和Ti^+后，其显微硬度达到1100HV，耐磨性能提高3~5倍。注入Ta^+的齿轮性能明显优于普通齿轮，并在很多情况下大大减少咬合磨损。

离子注入处理已广泛应用于工模具的表面处理。N^+注入处理用于冲制或压制热轧钢和奥氏体不锈钢的高速钢冲头和模具，可以增加它们的使用寿命10~12倍。我国生产的各类冲模和压制模一般寿命为2000~5000次，而英国、美国、日本的同类产品采用离子注入技术后，寿命达50000次以上。在矫形医学领域，离子注入法对减少钛基全关节取代物的磨损非常有效。用作人工关节的钛合金Ti-6Al-4V耐磨性较差，注入N^+后，表面形成TiN层，在血液环境中的耐磨性提高30倍以上，生物性能也得到改善。大量以钛为基础的人造关节、腕、肩、手指和脚趾，通常采用离子注入法进行处理。

铝、不锈钢中注入He^+，铜中注入B^+、He^+、Al^+和Cr^{2+}后，金属或合金耐大气腐蚀性明显提高，其机理是离子注入的金属表面上形成了注入元素的饱和层，阻止金属表面吸附其他气体，从而提高金属耐大气腐蚀性能。

但是，用离子注入方法强化面心立方晶格材料难度较大。表8-4给出了一些常用金属为提高性能而注入的离子。

表 8-4 常用金属为提高性能而注入的离子

基体材料	改善的性能	注入的离子	基体材料	改善的性能	注入的离子
低合金钢	耐蚀性	Cr^{+}、Ta^{+}、Ni^{+}	铝合金	耐蚀性	Mo^{+}
	耐磨性	N^{+}		硬度	N^{+}
	硬度	N^{+}		耐磨性	Mo^{+}
	减摩性	Sn^{+}	铜合金	耐蚀性	Cr^{+} Al^{+}、Ti^{+}
	抗疲劳性	N^{+}、Ti^{+}		耐磨性	B^{+}
高合金钢	耐蚀性	Cr^{+}、Ti^{+}、Mo^{+}	钛合金	耐蚀性	N^{+}、Pt^{+}、C^{+}
	抗氧化性	Al^{+}、Ce^{+}		抗氧化性	P^{+}、B^{+}、Al^{+}
	硬度	$Ti^{+}+C^{+}$		硬度	N^{+}、C^{+}、B^{+}
	减摩性	Sn^{+}、Ag^{+}、Au^{+}		减摩性	Sn^{+}、Ag^{+}、Au^{+}
	抗疲劳性	N^{+}		抗疲劳性	N^{+}

【综合训练】

（一）名词解释

物理气相沉积、化学气相沉积、离子镀膜、激光表面合金化、激光熔覆、离子注入

（二）填空

1. 物理气相沉积法主要包括________、________和________。

2. 通过真空蒸发镀膜获得________比获得单金属镀膜困难。

3. 真空蒸发镀纯金属膜中，90%是________。

4. 在真空室中，利用荷能粒子轰击材料表面，使其原子获得足够的能量而溅出进入气相，然后在工件表面沉积的过程称为________，其中被轰击的材料称为________。

5. 溅射薄膜按其不同的功能和应用可大致分为________和________。

6. 离子镀膜的技术基础是________，离子镀膜的基本过程包括镀膜材料的________、________、________和________。

7. 切削刀具采用________涂层，引起了一场刀具的“黄色革命”。

8. 化学气相沉积法主要包括__________、__________和兼两者特点的__________等。

9. 激光束和________、________一起被称为“三束”。

10. 激光束的特点是________、________、________和________。

11. 入射离子受到固体材料的抵抗而速度慢慢减低下来，并最终停留在固体材料中，这一现象称为________。

（三）简答

1. 简述化学气相沉积的应用。

2. 举例说明离子镀膜在刀具表面处理方面的应用。

3. 简述“三束”表面处理的技术要点。

4. 与普通表面淬火相比，激光表面相变硬化有哪些特点？

5. 简述激光表面合金化与激光表面熔覆的异同之处。

6. 离子注入技术主要有哪些方面的应用？试举出一两个实例。

附录 部分综合训练答案

第一单元

一、理论部分

（一）填空

1. 物理、化学、机械　　性能
2. 耐磨性　　耐蚀性　　耐热性
3. 算术平均偏差　　*Ra*
4. 高清洁度表面　　清洁表面　　污染表面　　重污染表面
5. 表面吸附　　润湿　　粘着
6. 润湿性越好　　完全润湿
7. 初期磨损阶段（磨合）　　稳定磨损阶段　　剧烈磨损阶段
8. 粘着磨损　　磨料磨损　　疲劳磨损　　腐蚀磨损
9. 化学腐蚀　　电化学腐蚀

（二）简答

7. 因为铜和钢的电极电位不同，在潮湿环境下会产生电化学腐蚀。加入聚四氟乙烯等绝缘材料的目的是使铜和钢之间不能形成电流回路，从而无法形成原电池，防止电化学腐蚀的发生。

8. 因为“黄铜螺钉—钢垫圈”的装配法中，黄铜和钢的电极电位不同，两种材料的电位相差较大，遇到腐蚀性介质后极易形成原电池，加速钢垫圈的腐蚀，导致连接松动。

9. 这是一种牺牲阳极的阴极保护法。锌的电极电位比钢材低，作为阳极；储罐材料低合金钢作为阴极。二者被铜导线连接后构成一个原电池。当发生电化学腐蚀时，电位低的阳极锌板不断地被腐蚀，而阴极（储罐）不会腐蚀而得到保护。

第二单元

一、理论部分

（一）填空

1. 表面整平　　脱脂　　除锈　　活化
2. 机械整平　　化学处理
3. 喷砂　　喷丸　　磨光　　抛光　　滚光
4. 细微划痕　　表面粗糙度值
5. 有机溶剂脱脂　　化学脱脂　　电化学脱脂
6. 机械法　　化学法　　电化学法

7. 工序间防锈

（二）简答

7. 高强度弹簧钢阴极脱脂易产生氢脆现象；非铁金属易被阳极氧化，形成一层氧化膜，影响表面涂（镀）层结合力。

8. 适宜浓度一般在15%左右。盐酸挥发性较大（尤其是加热时），容易腐蚀设备，污染环境，故多数为室温下进行操作，最高使用温度不超过40℃。

9. 还可以用硝酸、磷酸、铬酸和氢氟酸等。

第三单元

一、理论部分

（二）填空

1. 化学成分　　组织结构
2. 表面形变强化　　表面热处理　　化学热处理　　高能束表面处理
3. 感应淬火　　火焰淬火　　接触电阻加热淬火　　激光淬火　　电子束淬火
4. 浅　　薄
5. 中碳钢或中碳合金钢　　调质或正火
6. 接触电阻加热淬火
7. 火焰淬火
8. 分解　　吸收　　扩散
9. 固体渗碳　　液体渗碳　　气体渗碳
10. 0.85%~1.05%　　淬火、低温回火
11. 软氮化　　560~570℃
12. 渗碳　　820~880℃
13. 加工硬化　　机械　　加工硬化　　0.5~1.5mm
14. 铸铁丸　　铸钢丸　　钢丝切割丸　　玻璃丸和陶瓷丸

（四）工艺分析

1）调质是为使凸轮具有综合力学性能，满足心部的韧性要求，高频淬火+低温回火是为了提高凸轮表面硬度和耐磨性。

2）不能。15钢碳的质量分数较低，如按45钢进行热处理后，无法达到要求的表面硬度。

3）可改为正火→渗碳→淬火+低温回火。利用正火使工件心部具有较高的韧性，利用渗碳淬火使工件满足表面硬度要求，15钢渗碳淬火后表面可达55~60HRC。

第四单元

一、理论部分

（二）填空

1. 电源　　电镀槽　　电镀液　　阳极　　阴极（工件）
2. 电镀液　　阴极电流密度　　温度　　表面预处理
3. 防护性镀层　　防护—装饰镀层　　功能性镀层
4. 250g/L　　2.5g/L
5. 阴　　阳

6. 酸性硫酸盐镀锌　氯化铵镀锌　碱性锌酸盐镀锌和弱酸性氯化钾镀锌
7. 无槽镀或涂镀　电源极性　镀笔与工件的相对运动速度　刷镀工作电压
8. 组成和性能　酸性镀液　碱性镀液
9. 溶剂法　保护气体还原法
10. 419.5℃　450~470℃

第五单元

（二）填空

1. 氧化物膜　磷酸盐膜　铬酸盐膜　草酸盐膜
2. 发蓝或磷化
3. 140℃左右　Fe_3O_4
4. 浅灰到黑灰色　5~20μm
5. 薄膜化　综合化　降低污染　节省能源
6. 高温磷化　中温磷化　常温磷化
7. 填充　封闭
8. 化学氧化　阳极氧化（电化学氧化）
9. 碱性氧化法　酸性氧化法
10. 硫酸阳极氧化　铬酸阳极氧化　草酸阳极氧化
11. 阻挡层　多孔
12. 自然着色　吸附着色　电解着色
13. 热水封闭法　水蒸气封闭法　重铬酸盐封闭法　水解封闭法　填充封闭法

（三）简答

2. “红霜”是由于含水氧化铁在较高温度下失去部分水而形成红色沉淀物附在氧化膜表面形成的，所以防止的关键是要严格控制氢氧化钠的浓度和工艺温度，使其不能过高。

6. 铝合金氧化膜具有较高的孔隙率和吸附性能，很容易被污染，染色后的氧化膜若不经封闭处理，已染上的色彩的牢固性和耐蚀性也较差。

第六单元

（二）填空

1. 对工件表面进行改性，以获得特殊性能的熔敷层　恢复工件因磨损或加工失误造成的尺寸不足
2. 冶金结合
3. 铁基堆焊合金　碳化钨堆焊合金　铜基堆焊合金　镍基堆焊合金　钴基堆焊合金
4. 钴基　奥氏体+共晶组织
5. 焊丝及焊丝直径　焊接电流　堆焊速度
6. 焊剂
7. 生产率和质量　结合强度和质量
8. 焊丝直径　焊接电流　电弧电压
9. 单丝埋弧堆焊　多丝埋弧堆焊　带极埋弧堆焊
10. 堆焊焊条　药皮类型为低氢型

（四）工艺分析

案例1：

1）75CrMo的碳当量约1.25%，冷裂敏感性很大。在表面硬度可不作要求的情况下，选用奥氏体焊条焊接，为防止出现冷、热裂纹，选用高Cr-Ni奥氏体焊条A302预热焊。

2）预热和缓冷是为了降低轧辊堆焊部位与其他部位的温度差，降低堆焊层的冷却速度，减小堆焊层的焊接应力，防止堆焊层出现裂纹。

3）根据堆焊层厚度、焊条直径确定焊接电流和电压。

4）保证堆焊层的成形和堆焊层与基体的结合强度。锤击的目的是，使堆焊层表面产生拉伸变形，以抵消焊缝金属及热影响区金属的收缩力，从而减小或消除内应力，减小或矫正变形，防止堆焊层出现裂纹。

案例2：工艺要点如下。

（1）焊前预处理　清除基材表面氧化皮、油污和水分，使基材表面露出金属光泽。

（2）磁粉探伤　用磁粉探伤检查待堆焊表面质量，不得有裂纹或夹渣。

（3）焊前预热　为降低堆焊层的冷却速度，减小堆焊层焊接应力，工件预热至150℃。

（4）堆焊过渡层　焊条电弧堆焊过渡层，焊条ϕ3.2mm A307（焊条焊前经250℃×1h烘焙）；90~110A，22~24V，直流反接。

（5）堆焊工作层　埋弧堆焊工作层，焊丝H00Cr20Ni10，ϕ4.0mm，焊剂HJ260，焊丝和焊剂经350℃×2h烘焙；350~370A，35~38V，56~60cm/min，直流反接。

（6）焊后检验及热处理　用无损检验方法对堆焊层进行探伤，如堆焊层质量合格，进行去应力退火（加热温度400℃，炉冷）。

第七单元

（二）填空

1. 喷涂材料加热熔化阶段　熔滴的雾化阶段　粒子的飞行阶段　粒子的喷涂阶段　涂层形成过程
2. 机械结合　冶金—化学结合　物理结合
3. 喷涂工艺参数　梯度过渡层
4. 稳定性　使用性能　润湿性　固态流动性　合适的热膨胀系数
5. 火焰喷涂　电弧喷涂　高能束喷涂
6. 非复合喷涂线材　复合喷涂线材
7. 线材火焰喷涂　粉末火焰喷涂
8. 高　快
9. 导电
10. 线材直径　电弧电压　电弧电流　线材输送速度　压缩空气压力　喷涂距离
11. 化学成分　孔隙率　硬度　结合强度　热疲劳性能

第八单元

（二）填空

1. 真空蒸镀　溅射镀膜　离子镀膜
2. 合金镀层

3. 铝膜
4. 溅射镀膜　　靶
5. 机械功能膜　　物理功能膜
6. 真空蒸镀　　蒸发　　材料离子化　　离子加速　　离子轰击工件表面沉积成膜
7. TiN
8. 常压化学气相沉积　　低压化学气相沉积　　等离子化学气相沉积
9. 离子束　　电子束
10. 高度的方向性　　高度的单色性　　高的亮度　　高度的相干性
11. 离子注入

参考文献

[1] 徐滨士．面向21世纪的表面工程［M］．北京：机械工业出版社，1997.
[2] 徐滨士，朱绍华，刘世参，等．表面工程与维修［M］．北京：机械工业出版社，1996.
[3] 钱苗根，姚寿山，张少宗．现代表面技术［M］．北京：机械工业出版社，2003.
[4] 高志，潘红良．表面科学与工程［M］．上海：华东理工大学出版社，2006.
[5] 孙希泰．材料表面强化技术［M］．北京：化学工业出版社，2005.
[6] 王娟．表面堆焊与热喷涂技术［M］．北京：化学工业出版社，2004.
[7] 陈学定，韩文政．表面涂层技术［M］．北京：机械工业出版社，1994.
[8] 胡传炘．表面处理手册［M］．北京：北京工业大学出版社，2001.
[9] 樊新民．表面处理工实用技术手册［M］．南京：江苏科学技术出版社，2003.
[10] 李国英．材料及其制品表面加工新技术［M］．长沙：中南大学出版社，2003.
[11] 中国机械工程学会焊接学会．焊接手册：手工焊接与切割［M］．3版．北京：机械工业出版社，2003.
[12] 李传文．20MnMo厚板不锈钢单丝埋弧自动堆焊［J］．焊接，2001（3）：38-39.
[13] 涂湘缃．实用防腐蚀工程施工手册［M］．北京：化学工业出版社，2000.
[14] 上海市职业指导培训中心．表面处理工技能快速入门［M］．南京：江苏科学技术出版社，2008.
[15] 刘光明．表面处理技术概论［M］．北京：化学工业出版社，2011.
[16] 焊接工艺与操作技巧丛书编委会．CO_2气体保护焊工艺与操作技巧［M］．沈阳：辽宁科学技术出版社，2010.
[17] 钱苗根．材料表面技术及其应用手册［M］．北京：机械工业出版社，1998.
[18] 柏云杉．材料表面处理技术与工程实训［M］．北京：北京大学出版社，2013.
[19] 李慕勤，李俊刚，吕迎，等．材料表面工程技术［M］．北京：化学工业出版社，2010.
[20] 董允，张廷森，林晓娉，等．现代表面工程技术［M］．北京：机械工业出版社，1999.

JINSHU BIAOMIAN CHULI JISHU

ISBN 978-7-111-68753-5

机工教育微信服务号

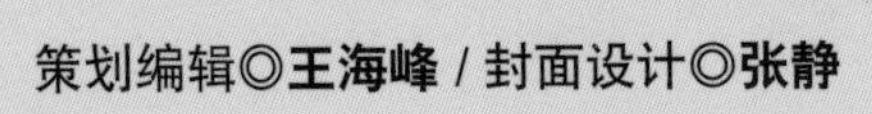
策划编辑◎王海峰 / 封面设计◎张静

定价：39.80元

高等职业教育（本科）智能制造工程专业系列教材

工业机器人操作与编程

INDUSTRIAL ROBOT OPERATION AND PROGRAMMING

◎ 张华 龚成武 主编

微知识点 问题式 项目式设计 融入1+X证书
在线课程
微课视频 现场视频
Robotstudio 仿真工作站 3D 数模
课件 理论题库 实操题库 实操过程量化考核评分表

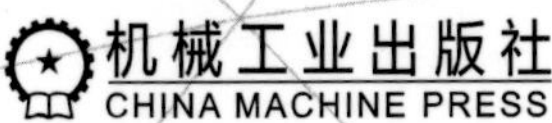

电子课件

二维码